Small & Medium Animal

[이론과 실무 중심]

중소가축

-양돈·산양·면양·양토-

김 계 웅

선 진 문 화 사

머 리 말

최근 우리나라 동물산업(動物産業)은 농림자원생산액 중에 중요한 비중을 차지하고 있다. 특히 양돈산업은 양질의 돈육생산과 함께 육류자원으로서 매우 중요한 기능을 다하고 있다. 그리고 산양·면양 및 양토도 축산자원으로 젖, 고기 및 모피 등을 생산하여 농가 소득향상 뿐만 아니라 다원적 기능을 다하고 있는 축산자원이다. 무엇보다도 중소가축에 관한 기초지식과 기술을 습득함으로써 자신에게 맞는 진로를 선택하고, 급변하는 산업사회에 창의적으로 적응하여 자기개발을 실현하며, 나아가 푸른 선진농촌과 친환경 고품질 축산물의 생산시스템을 통한 축산업 발전에 기여하는데 목표를 두고 저술하게 되었다.

우리나라의 축산업에 대한 환경규제 강화와 개방 가속화는 국내·외의 도전과제로 주어졌으며, 그 높이는 더욱 높아지고 있다. 양돈을 비롯한 중소가축 경영인은 국제간 자유무역의 어려움 속에서도 생산성 향상을 위하여 꾸준히 노력하고 있다. 이 중소가축학은 동물자원 관련 학과의 학생이 돼지, 산양, 면양, 그리고 토끼 등의 사육관리를 효율적으로 학습하도록 만들었다.

이 책은 크게 2편으로 제1편은 양돈편, 제2편은 산양과 면양, 그리고 양토편으로 구성하였다. 양돈편은 돼지의 품종, 육종, 사양, 질병, 축사시설, 경영 등의 분야를 비교적 상세히 다루어 전문가는 물론 초보자에게도 쉽게 이해하도록 저술하였다. 그리고 산양과 면양 및 양토편은 품종, 육성, 사양, 질병관리 등을 쉽게 서술하여 이론과 실습에 도움이 되도록 하였다. 특히 대학생이나 대학원생의 학문탐구와 연구개발에 도움이 되도록 최근 자료를 수록하였고, 농장의 생산관리기록과 자료분석을 통하여 현장과 연구학습에 지침이 되도록 하였다. 끝으로, 농촌현장과 학문연구자들에게 다소나마 도움이 되기를 기대하며, 미흡한 내용은 다음번 출간에 보완하여 알찬 교재가 되도록 노력하겠습니다.

저자 김계웅

차　례

제1편 양　돈

제2편 산양·면양·양토

제1편 양 돈

우리나라의 2013년 농림업 총생산액 46조 6,480억원 중 축산업의 생산액은 약 16조 3천억원(약 35.0%)이며, 이 중에서도 양돈산업은 약 5조원(30.6%)이상을 차지하는 산업으로서 중요한 기능을 하고 있다. 이와 같이 돼지고기(豚肉)는 전 세계적으로 볼 때 축산식품자원으로서 기능뿐만아니라 동물성 기호식품으로도 없어서는 안 될 육류자원이다. 이러한 돼지고기 생산을 위해서는 다각적인 연구와 기술개발을 통하여 경쟁력 있는 효율적 돈육생산 시스템을 구축할 필요성이 더욱 제기되고 있다.

육류자원(肉類資源) 중에서 대단히 중요한 위치를 차지하고 있는 우리나라의 양돈산업을 이해하기 위해서 돼지 사육관리에 필요한 기초지식을 포함하여 품종의 선택, 효율적인 번식관리, 육종계획, 분만관리, 번식돈과 비육돈의 사양관리, 양돈시설, 분뇨 이용과 처리, 그리고 위생과 질병관리, 양돈 생산물 유통 등 이론을 먼저 이해하고 현장실무 중심의 기술교육을 학습하기로 한다.

제 1 장 서 론

1. 돼지의 가축화

우리 인류는 신석기 시대 이후 다양한 동물을 가축화하여 동물로부터 고기와 젖, 가죽, 털 등의 원료를 얻고, 농사일과 운송수단에 이용하기도 하였으나, 돼지는 주로 육류를 얻는 중요한 자원(資源)이라고 볼 수 있다.

처음에는 제물로 쓸 목적으로 붙잡아 가두어 기르다가 가축으로 발전한 것으로 보인다. 과거에는 도아지(豚兒枝)라고 불렸으나, 도야지가 되었다가 결국 돼지(豚)로 음운이 변천되었다.

돼지는 종교적인 이유로 기피하는 경우를 제외하고 오직 「고기」 만을 목적으로 사육하여 전 세계인이 가장 좋아하는 돼지고기를 제공하는 가축이다. 이슬람교에서는 돼지고기를 먹는 것이 금기되어 오고 있으며, 불교에서는 일절 고기 먹는 것을 금기시 하지만, 중국인들은 전 세계 돼지고기 소비량의 절반을 차지할 정도로 유난히 돼지고기를 좋아한다. 특히 중국의 쓰촨성(四川省)에서는 돼지고기를 맵게 하여 조리하는 음식이 유명하다. 청두(成都)는 관광과 매운 고추를 많이 이용하는 육류식품이 관광객들에게 인기가 있다.

서기 1세기 중국 후한(後漢)의 왕충(王充)은 『논형(論衡)』에서 부여의 건국신화를 기록하였다.

“옛날 북방에 탁리국(橐離國)에서 왕의 시녀가 아이를 낳았는데, 왕이 아이를 죽이려고 돼지우리에 버렸으나, 돼지가 입김을 불어넣어 죽지 않았다.”

돼지가 살려준 아이가 부여를 건국한 동명(東明)이며, 고구려의 건국신화에도 부여국의 돼지가 등장한다. 부여는 소, 양, 개, 말과 함께 돼지를 키웠고, 가축을 잘 키우는 나라로 알려져 있다. 부여에서는 말, 소, 개, 돼지 등의 이름을 따서 마가(馬加), 우가(牛加), 구가(狗加), 저가(豬加)의 관명(官名)을 만들었다. 돼지는 본래 숲지대나 그늘진 강둑에 사는 동물이기 때문에 부여는 돼지를 키우기에 매우 적합한 곳이었다. 부여가 위치했던 만주지역은 지금도 중국에서 가장 많은 목재를 생산하는 드넓은 산림지대가 펼쳐진 곳이다. 돼지가 좋아하는 나무열매, 과일, 식물뿌리 등을 배부르게 먹으며 살 수 있었던 곳이 부여로 보인다. 부여뿐만 아니라 숙신, 말갈, 발해도 돼지를 길렀으며, 고구려는 하늘에 제사를 지낼 때 제물로 돼지를 사용하였다는 교시(郊豕)와 관련된 기록이 『삼국사기』에 있다.

"유리왕 19년(기원전 1) 8월에 교시가 달아나므로 왕이 탁리(託利)와 사비(斯卑)라는 자로 하여금 뒤를 쫓게 하였더니 장옥택(長屋澤) 중에 이르러서 돼지를 찾아 다리 근육을 끊었는데 이 사실을 왕이 듣고 '제천(祭天)할 희생을 어찌 상하게 한 것이냐' 하며 두 사람을 구덩이에 넣어 죽였다."

신라는 불교가 도입된 이후, 711년 신라의 33대 성덕왕(재위 702~737)은 도살을 금하라는 명령을 내렸지만 당장 육류 소비가 줄어들지는 않았으며, 고려 광종(재위 949~975) 또한 도살하는 것을 금하고 궁에서 쓰는 고기도 시장에서 사들인 것으로 볼 때 소나 돼지를 도살하는 것을 차츰 꺼리게 된 것으로 보인다. 고기를 다루는 것도 차츰 서투르게 되어 육식문화가 전반적으로 쇠퇴하게 되었다.

1123년 고려를 방문한 서긍(徐兢)은 『고려도경』에서 고려는 육식문화가 발달하지 못했다고 적었다.

"고려는 정치가 심히 어질어 부처를 좋아하고 살생을 경계하기 때문에 국왕이나 상신(相臣)이 아니면 양과 돼지고기를 먹지 못한다. 또한 도살을 좋아하지 아니하며, 다만 사신(使臣)이 이르면 미리 양과 돼지를 길렀다가 시기에 맞추어 사용하는데, 이를 잡을 때는 네 발을 묶어 타는 불속에 던져, 그 숨이 끊어지고 털이 없어지면 물로 씻는다. 만약 다시 살아나면 몽둥이로 쳐서 죽인 뒤에 배를 갈라 장위(腸胃)를 다 끊고, 똥과 더러운 것을 씻어낸다. 비록 국이나 구이를 만들더라도 고약한 냄새가 없어지지 아니하니 그 졸렬함이 이와 같다."

고기를 다루는 문화가 퇴보하면서 가축 가운데 돼지의 인기는 떨어졌다. 말(馬)은 군사적 필요에 의해서, 소는 농사에 필요해서 많이 길렀지만 돼지는 육식을 삼가는 고려에서는 환영받지 못하는 가축이 되었다. 불교(佛敎)의 영향으로 급격히 줄었던 육식문화는 고려시대 후기 몽골의 영향으로 다시 부활하였는데 그 중심은 쇠고기였다. 조선시대 『태종실록』을 보면 태종 17년(1417년) 윤 5월 8일에는,

"명나라 황제가 조선인은 돼지고기를 먹지 않으니, 조선 사신에게 쇠고기와 양고기를 공급하라고 했다" 는 기록이 있다.

[그림 1-1] 12지신상 돼지

조선시대에 돼지 키우는 것이 보편화되지 않았던 것은 다른 동물에 비하여 비경제적이었기 때문이다. 사료효율이 닭에 비해 낮았고, 소보다는 높았으나 소는 농사일을 돕는 일꾼이었고 사람이 먹지 않는 거친 섬유질 사료를 먹었지만, 돼지는 사람과 음식에 있어서 경쟁관계에 있었다.

돼지에게는 숭배와 혐오의 상반되는 관념이 있다. 신에게 바치는 제물인 동시에 일반인에게는 먹고 싶어도 먹기 힘든 것이었기에 해롭다고 멀리했던 것은 아닌가 생각된다.

돼지는 상서로운 동물로 복(福)과 다산(多産)을 상징하며 풍족함을 상징하기도 하며, 돼지꿈을 꾸면 좋다고 여겼다. 다른 한편으로는 돼지와 쥐는 농사를 망치는 해로운 동물로 받아들여졌고, 돼지고기는 독성이 있다고 기피하기도 하였다. 또한 돼지는 게으르고 더럽고 미련하다는 이유로 돼지를 혐오하기도 했다.

최근 돼지고기는 전 세계적으로 가장 선호하는 육류(肉類)가 되었다. 돼지고기는 타 식육자원(食肉資源)과 비교하면 영양소에서 큰 차이 없이 좋은 단백질과 에너지원의 기능을 하고 있다. 특히 비타민 B군이 풍부하여 어린이들의 성장에 중요한 기능을 하고 있다. 그런데 왜 중동지역에서는 돼지고기의 식용을 반대하는 것일까?

고대 중동지역에서는 음식을 제공하는 중요한 동물이 소·양·염소 세 가지 동물이었다. 이들은 공통적으로 풀이나 짚과 같은 거친 섬유질 먹이를 먹고 맛있는 고기와 젖을 만들어 낼 수 있는 반추동물(反芻動物)이다. 그러나 돼지는 인간과 먹을 것에서 경쟁관계에 놓였으며 돼지는 건조한 중동지역에서 살아가기에는 생산하는 것보다 비용이 훨씬 많이 들게 된다. 중동 여러 지역들에서도 신석기시대 가축을 사육하기 시작한 이래로 1만 년 동안 돼지를 길러 왔었으나 부적합한 생태환경과 종교적 이유가 가세하여 차츰 돼지 사육 산업은 점점 쇠퇴하게 되었다.

2. 우리나라의 양돈

(1) 총 사육두수와 모돈 사육두수

우리나라의 돼지 총 사육두수는 <표 1-1>과 같이 1,009만두로 전년보다 178천두(1.8%) 증가하였고, 모돈 수는 돈가(豚價)의 상승으로 42천두(4.7%)가 증가하였다. 양돈(養豚)농가는 지속적인 규모화로 2014년에는 전년대비 459호(8.1%)가 줄어든 5,177호로, 호당 1,949두를 사육하고 있다.

<표 1-1> 돼지의 총 사육두수와 모돈 사육두수

(단위: 천두, 호, %)

구 분	1980	2000	2011	2012	2013(B)	2014(A)	전년대비 (A/B)
총 사육두수	1,784	8,214	8,171	9,916	9,912	10,090	178(1.8)
모 돈	-	-	903	962	895	937	42(4.7)
사육 호수	503,000	23,841	6,347	6,040	5,636	5,177	-459(-8.1)

※가구당 1,949두의 사육두수임. (통계청, 가축동향조사, 2015)

(2) 연도별 사육두수와 사육호수

<표 1-2> 연도별 사육두수와 사육농가수의 변화

(단위: 천두, 천호)

구 분	1965	1970	1980	1990	2000	2010	2014	비 고
사육두수	1,381	1,126	1,784	4,528	8,214	9,880	10,090	-
사육농가	1,083	888.7	802.9	133.4	23.8	5.3	5.2	-
평균사육 (두)	1.28	1.27	3.55	33.9	345	1,859	1,949	-

<표 1-3> 양돈의 월령별, 규모별 및 가구별 현황

(단위: 천두, 호, 두, %)

구 분		2011	2012	2013		2014				증 감	
				9	12	3	6	9	12	전 분기	전년 동기
총 마릿수		8,171	9,916	10,188	9,912	9,698	9,680	9,966	10,090	124	178
										(1.2)	(1.8)
- 모돈수		903	962	897	895	910	925	925	937	12	42
										(1.3)	(4.7)
월령별	2월 미만	2,586	3,073	3,078	2,940	2,921	2,934	3,011	3,043	32	103
										(1.1)	(3.5)
	2~4월 미만	2,457	3,076	3,196	3,130	3,000	2,980	3,102	3,108	6	-22
										(0.2)	(-0.7)
	4~6월 미만	2,188	2,749	2,972	2,900	2,805	2,789	2,876	2,949	73	49
										(2.5)	(1.7)
	6~8월 미만	119	113	88	99	112	113	115	120	5	21
										(4.3)	(21.2)
	8개월 이상	821	904	854	844	859	864	861	869	8	25
										(0.9)	(3.0)
규모별	1,000두 미만	1,016	1,121	1,063	973	991	956	982	965	-17	-8
										(-1.7)	(-0.8)
	1,000~5,000 두 미만	4,833	5,517	5,491	5,504	5,393	5,350	5,403	5,449	46	-55
										(0.9)	(-1.0)
	5,000두 이상	2,322	3,278	3,634	3,435	3,314	3,374	3,581	3,676	95	241
										(2.7)	(7.0)
가구당 두수		1,287	1,642	1,722	1,759	1,782	1,821	1,926	1,949	23	190
										(1.2)	(10.8)
규모별	1,000두 미만	3,708	3,080	2,989	2,684	2,611	2,481	2,325	2,297	-28	-387
										(-1.2)	(-14.4)
	1,000~5,000 두 미만	2,386	2,624	2,566	2,602	2,496	2,491	2,486	2,505	19	-97
										(0.8)	(-3.7)
	5,000두 이상	253	336	363	350	334	343	363	375	12	25
										(3.3)	(7.1)
사육 가구수		6,347	6,040	5,918	5,636	5,441	5,315	5,174	5,177	3	-459
										(0.1)	(-8.1)

(통계청, 가축동향조사, 2015)

2014년 말 규모별 사육두수는 1,000두미만 농가 965,204두(9.6%), 1,000~5,000두미만 농가에서 가장 많은 5,448,813두(54.0%), 5,000두 이상 농가는 약 3,676천두(36.4%)를 사육하고 있다.

우리나라의 양돈농가는 전국 사육규모별로 보면 1,000두미만 2,297호(44.4%), 1,000~5,000두미만 2,505호(48.4%), 5,000~10,000두미만 264호(5.1%), 10,000두이상은 111호(2.1%)로 조사되었다.

우리나라의 양돈 총 농가 수는 5,177호로 전년 5,636호보다 459호가 감소되었는데(−8.1%), 사육두수는 증가되고 사육농가 수는 점점 감소되어 농가 평균사육두수는 1,949두로 전업(專業) 또는 기업화(企業化)되어 가고 있음을 알 수 있다.

(3) 지역별 사육두수와 사육호수

충남의 양돈은 농가 수에서는 경기 925호(17.9%)에 이어 2위로 903호(17.4%)지만, 사육두수는 전국의 20.3%인 2,047,758두를 사육하고 있어 시·도 중에서 가장 많은 사육두수를 기록하고 있고, 2위는 경기도로 17.6%인 1,771,645두를 사육하고 있다. 그리고, 3위는 경북이 약 125만 3천두, 4위는 전북, 5위는 경남 순으로 사육하고 있다. 서울에서는 2014년 3/4분기까지 1농가가 있었으나 폐업하여 양돈농가가 사라졌다. 따라서 사육농가 수는 경기, 충남, 전남, 경남, 전북, 경북 순으로 사육하고 있다.

<표 1-4> 지역별 돼지 사육두수 및 사육호수

(단위: 천호, 천두)

구분	계	서울	부산	대구	인천	광주	대전	울산
두수	10,090.2	0	6.1	13.4	34.4	4.0	1.0	28.4
호수	5,177	0	37	7	32	2	10	12

구분	경기	강원	충북	충남	전북	전남	경북	경남	제주
두수	1,771	446	614	2,047	1,178	1,060	1,253	1,088	541
호수	925	168	307	903	564	834	501	581	294

(통계청, 가축동향조사 4/4분기, 2014)

지역의 사육규모별 사육가구수와 마리수를 보면, 전체는 1천두~5천두 규모 미만의 두수가 약 545만두(54.0%)로 가장 많았으며, 그 다음은 1만두 규모 이상의 사육두수는 약 192만두 이었다. 반면에 1천두 규모 미만의 사육두수는 약 97만두가 되었다. 그리고 가구별 분포는 1천두~5천두 규모의 농가가 2,505호(48.4%)로 가장 많았고, 그 다음은 1천두미만 규모의 농가는 2,297호를 차지하고 있다.

<표 1-5> 지역별 사육규모별 가구수 및 마리수

(단위: 호, 두)

시도	가구/마리	1,000미만	1,000~5,000	5,000~10,000	10,000이상	합 계
서울	가구	0	0	0	0	0
	마리	0	0	0	0	0
부산	가구	35	2	0	0	37
	마리	3,628	2,500	0	0	6,128
대구	가구	1	6	0	0	7
	마리	130	13,365	0	0	13,495
인천	가구	21	11	0	0	32
	마리	8,876	25,543	0	0	34,419
광주	가구	1	1	0	0	2
	마리	18	4,000	0	0	4,018
대전	가구	10	0	0	0	10
	마리	1,055	0	0	0	1,055
울산	가구	8	2	1	1	12
	마리	3,753	4,020	8,653	12,000	28,426
경기	가구	366	497	47	15	925
	마리	173,224	1,053,177	303,866	241,378	1,771,645
강원	가구	52	102	9	5	168
	마리	34,747	251,815	63,791	96,234	446,587
충북	가구	110	170	19	8	307
	마리	39,684	333,846	114,338	126,713	614,581
충남	가구	359	460	59	25	903
	마리	183,120	1,020,262	398,600	445,776	2,047,758
전북	가구	237	276	35	16	564
	마리	111,868	597,025	230,248	239,125	1,178,266
전남	가구	526	277	26	5	834
	마리	167,252	569,659	172,733	150,817	1,060,461
경북	가구	202	248	32	19	501
	마리	99,166	592,332	220,517	341,706	1,253,721
경남	가구	262	277	29	13	581
	마리	82,681	602,112	191,688	211,780	1,088,261
제주	가구	107	176	7	4	294
	마리	56,002	379,157	48,258	58,048	541,465
전국	가구	2,297	2,505	264	111	5,177
	마리	965,204	5,448,813	1,752,692	1,923,577	10,090,286

(자료: 통계청, 가축동향조사, 2015)

그리고 지역별 1,000두 미만의 사육농가는 경기(366호)와 충남(359호) 순이었으며, 1,000~5,000두 사육은 경기(497호)와 충남(460호)이었다. 그리고 10,000두 이상 사육은 충남(25호), 경북(19호), 전북(16호) 순으로 나타났다. 또한 지역별 1,000두 미만의 사육두수는 충남, 경기, 전남 순이고, 1,000~5,000두 사육은 경기, 충남, 경남 순이며, 그리고 10,000두 이상은 충남, 경북, 경기 순으로 사육하고 있었다.

3. 세계의 양돈

한·미 FTA 협상에 따라 그 어느 때보다도 국내와 국제 경쟁력을 함께 가지고 있는 돼지를 효율적으로 사육해야 할 필요성이 있다. 세계의 돼지 사육 총 두수는 약 9억두 이상이 될 것으로 추산되고 있다.

현재 중국의 돼지 사육두수는 약 4억6천8백만두로 세계에서 돼지를 가장 많이 사육하고 있으며, 세계 총 사육두수의 50% 이상을 차지하고 있다. 특히 중국에서는 모돈 사육관리시스템이 도입되어 시설의 현대화 도입과 함께 모돈을 산차별 그룹으로 관리하는 사양 패턴도 구체적으로 차별화, 현대화 등이 접목되어 신기술 접목형 농장 형태로 운영되어가고 있으며, 무엇보다도 농장의 생산성 향상에 많은 노력을 기울이고 있다.

세계의 지역별 주요 국가의 돼지 사육현황을 보면 <표 1-6>과 같다.

<표 1-6> 세계 주요 국가의 양돈 현황

(단위: 천두)

지역 및 국가	2008	2010	2012	2014
□ 아메리카지역				
- 미국	27,148	64,925	66,413	65,675
- 브라질	33,892	36,652	38,578	39,411
- 캐나다	12,700	12,690	12,720	12,896
- 멕시코	9,310	9,007	9,510	15,400
□ 유럽지역				
- 유럽연합	153,067	150,773	147,000	145,000
- 러시아	16,165	17,231	18,793	20,410
- 우크라이나	6,526	7,960	7,516	8,200
□ 아시아와 태평양지역				
- 중국	462,913	477,115	474,920	468,000
- 일본	9,899	9,768	9,500	9,500
- 한국	8,223	8,449	9,916	10,090
- 베트남	-	-	27,373	28,000
- 필리핀	-	-	13,397	13,400
- 호주	2,412	2,289	2,159	2,150

* 호주의 인구는 약 2천2백만명 정도이며, 국토는 유럽지역과 비슷할 정도로 크나, 돼지 사육은 점점 감소되고, 소 사육은 최근 5년간 2천8백만두 정도가 유지되고 있다.

그리고 미국은 양돈 2위국으로 현재 약 6천5백67만5천두가 사육되고 있으며, 유럽연합 중 독일이 약 2,700만두이상으로 가장 많이 사육하고 있으며, 그밖에도 덴마크, 프랑스, 네덜란드 순으로 많이 사육하고 있다. 아시아 지역 중 베트남은 약 2,800만두, 그리고 일본, 대만, 한국 등이 비슷하게 사육하고 있으나, 수입국이었던 러시아는 점점 증가추세로 2,000만두이상 사육하고 있다.

세계적으로 볼 때 특히 곡류가 많이 생산되는 중국대륙, 중앙유럽, 미국 등에서 돼지가 많이 사육되기 때문에 이 3지역을 세계 양돈지역으로 일컫고 있다. 반면에 세계에서 아프리카, 중동지역, 동남아시아 남부지역 등은 곡류 생산량이 저조하고, 돼지고기의 금기(禁忌)와 같은 종교적 이유로 양돈산업이 활성화(活性化)되지 못하고 있다.

4. 양돈산업의 장·단점과 과제

[장 점]

양돈장을 성공적으로 운영하려면 양돈산업의 장점을 잘 이해하여 유익하게 활용할 수 있어야 한다. 양돈은 다음과 같은 장점을 가지고 있다.

1. 집단 사육관리로 기술집약적 사육이 가능하다.

   돼지는 좁은 공간에서도 사육이 가능하고, 분만·육성·비육·수정 등의 관리가 비교적 획일적이고, 기술집약적으로 할 수 있다고 볼 수 있다. 따라서 사육관리를 시스템화 할 수 있는 가축으로 분류할 수 있다.

2. 체중 증가당 농후사료(濃厚飼料)량이 비교적 적게 든다.

   다육성을 가진 가축으로 비육우는 체중 1kg 증가당 보통 사료가 8~10kg 소비되는 반면에, 돼지는 약 4kg 정도 소요되는 증체효율이 높은 가축이다. 그리고 도체율이 75%이상으로 타 가축에 비하여 높은 편이다.

3. 타 가축에 비하여 증식력(增殖力)이 뛰어나다.

돼지는 114일의 임신기간과 표유기간 약 25일을 제외하고는 계속 하여 새끼를 낳는다고 할 수 있다. 따라서 1회 분만(연 2.2회이상)에 평균 10두 이상(연 22두이상) 분만하므로 증식속도가 대단히 빠른 가축이며, 보통 8개월 될 때 초임(初姙)을 하게 되면 약 7~8산까지 번식에 이용할 수 있게 된다.

4. 자본회전율(資本回轉率)을 높일 수 있다.

번식능력이 양호한 번식돈은 1년에 2.5회까지 분만하게 되며, 여기에서 생산된 자돈(仔豚)은 약 25두 이상을 얻게 되는데, 자돈(仔豚)을 직접 육성하는 일관관리 사육을 하는 방법과 판매하는 방법 등이 있다. 그리고 비육돈도 약 5~6개월 사육하면 출하할 수 있어 자본의 회수(回收)가 비교적 빠르게 경영할 수 있다.

5. 그 밖에도 양돈경영상 얻어지는 것은 모돈 1마리당 1년에 분뇨 약 2,000~3,000kg의 생산으로 적절한 발효분뇨 부숙처리로 유기질비료를 생산하여 토질의 비옥도(肥沃度)를 높일 수 있는 장점을 가질 수 있으나, 그릇된 분뇨의 관리는 오염(汚染. pollution)을 야기시키는 주범이 될 수 있으므로 철저한 관리가 요구되고 있다. 그리고 축사내의 기계화로 분업화된 직능별 관리가 가능하여 남녀노소의 적절한 활용이 가능하다는 장점도 있다.

[단 점]

양돈산업의 단점을 열거하면 다음과 같다. 이러한 단점을 잘 이해하여 경영하면 대응전략을 수립할 수 있고, 불황을 극복할 수 있는 능력을 배양할 수 있다.

1. 전염병(傳染病) 확산이 매우 심하여 농가의 직접적 피해가 크고, 그에 관한 대비와 예방책이 요구되고 있는 실정이다.

세균이나 기타 질병은 돈방을 비우고 소독과 살균 처리 후 입식하면 아무런 지장이 없으나, 바이러스(virus) 전염병은 적정 소독제의 활용과 철저한 방역이 되어야 경제적 피해를 예방할 수 있다.

최근에는 우리나라에 구제역(口蹄疫)이 전파되어 농가의 피해는 물론 국가적 재해로 확산되고 있는데, 이러한 피해를 최소화할 수 있는 방안을 강구해야 할 것이다.

2. 우리나라에서는 농후사료(濃厚飼料)의 의존도가 높기 때문에 사료비(飼料費)와 같은 경영비(약 70% 이상)가 많이 소요되는 단점을 가지고 있다.

   따라서 사료자원의 확보와 자급사료 대책도 함께 연구·개발되어야 할 과제로 여겨진다. 기상이변(氣象異變)과 같은 기후변화에 따라서 곡류생산의 차질이 발생하면 세계의 곡류가격이 상승하면 수입원료(단미사료)도 껑충 오르기 때문이다.

3. 돼지가격 또는 돼지고기 가격은 주기적으로 변동(變動, pig cycle)이 심하여 성공과 실패에 중요한 기점이 될 수 있다.

   따라서 3년은 호황(好況)을 누릴 수 있으나, 1년은 불황(不況)을 가져올 수 있다는 것으로 가격파동(價格波動, price fluctuation)을 초래할 수 있어 양돈 경영자는 투자에 각별한 관심을 갖고 정확한 분석이 필요하다.

4. 그밖에도 분뇨의 생산과 처리가 사회적 문제로 대두되고 있어서 합법적인 처리가 요구됨으로써 비용(費用)이 많이 소요될 수 있다. 완전부숙분뇨는 비료로서 순기능을 하지만, 미완성부숙분뇨는 환경오염이 되어 주위 사람들에게 지탄을 받을 수 있으므로 세심한 관리가 필요하다. 그리고 일정기간에는 시설투자비가 많이 들 수 있는 단점이 있으므로 무리한 시설 현대화는 자금여건을 보며 개선해 나가야 할 것이다.

[과 제]

선진화된 양돈업(養豚業)이 앞으로 해야 할 주요 과제는 다음과 같은데, 이러한 과제는 시대적 변화와 수요자의 반응에 따라 점진적으로 새로운 과제로 부각되게 된다.

1. 고급육 사양관리(飼養管理) 시스템을 더욱 심도있게 개발해야 할 것이다.

 돼지의 생리, 번식, 육종원리의 응용과 환경과의 상호작용 등을 면밀히 연구·검토하여 농장별 적정 사양프로그램을 개발하고, 이에 따른 체계적인 관리가 요구된다. 양돈농가에서는 고급육 사양 프로그램(feeding programme)을 잘 활용하여 생산, 출하, 도체 등 종합적인 사양관리 시스템을 수립해야 할 것이다.

2. 번식(繁殖)과 육종(育種) 관리의 과학화가 요구된다.

 우리나라는 번식과 육종관리(reproduction and breeding management)가 비교적 잘되고 있으나, 더욱 더 효율성 제고에 깊은 관심을 갖고 요소별 미달기술을 업그레이드하도록 평가 후 관리가 요구된다. 아직도 일부 농장에서는 수태율, 분만율, 육성률 등의 수준이 비교적 낮아 농장별 경영진단과 컨설팅 계획이 수립되어 평가 후 적절한 기술지도가 이행되어야 할 것이다.

3. 질병관리(疾病管理)가 프로그램화(disease control for animal)되어야 한다.

 개별농장 방역에서 집단방역 등 다양한 사례로 철저하게 농장에 잘 부합되는 방역계획을 수립 후 실천해야 한다. 여기서는 전염병은 물론 동일 농장에서 발생하는 세균 및 바이러스 질병까지 관리하는 소독 또는 방역에도 철저한 관리계획을 수립하여 실행해야 한다.

4. 개체관리나 가축정보(animal information) 등 정보관리(情報管理)가 체계적으로 이루어져야 한다.

 양돈농가는 컴퓨터를 이용하여 분만, 육종, 사양 등 전반적인 관리를 농장의 주요 정보와 재산으로 생각하여 철저한 농장분석이 이루어져야 할 것이다. 이러한 기록의 전산화는 정보수립과 활용면에서 효과적으로 진단하여 경영관리의 효율성을 극대화 할 수 있다.

5. 적정도살(適正屠殺) 후 즉석가공이나 냉동저장 등의 주요 기능도 농장에서 해야 할 앞으로의 과제이다.

돼지고기의 과다생산이나 수요 감소로 가격이 너무 하락하면 일시적으로 저장하거나 소시지, 햄 등과 같은 즉석 육가공제품을 생산하여 돈육 소비량을 증가시키고, 저장을 통한 가격조절(價格調節)이 가능토록 해야 할 것이다.

5. 돼지의 여러 가지 특징

돼지는 고유의 생리적(physiological), 심리적(psychological), 그리고 형대적(morphological) 특징(特徵, characters) 등 3가지 특징을 가지고 있다.

(1) 생리적 특징

돼지는 생리적으로 몇 가지 특징을 가지고 있다. 그것은 잡식성, 다산성, 다육성, 성숙도 등과 같은 생리적 특징(生理的 特徵)으로 나눈다.

① 잡식성

돼지의 소화기관은 초식동물과 육식동물의 중간으로 농후사료와 조사료를 모두 잘 먹는 잡식성(雜食性, omnivority) 동물이다. 개량종은 농후사료의 이용성이 높고, 재래종은 조사료 이용성이 높은 경향이 있다.

② 다산성

돼지는 한 배에 8~12마리의 새끼를 낳는 다산성(多産性, prolificacy) 동물로서 한 마리가 일생동안 100마리 이상의 새끼를 낳을 수 있다. 그리고 산차, 품종별로도 산자수의 차이가 있는데, 2~4산차는 비교적 많이 출생하며, 품종별로는 랜드레이스, 요크셔, 체스터화이트종 등은 산자수가 많은 편이며, 포유능력도 양호하나 버크셔나 두록, 햄프셔종은 산자수가 비교적 적다.

③ 다육성

돼지는 성장기에 하루 약 1kg 증체할 정도로 잘 자라는 다육성(多肉性)을 가지고 있다. 돼지는 주로 고기생산을 목적으로 사육하는 가축으로서 고기 생산효율이 좋다. 도체율(屠體率)도 다른 가축에 비하여 75~80% 정도로 비교적 높은 편이다. 이러한 도체율은 연령이나 성, 그리고 출하체중별로 다소 차이가 있다.

④ 성숙도

성숙도(成熟度, maturity)는 몸이 성숙하는 것과 성이 성숙하는 것으로 구분하여 볼 수 있다. 소형종이 대형종 보다 조숙성(早熟性, early maturity)이고, 개량종보다는 재래종이 조숙성이다. 따라서 개량종은 만숙종(晩熟種, late maturity)이 많다. 영양상태로 볼 때는 영양수준이 높은 고열량 고단백질 사료를 급여하면 조숙하는 경향을 가지고 있다.

⑤ 기타

돼지는 후각(嗅覺, smelling)이 발달되어서, 관리자나 사료 등을 냄새로 구별하고, 자기 새끼도 똥·오줌의 냄새로 구별하여 위탁포유 등의 관리에 이를 이용할 수 있다. 또한 돼지는 기후풍토에 대한 적응성(適應性, adaptation)도 강하다.

(2) 심리적 특징

돼지는 굴토성, 마찰성, 청결성, 후퇴성 등 특수한 심리적 특징(心理的特徵)을 갖고 있는데, 이는 여러 행동으로 나타나게 된다.

① 굴토성

돼지는 굴토성(掘土性, hogging)이 있는데, 코는 모양이 쟁기 같고 코끝에는 연골판이 있어 촉각이 발달하여 땅을 파서 풀뿌리와 벌레를 먹고, 부족한 광물질(鑛物質, minerals)을 흙에서 얻는다. 이는 멧돼지 때부터 내

려온 습성 중 하나로 볼 수 있다. 특히, 이러한 습성을 이용하여 토양에 함유된 미량성분(Fe, Cu 등)을 섭취하기도 하여 성장돈에 부족한 무기물의 미량요소를 충당할 수 있다.

② 마찰성

돼지는 몸과 목, 꼬리가 짧고 목이 굵어서 몸이 가려우면 벽이나 돌출된 것에 비벼대는 특성을 가지고 있다. 이러한 습성은 자신의 몸을 보호하려는 마찰성(摩擦性, rubbing)을 가지고 있기 때문이다.

③ 청결성

일반인들이 보면 돼지는 둔하고 더럽다는 편견을 가지고 있다. 돼지는 불결한 것을 좋아하는 것이 아니라 더러운 곳에서도 잘 견디며 살 수 있는 강건한 체질을 가지고 있다. 돼지는 후각이 발달하였기에 배설 장소를 만들어주면 일정한 곳에 배설하게 되며, 잠자리는 건조한 상태로 잘 유지한다. 돼지는 청결성(淸潔性, cleanliness)을 가지고 있어서 자신의 몸을 관리하는데 잘 이용하고 있다.

④ 후퇴성

돼지는 꼬리를 잡아당기면 앞으로 가려하고, 앞에서 위턱을 잡고 당기면 뒤로 물러나는 후퇴성(後退性, backwardness)을 가지고 있다.

돼지는 본래 심리적으로 귀나 꼬리를 잡아당기거나 엉덩이를 밀면 앞으로 향하여 이동하는 것보다는 오히려 뒤로 물러서는 고유의 습성이 있다. 이 습성을 이용하면 주사, 간단한 수술, 보정, 중돈 거세, 외상치료, 등지방두께 측정 등을 효율적으로 관리할 수 있다. 이러한 위턱 고정은 보정기를 이용하며, 체형측정은 물론 경정맥에서 혈액채취나 질병치료 등에서 잘 활용되고 있다.

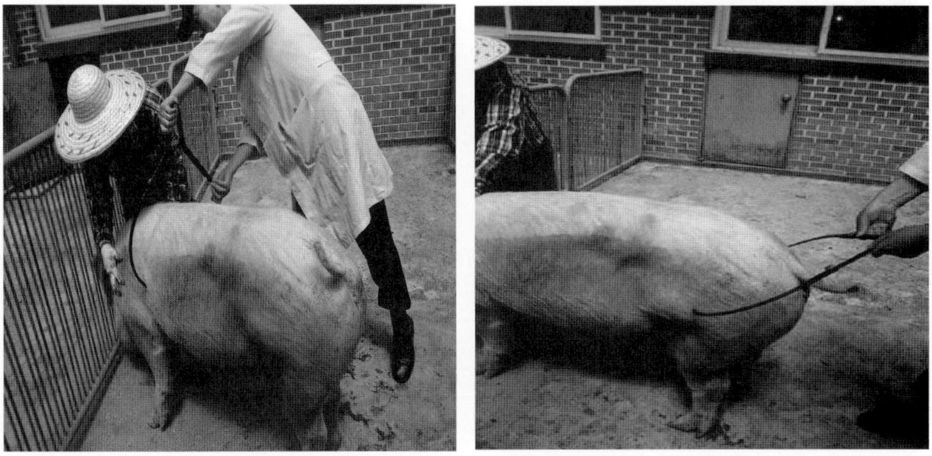

[그림 1-2] 돼지의 체형 측정- 흉폭(좌)과 후폭(우)

이 밖에도 무리지어 사는 군거성, 주인에 대한 신뢰성, 집으로 돌아오는 귀소성, 적과 싸우는 투쟁성 등이 있으나 다른 동물에 비하여 그 성향은 약한 편이다.

(3) 형태적 특징

돼지는 단위동물로 사람과 비슷한 구강, 식도, 위, 장 등의 소화기관과 두골, 구간골, 4지골 등의 골격구조를 가지고 있다.

① 피부와 털

피부(皮膚)는 1~2㎜의 두께로 구성되어 있으며, 모근(毛根)에는 구멍이 있고, 털이 자라고 있다. 피부는 몸을 싸고 있는 외피(外皮)로 신체보호, 체온조절, 배설, 피부호흡 등의 주요 작용을 한다. 개량종의 털은 가늘지만 재래종은 비교적 굵고 긴 털이 많은 것이 특징이라고 볼 수 있다. 이러한 피부는 외피와 진피로 구성되어 있는데, 이것을 소위 돼지껍질로 부르고 있으며, 구우면 쫄깃쫄깃하고 콜라겐이 풍부하여 식품으로 즐겨 먹는다.

② 얼굴과 귀

얼굴(face)은 긴 얼굴에서 짧은 형태의 얼굴이 있으며, 귀는 넓은 것에서 좁은 것까지 다양한 형태가 있다. 특히 버크셔종은 접시형(dished type)으로 짧고 구부러져 위로 향하고 있는 것이 유전학적 특징으로 되어 있다. 귀는 소이종·중이종·대이종 등으로 나누고, 그 형태에서도 직립형·반직립형·하수형 등으로 구분되고 있다. 이것은 유전학적으로 매우 중요하다.

돼지의 체형(體型, body type)은 3가지가 있는데, 버크셔종과 같이 지방이 많이 축적된 라아드형(lard type), 요크셔나 랜드레이스종과 같이 몸통이 길고 깊으며 몸의 너비가 중형정도로 질 좋은 삼겹살을 많이 생산하는 베이컨형(bacon type), 두록·햄프셔·체스터화이트·스포티드종과 같이 현재 우리가 원하는 체형으로 발육이 빠른 미트형(meat type)이 있다.

③ 골격

골격(骨格, skeleton)은 몸 유지와 근육형성을 위하여 중요한 기능을 하고 있다. 돼지는 척추공식(vertebral formula)을 가지고 있다. 경추(頸椎, cervix) 6~7개, 흉추(胸椎, thorax) 13~17개, 요추(腰椎, lumber) 5~7개, 천추(薦椎, sacrum) 5~7개, 미추(尾椎, coccygeal) 20~26개를 각각 가지고 있다. 흉추는 늑골을 약 15쌍을 지탱하여 폐를 비롯한 주요 장기를 보호하고 있다. 특히 랜드레이스 품종은 흉추나 요추가 1~2개 더 많은 것으로 나타나 결국 체장이 다소 긴 품종으로 알려져 있다.

④ 소화기

소화기(消化器, digestive organs)는 구강 내의 이빨과 장(臟)으로 크게 나눌 수 있다. 이빨(齒, teeth)은 저작과 같은 사료를 씹는 기능을 하는데, 일정한 치식(齒式, Dental formula)을 가지고 있다. 그 치식은 아래와 같다.

- 유 치(乳 齒) = $\frac{3 \cdot 1 \cdot 3 \cdot 0}{3 \cdot 1 \cdot 3 \cdot 0} \times 2 = \frac{14}{14}$ = 28개

- 영구치(永久齒)= $\frac{3 \cdot 1 \cdot 3 \cdot 4}{3 \cdot 1 \cdot 3 \cdot 4} \times 2 = \frac{22}{22}$ = 44개

돼지는 특히 잡식성(雜食性)이어서 일명 '송곳니'라고 하는 견치(犬齒, canine)가 비교적 잘 발달된 것이 특징이며, 위 치식과 같이 하악과 상악 동일하게 문치(門齒) 6개, 견치 2개, 전구치(앞어금니) 6개와 후구치(뒤어금니) 8개로 각각 구성되어 있다.

그리고 소화기 장(臟)은 소화 중 물리·화학적 기능을 동시에 하는 위장, 소장과 대장 등으로 되어 있는데, 체장의 16배 정도로 동물 중 보통이며, 사람은 신장의 10배, 소와 양은 각각 체장의 20배와 26배로 길다. 육식동물의 장(腸)은 초식동물 보다 비교적 짧은 것으로 알려져 있다(보통 5~10배).

⑤ 생식기

생식기(生殖器, reproductive organs)는 자궁의 형태로 자궁각(子宮角)이 긴 쌍각자궁(雙角子宮)이며, 다태(多胎)할 수 있는 구조라고 볼 수 있다. 그리고 유두수가 12쌍 이상으로, 검정돈에서는 그 미만이면 순종으로서 실격(失格)이 된다. 돼지 수컷은 정액량이 많은 것이 특징으로 1회 사정(射精)에 약 200~400ml 정도를 사정(ejaculation)하고 있다.

6. 돼지의 동물분류학상 위치

돼지는 동물분류학상 아래와 같은 위치를 갖고 있다. [그림 1-3]에서 보는 바와 같이 종, 속, 과에서 다른 축종(畜種)과 다르게 위치하고 있으며, 돈종(豚種)아래에서 오랫동안 축화되면서 유전자가 고정된 품종(品種)이 성립된 것들이 많이 있으며, 양돈학에서는 이 품종을 주로 학습하게 된다.

○ 계(系) : 동물계(動物系, Animal strain)
○ 문(門) : 척추동물문(脊椎動物門, Vertebrata)
○ 강(綱) : 포유동물강(哺乳動物綱, Mammalia)
○ 목(目) : 우제목(偶蹄目, Artiodactyla)
○ 과(科) : 야저과(野豬科, Suidae)
○ 속(屬) : 사스속(*Sus*屬)
○ 종(種) : 돈종(豚種, *Sus scrofa* var. *domesticus*)

[그림 1-3] 돼지의 동물분류 흐름도

돼지는 멧돼지에서 순화(馴化)되어 집돼지가 된 것으로 여겨지고 있다. 이러한 멧돼지는 보통 6가지 *Sus*속이 있는데, 보통 유럽돼지는 유럽멧돼지(European wild hog)에서 축화(畜化)되고, 아시아 돼지는 중국과 러시아 경계의 우수리(牛首里) 강(江) 유역에 서식하는 멧돼지에서 축화된 것으로 추측하고 있다. 이러한 돼지는 동남아시아는 약 10,000년 전, 그리고 중국에서는 약 4,000년 전에 집돼지가 사육되었다는 기록이 있으며, 돼지 뼈의 발견도 이를 뒷받침해주고 있다. 이러한 돼지 종(種)은 다시 품종(品種)과 아종(亞種)으로 구분되고 있지만, 개량돼지에선 품종을 중심으로 연구하고, 학습을 한다.

연 습 문 제

1. 우리나라 양돈농가의 평균 사육두수(2014년 기준)는 약 얼마인가?

① 1,400두 ② 1,500두 ③ 1,750두 ④ 1,950두

2. 세계에서 돼지를 많이 사육하는 국가끼리 짝지어진 것은?

① 브라질과 중국 ② 미국과 독일 ③ 중국과 미국 ④ 중국과 베트남

3. 돼지의 동물학적 위치로 볼 때 종(種)과 속(屬)을 올바르게 서술한 것은?

① 돈종과 야저속 ② 사스종과 비반추동물속
③ 사스종과 야저속 ④ 돈종과 사스속

4. 재래종과 개량종에 대한 특징의 설명 중 틀린 것은?

① 재래종의 피부는 개량종보다 주름이 많은 경향이 있다.
② 개량종의 털은 재래종보다 가늘고 곱슬이 비교적 많다.
③ 재래종의 체중은 개량종보다 큰 편이다.
④ 개량종은 미트형으로 개량하는 경향이다.

5. 돼지의 경추와 흉추는 각각 몇 개인가?

① 7개와 15개 ② 5개와 17개 ③ 5개와 17개 ④ 7개와 12개

6. 다음은 돼지생식기관의 특징을 설명한 것 중 틀린 것은?

① 다산성의 쌍각자궁이다. ② 다산성의 복자궁이다.

③ 유두는 보통 12개이다. ④ 정액사정량이 많다.

7. 돼지의 생리 및 심리적 특징 중 거리가 먼 것은?

① 다육성 ② 적응성 ③ 청결성 ④ 추종성

정답 ☞ 1-④ 2-③ 3-④ 4-③ 5-① 6-② 7-④

8. 다음은 돼지의 장점을 열거하였다. 틀린 것은?

① 자본회전율이 높은 편이다.
② 사양관리가 비교적 쉽다.
③ 체중증가당 사료소비량이 적은 경향이 있다.
④ 질병 예방관리가 매우 편리하다.

9. 중동이나 아프리카에서 돼지 사육상 어려운 점은 무엇 때문인가?(2가지)

① 기온이 높기 때문에　　② 종교적 이유 때문에
③ 성인병 유발 때문에　　④ 사료자원의 부족 때문에

10. 돼지의 후퇴성을 이용한 관리가 아닌 것은?

① 주사　② 새끼돼지 거세　③ 외상 치료　④ 등지방두께 측정

11. 돼지의 치식을 쓰고 유치와 영구치에 관하여 설명하시오.

12. 양돈산업의 단점을 쓰시오.

13. 양돈산업의 성공과 관련하여 미래의 과제는 무엇인가?

14. 돼지의 축화지역과 기원에 관하여 설명하시오.

정답 ☞ 8-④　9-②,④　10-②

제 2 장 돼지의 품종

돼지는 전 세계적으로 약 1,000종의 품종이 사육되고 있는데, 체형, 얼굴, 피모, 생리·심리적 특징, 기타 형질에 차이가 있다. 돼지는 각 나라의 기후와 풍토 및 농업 형태에 알맞게 여러 품종으로 개량되었다.

돼지의 체형(體型)은 버크셔종 같이 지방이 많이 축적된 라드형(lard type), 요크셔나 랜드레이스종과 같이 몸통이 길고 깊으며 몸의 너비가 중형 정도로 질 좋은 삼겹살을 많이 생산하는 베이컨형(bacon type), 두록·햄프셔·체스터화이트·스포티드종과 같이 현재 우리가 원하는 체형으로 발육이 빠른 미트형(meat type)으로 변하고 있다. 품종의 주요 분류는 아래와 같다.

체중(體重)에 따른 분류는 대형, 중형, 소형 및 왜소형(mini) 등 4가지로 구분하고, 귀의 크기와 형태에 따른 분류는 귀의 크기에 따라 대이종, 중이종 및 소이종으로 크게 분류하고, 형태(形態)에 따라서는 직립형(直立型), 반하수형(傾斜型), 하수형(下垂型) 등으로 분류한다. 모색(毛色)에 따른 분류는 백색, 흑색, 적색 등 3가지 모색으로 나누나, 흑백이 혼합된 품종도 있다. 체형에 따른 분류는 라드형, 베이컨형, 미트형(포크형) 등 3가지 체형으로 구분한다. 그리고 원산지(原産地)에 따른 분류는 영국종, 독일종, 중국종, 미국종, 만주종 등으로 나눈다. 대부분 원산지에 따라 품종을 살펴보면 다음과 같다.

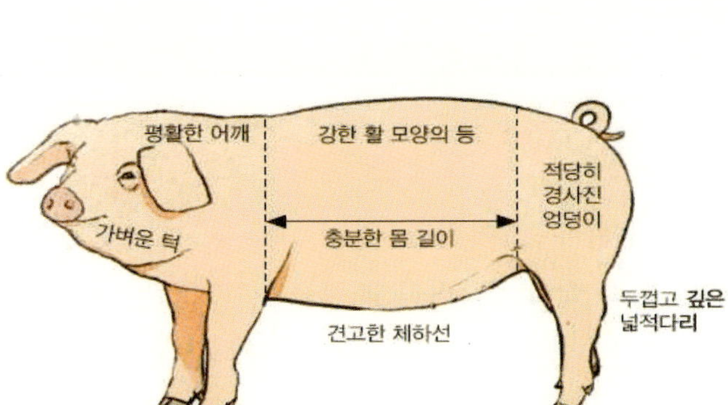

[그림 2-1] 바람직한 미트형 돼지

1. 영국종

(1) 버크셔종

이 품종은 영국의 버크셔(Berkshire) 지방에서 1800년 전후에 재래종에 여러 품종을 교잡하여 품종으로 성립하였다. 우리나라에는 1930년대에 도입되어 1950년대까지 재래종 돼지의 개량에 크게 기여하여 널리 사육하였으나, 다른 품종에 비해 전반적으로 능력이 떨어져 최근에는 잘 사육하지 않는다. 전통적으로 우리나라에서 길러온 흑색의 재래종은 1905년도부터 이 품종이 처음 도입되면서 점차 재래종은 줄어들고, 이 버크셔종은 교잡용으로 많이 이용되었다.

[그림 2-2] 버크셔종

털색(毛色)은 대부분 흑색이지만 얼굴, 네 다리와 꼬리의 끝부분은 백색을 띠고 있어서 육백(六白)이라고 한다. 체형은 처음에는 라아드형(lard type)으로 개량하였으나 차츰 미트형(meat type)으로 바뀌고 있다. 몸의 폭은 넓고 다리와 몸길이는 짧은 편이며, 얼굴은 접시형(dished type)으로 위쪽으로 약간 굽어 있는 것이 특징이다. 버크셔종은 조숙성이고, 체질이 강하고 비교적 조사료의 이용성도 좋지만 번식력이 대요크셔종보다 약간 떨어져 한 배 새끼 수가 보통 8~9두 정도에 그친다. 최근에는 동체(胴體)에 지방이 축적되고 성장률이 비교적 저조하여 유럽 일부국가를 제외하고는 비교적 선호도가 떨어지고 있다.

(2) 요크셔종

영국의 요크셔(Yorkshire) 지방이 원산지이다. 유럽은 물론 우리나라에서도 많이 사육하는 대표적 품종이다. 이 품종은 털색이 모두 흰색을 띠고 있는 것이 외모상 특징이고, 크기에 따라서 대백종, 중백종, 소백종으로 구분하는데, 일반적으로 대백종(大白種)이 가장 많이 사육되고 있다. 최근에는 대백종과 중백종의 구별 없이 요크셔종 또는 라지 요크셔라고 한다. 최근에 미국에서는 이 대요크셔를 라지 화이트(Large White)로 부르고 있는데, 이 품종은 동일 품종내의 계통이 서로 약간씩 다르다고 볼 수 있다. 우리나라에는 1903년에 최초로 도입된 개량종으로 볼 수 있다.

[그림 2-3] 요크셔종

얼굴은 곧고, 가슴은 깊고 넓은 편이며, 등(背)은 비교적 곧은 편이다. 특히, 귀의 형태가 직립형(直立型)이라서 품종식별이 잘 된다. 체형은 처음에는 베이컨형(bacon type)으로 개량되었으나, 최근에는 미트형(meat type)으로 많이 개량되고 있다. 산자수가 11두 이상으로 번식능력이 우수할 뿐만 아니라 포유능력과 비유능력이 뛰어나 육성률도 양호한 품종으로서 교잡할 때 모돈(母豚)으로 많이 이용된다. 성돈의 체중은 350~370kg으로 대형종 중에서는 비교적 조숙성이다.

2. 덴마크종

(1) 랜드레이스종

이 랜드레이스(Landrace) 품종은 덴마크가 원산으로 덴마크 재래종을 가지고 새로운 개량 요크셔종을 도입하여 개량시켜 만든 돼지 품종이다. 세계적으로 많이 사육되고 있으며, 우리나라에서도 도입품종으로 요크셔종과 함께 많이 사육하는 것으로 알려져 있다.

[그림 2-4] 랜드레이스종

모색은 요크셔종의 백색과 같이 모두 백색을 가지고 있다. 체형은 베이컨형(bacon type)으로 몸길이가 가장 길고, 균형 잡힌 몸매를 유지하고 있다. 얼굴은 볼이 비교적 작고 안면과 콧등은 직선인 편이며, 등선은 곧으면서 조금 휜 활모양(弓狀)을 이루고 있다. 특히 귀는 아래로 처진 하수형(dropping ears)이어서 요크셔종과 구별하기 쉽다. 하수형 귀는 열성으로 작용하고 있다. 양돈장에서는 요크셔종과 같이 번식능력과 포유능력이 우수하여 모돈(母豚)으로 많이 활용하고 있다. 성장하면 체중이 암퇘지는 250kg, 수퇘지는 300~350kg 정도이다. 그러나 뒷다리와 피부가 약한 결점이 있어 바닥과 돈사 내 관리에도 주의를 기울여야 한다.

3. 미국종

(1) 두록종

미국의 뉴저지와 뉴욕주(州)가 원산인 미국종으로 처음에는 두록저지(Duroc-Jersey)라고 불렀지만 지금은 두록(Duroc)이라고 많이 부른다.

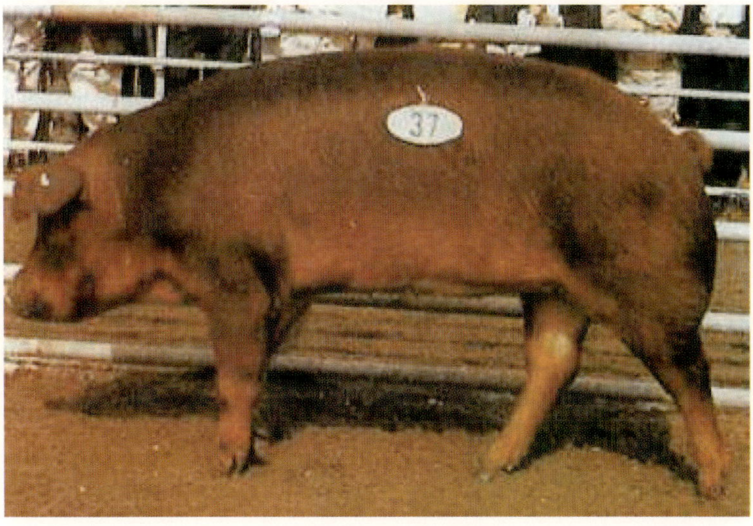

[그림 2-5] 두록종

미국의 아이오아주 등지의 옥수수지대에서 많이 사육되며, 우리나라에서도 체질이 강건하고 기후 풍토에 대한 적응력이 좋아서 좋은 평가를 받고 있는 품종이다. 털색은 엷은 적색(light red)에서 암적색(dark red)에 이르기까지 다양한데, 엷은 적색돼지의 인기가 더욱 많다. 귀의 형태는 반하수형(semi-dropping ears)으로 선단부위(先端部位)가 구부러진 체 앞을 향해 있다. 이 귀는 하수형에 대하여 우성이다. 체형은 미트형으로 등선은 약간 휜 활모양(弓狀)을 이루고 있으며, 후구가 비교적 발달되어 있다. 번식능력은 비교적 낮은 편이라서 모계통(♀)으로 이용하기보다는 일당증체량과 사료요구율이 양호하여 실용돈(實用豚) 생산을 위한 부계통(♂, terminal sire)으로 많이 활용하고 있다. 다 자란 수돼지는 380kg 정도로 대형종에 속한다.

(2) 햄프셔종

이 품종은 영국의 햄프셔(Hampshire) 지방에서 미국으로 수입되어 켄터키 주에서 1904년에 재래종을 개량시킨 품종으로 우리나라에서도 많이 사육했던 품종이다. 얼굴은 곧고 귀는 어려서는 앞으로 서 있다가 성숙하면서 약간 앞으로 숙여지는 경향이 있다.

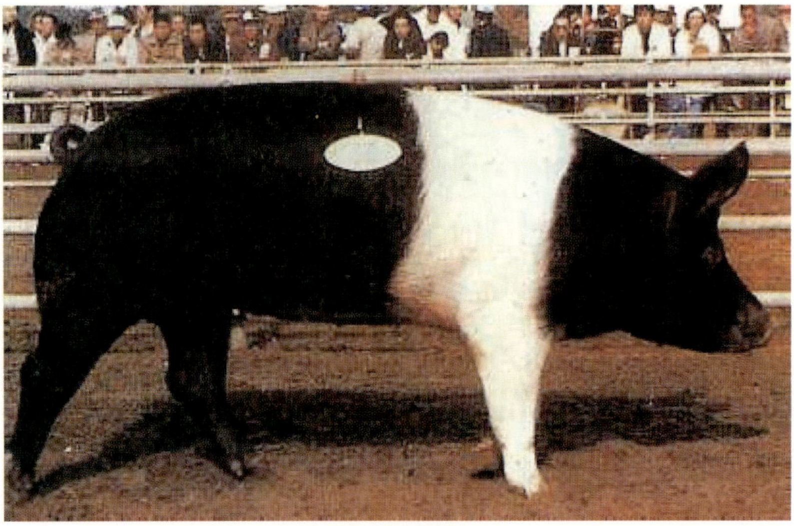

[그림 2-6] 햄프셔종

다른 지방형 돼지와는 달리 중간형을 거치지 않고 미트형으로 개량한 품종이며, 사료 이용성이 좋고 방목에도 적합하며, 기후풍토에 대한 적응력이 강하다. 털색은 흑색 백대(白帶, white belt)라서 흑색 바탕에 어깨와 앞다리에 10~30cm의 백색 띠를 두르고 있어 품종식별이 매우 쉽다. 번식능력은 산자수가 8~9두 정도로 비교적 양호하지 못하지만, 도체시 지방층이 얇고 육질이 양호하여 실용 비육돈 생산을 위한 부계통(♂)으로 이용하기 위하여 교잡용으로 선호하고 있다. 백대(white belt)는 10~30㎝가 표준이고, ⅔이상을 초과하면 고유의 순수품종으로서의 자격을 상실하게 된다.

(3) 체스터화이트종

체스터화이트(Chester White)종은 미국 펜실바니아주에서 육용화된 돼지품종으로 미국 백색종을 교잡시켜 1920년대 이후부터 널리 보급시켜 왔다. 최초에는 라아드(lard)형 이었으나 점차 육용(meat)형으로 개량되었다. 귀는 쳐져 있으며, 특히 산자수가 10두 이상으로 많고, 포유능력이 양호하여 모계(母系, dam)로 많이 이용되고 있다.

[그림 2-7] 체스터화이트종

(4) 폴란드차이나종

이 폴란드차이나(Poland China)종은 미국 오하이오주의 재래종에 중국종, 버크셔종과 같은 흑색돼지를 교잡하여 육용형(肉用型)으로 개량시켰다. 미국에서는 흑색바탕에 육백(六白)이 아니고 약간의 백점(白點)이 있어도 유전적 결함으로 보지 않는다. 특히 등선(背線)이 궁상(弓狀)으로 버크셔와 다르며, 특히 햄(ham)부위가 잘 발달되어 무엇보다도 고부(尻部)가 비교적 경사진 것이 특징이라고 할 수 있다.

[그림 2-8] 폴란드차이나종

(5) 스포티드종

스포티드(Spotted)종은 육용화된 미국 품종으로 1914년부터 등록되었다. 체형은 폴란드 차이나종과 비슷하나 몸체가 약간 더 길고 온순하여 미국에서는 사육상 좋아하는 품종이다. 특히 미트형으로 개량되어 약간의 궁상이며, 후구의 발달로 햄부위도 충실한 편이다. 모색은 흑백의 비율이 50 : 50이 가장 이상적이나, 미국에서는 한 쪽 모색이 20%이하 또는 80%이상이면 품종으로 실격이 된다.

[그림 2-9] 스포티드종

4. 동양종

(1) 한국 재래종

우리나라 고유의 품종으로서 약 2,000년 전부터 소형 재래종 돼지가 사육되어 왔는데, 이 재래종은 만주종에서 온 것으로 보인다. 1930년경부터 일본으로부터 개량종 돼지가 도입되면서 경제성이 낮은 재래종은 점차 없어지게 되었으며, 1945년 이후에는 한국재래종을 찾아보기 어렵게 되었다. 털색은 흑색이고 체구는 작으며 허리와 배가 아래로 처지고 앞몸의 발달이 불량하다. 우리나라에서 오랫동안 사육하여 우리나라의 기후 풍토에 잘 적응하고 체질이 강하고 질병에 대한 저항성도 강하며 조사료의 이용성도 비교적 양호하다. 그러나 한 배 새끼 수가 7~8두 정도로 적고, 성장률과 도체율이 낮아 경제성이 떨어지므로 해방 전후까지 버크셔종으로 누진교배(累進交配)시켰다.

[그림 2-10] 한국 재래종

1988년부터 국립축산과학원(당시 축산기술연구소)은 종자전쟁에 대비하여 재래돼지 순종 복원사업을 수행해 명맥을 유지하려는 노력을 하고 있다. 한국재래종은 지역이름이 붙어 강화돼지, 제주흑돼지(똥돼지), 지례돼지, 사천돼지 등으로 불리고 있다.

(2) 중국종(메이산)

중국은 세계에서 가장 많은 돼지를 사육하고 있는 나라이다. 중국종은 지린(길림)성과 헤이룽장(흑룡강)성의 화북형, 광둥(광동)성의 화남형, 후난(호남)성의 화중형, 장쑤(강소)성의 강해형, 쓰촨(사천)성의 서남형, 청장고원의 고원형 등으로 구분하고 있다. 이 중 강해형은 중국의 장강 하류 장쑤성과 상해시의 경계인 태호유역에서 기원된 것이다. 여기의 대표적 품종은 태호저(太湖猪, Taihu Pig)인데, 일명 메이산(Meishan, 梅山)이라고 부른다. 메이산종은 산자수가 무려 14~20두로서 한 배 새끼 수를 많게 하기 위한 유전자원(遺傳資源)으로 세계적인 관심 속에 번식력 향상에 연구력이 모아지고 있다. 중국종의 일반적인 특징으로는 털색이 대부분 흑색이고, 피부에 주름이 많으며, 귀가 크고 아래로 늘어진 하수형이다.

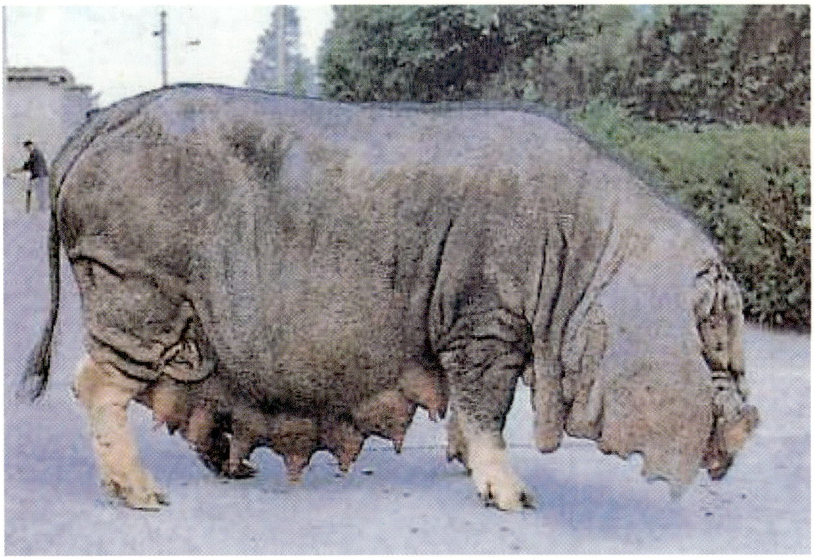

[그림 2-11] 중국종(메이산)

등과 허리는 아래로 굽어있고, 배가 처져 있으며, 소형종이며 코끝이 들려 있다. 특히, 성장률이 좋지 않고 도체에 지방이 너무 많이 축적되어 육질이 불량하다는 결점을 안고 있다. 메이산종의 경우 성숙시 체중도 소형이라서 암돼지 170kg, 수돼지는 190kg 정도로 체중도 소형종에 속한다.

5. 기타 종

(1) 피에트레인종

피에트레인(Pietrain)종은 원산지가 벨기에 남부 왈로니아 지역이며 독일·벨기에·아일랜드 등에 분포하고 있다. 몸빛은 흰색이고 흐린 먹물과 같은 반점이 있는 품종이다. 반점 주변에는 색소착색으로 인한 흐린 띠가 나타나는 특징이 있다. 귀는 앞쪽으로 쫑긋하고, 등은 넓은 편이다. 도체율이 높고 살코기 생산비율이 아주 높다. 살코기 생산을 늘리기 위한 교배종으로 많이 쓰이며, 번식능력은 우수하나 모성애와 모유 생산량은 부족

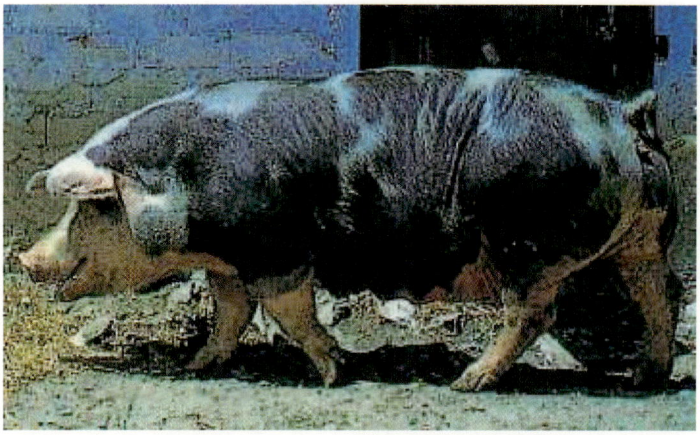

[그림 2-12] 피에트레인종

한 편이다. 종전에는 부계통(父系統, sire)으로 많이 이용하여 도체율이나 육량을 증가시켜 왔으나, 스트레스 감수성 돼지가 많이 출현되어 지금은 많이 이용하지 않고 있다.

(2) 래콤종

래콤(Lacombe)종은 캐나다 품종으로 랜드레이스, 체스터화이트, 버크셔종을 교잡하여 육성시킨 것이다. 모색은 백색으로 체형은 랜드레이스와 비슷하고, 귀가 크고 하수된 점도 유사하다.

[그림 2-13] 래콤종

(3) 미니피그종

이 돼지는 왜소하여 미니피그(miniature pig, mini-pig)라고 부르며, 실험동물이나 관상용으로 많이 사육되고 있으나, 무엇보다도 사람의 장기와 유사하여 이종간(異種間) 장기이식이나 의학적 실험용으로 많이 사육되고 있으며, 독일종일 경우, 보통 50~90kg 정도의 체중이며, 모색은 흑백의 혼합색으로 구성되었다.

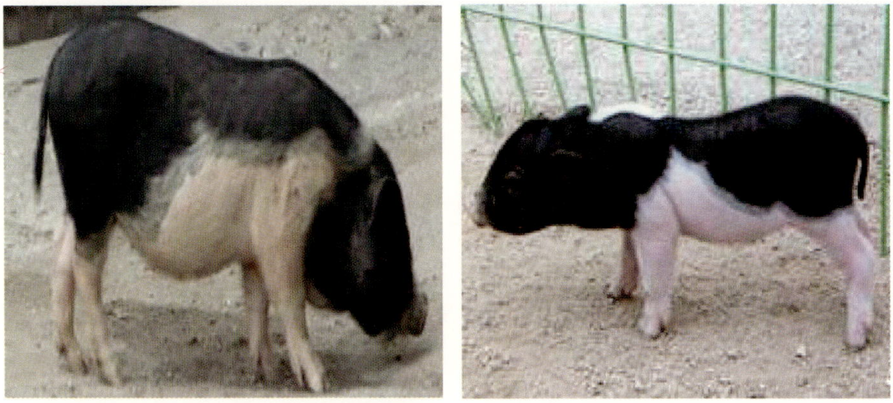

[그림 2-14] 미니피그종

그밖에도 미국에서는 미네소타종 1호, 2호 등이 있고, 벨스빌종 1호, 2호와 같은 미국 품종도 새로운 신품종으로 육종되었다.

비육돈의 경우에는 품종 간 교잡돈(hybrid pig)이 많이 사육되고 있다. 이는 순종에 비하여 활력이 강하고 능력이 우수하기 때문이다. 우리나라에서는 랜드레이스종과 대요크셔종간의 1대잡종 암퇘지에 두록종 수퇘지를 교배하여 생산한 3원교잡종이 비육돈으로 널리 사육되고 있다. 그래서 제1대잡종(母豚)은 종돈으로 가치를 가지고 있으므로 순종은 아니지만 종돈으로 분류하자는 주장도 제기되고 있다. 그리고 두록종은 야산(野山)에 사는 멧돼지와 누진교배(累進交配, grading up)하여 생산된 1대 또는 2대 잡종을 비육돈으로 이용하면 체지방이 비교적 적은 육질 좋은 돼지고기를 생산할 수 있어 돼지고기 애호가들의 인기를 끌고 있다.

[그림 2-15] 멧돼지(좌)와 두록 · 멧돼지 교잡돈(우)

6. 품종별 능력비교

돼지의 순종품종의 번식, 성장 및 도체능력을 비교한 것이다(표 2-1).

<표 2-1> 돼지 순종품종의 번식, 성장 및 도체능력 비교

형질 \ 품종	LL	YY	HH	DD	BB	CC	PP	SS
❑ 번식·포육능력								
- 산자수	+++	+++	+	++	+	++	+	++
- 포육능력	+++	++	+	++	+	++	+	++
- 비유능력	+++	+++	+	++	+	++	+	++
❑ 성장·사료효율								
- 성장률	++	++	++	+++	+	+	+	++
- 사료효율	++	++	++	+++	+	++	+	++
- 체장	+++	+++	++	+	++	+	+	++
❑ 도체품질								
- 등지방두께	+	+	+++	+	++	+	++	+
- 배장근면적	+	++	+++	+	++	+	+++	++
- 햄로인 %	+	++	+++	+	+	++	+++	++

주) +: 불량(저조), ++: 보통, +++: 양호(우량)를 나타낸 표기임.

순종돼지의 품종별 산자수, 비유와 같은 번식능력(繁殖能力)은 랜드레이스와 요크셔 품종에서 대단히 우수한 반면에 도체품질(屠體品質)에서는 다소 저조한 성적을 보였다. 성장률과 사료효율면에서는 두록종에서 우수하였으며, 도체품질면에서는 비교적 불량한 성적으로 나타났다. 그리고 햄프셔나 폴란드차이나 등은 도체품질에서 우수한 능력을 보였는데, 실제로 대단위 양돈장에서는 이와 같은 품종간 능력의 차이를 이해하여 교배조합(交配組合)에 잘 이용함으로써 생산성을 극대화하고 있다.

연 습 문 제

1. 다음은 요크셔(Yorkshire) 품종의 특징을 설명하였다. 틀린 것은?

① 모두 백색종으로 다산성이다.
② 산자능력은 양호하나 성장률은 불량하다.
③ 귀는 장이형으로 직립되어 있다.
④ 모돈(母豚)으로 많이 이용한다.

2. 두록종의 원산지와 유전적 특징을 설명한 것 중 올바르지 않은 것은?

① 미국에서 개량한 품종이다.
② 사료효율과 증체율이 양호하다.
③ 귀는 반직립으로 하수형에 열성으로 작용한다.
④ 기후, 풍토 등의 환경에 적응력이 우수하다.

3. 랜드레이스 품종의 품종학적 장점은 무엇인가?

① 도체품질이 우수하여 소비자의 선호도가 높다.
② 증체량이 양호하여 부돈(父豚)으로 많이 이용한다.
③ 육질이 양호하고 도체율이 비교적 높다.
④ 산자능력이 우수하고 포육력이 뛰어나다.

4. 다음 돼지 중 햄·로인 퍼센트가 우수한 두 품종은?

① 햄프셔와 폴란드차이나　　② 햄프셔와 두록
③ 두록과 요크셔　　④ 스포티드와 랜드레이스

5. 캐나다에서 랜드레이스, 버크셔, 체스터화이트 등으로 육종시킨 돼지의 품종은?

① 피에트레인　② 체스터화이트　③ 몬티나　④ 래콤

6. 버크셔종과 폴란드차이나 품종의 품종학적 공통점과 차이점을 설명하시오.

○ (공통점)　　○ (차이점)

7. 랜드레이스·요크셔·체스터화이트 품종의 공통점과 상이점을 서술하시오.

○ (공통점)　　○ (상이점)

8. 멧돼지와 두록종으로 교잡종을 만드는 목적은 무엇인가?

9. 중국종 돼지의 장점과 단점을 설명하시오.

10. 미니피그(miniature pig)의 육종 목적과 사육전망을 논술하시오.

정답 ☞ 1-② 2-③ 3-④ 4-① 5-④

제 3 장 돼지의 유전과 육종

돼지의 개량(改良)은 육종(育種)으로도 부르고 있다. 개량(improvement)을 위해서는 돼지가 가지고 있는 고유의 유전적 능력과 적절한 환경관리를 통하여 양적형질의 개량으로 생산능력을 최대화하는데 있다. 여기서는 주로 돼지에서 유전과 육종에 관련된 원리(原理)만을 살펴본다. 돼지의 총염색체는 38개중 상염색체(XX)는 18쌍, 성염색체는 1쌍(XY 또는 XX)으로 구성되어 있으며, 돼지의 유전은 상염색체와 성염색체상 모두 존재하고 있다.

1. 돼지의 유전

돼지의 유전(遺傳, inheritance)에는 모색유전과 형태유전 및 치사형질의 유전이 중요하다. 이러한 형질(形質, character)들은 대부분 질적형질(質的形質)로 불연속변이(不連續變異)를 하고 있는 것이 특징이라 할 수 있다.

(1) 모색의 유전

① 백색과 기타 색

돼지의 모색은 다양하다. 백색의 경우, 기타 흑색이나 적색에 대하여 우성(優性)으로 작용한다.

P········ YY(Yorkshire) × BB(Berkshire)
|
잡종1대······ YB(Ww, 백색종 100%)
|
잡종2대······ WW Ww Ww ww
3(백색종) : 1(흑색종)

[그림 3-1] 돼지 백색과 흑색의 모색 유전양식

요크셔·랜드레이스·체스터화이트종 등은 대표적 백색인데, 예를 들면 요크셔종과 버크셔종을 교배하면 잡종1대는 모두 표현형상 요크셔종과 같이 백색(白色)돼지만 태어난다. 잡종2대에서는 75%는 백색(白色)이고, 25%는 흑색(黑色)돼지가 된다. 다만, 백점(白點)과 백대(白帶)는 별개의 유전양식에 따른다.

② 흑색과 적색

버크셔종·폴란드차이나종·햄프셔종은 흑색(黑色)이고, 두록종과 탐워스종은 적색(赤色)종이다. 햄프셔종은 두록종이나 탐워스종과 교배시키면 잡종1대는 모두 흑색돼지가 태어난다. 잡종2대에서도 흑색과 적색이 3:1로 분리되는 것으로 보아 햄프셔 흑색(黑色)은 우성(優性)임을 알 수 있다. 그러나 버크셔나 폴란드차이나에 두록종과 탐워스종을 교배하면, 잡종1대는 적색바탕에 흑점을 가진 개체가 태어나고(赤色黑點), 잡종2대는 적색바탕에 흑점개체 3 : 적색 1의 비율로 출현하는 것을 볼 때, 흑색품종마다 우성의 정도에 차이가 있는 것으로 생각된다.

③ 백대

돼지의 어깨에 10~30㎝ 폭의 흰 띠를 가진 것을 백대(白帶, white belt)라고 하며, 햄프셔종이 백대를 가지고 있다. 그러나 바탕은 흑색종이다. 이 백대는 흑색에 대하여 완전우성(完全優性)으로 작용하여 버크셔나 폴란드차이나종과 같은 흑색과 교잡하면 잡종1대에서 백대개체가 모두 태어난다. 잡종2대에서도 백대개체가 3 : 무백대 1의 비율로 출현하게 된다.

④ 육백

버크셔종이나 폴란드차이나종은 4지와 안면(顔面), 꼬리 등 6부위가 백색(白色)인 것을 육백(六白)이라고 부른다. 이러한 버크셔종을 두록이나 햄프셔종과 교잡하면 육백점(六白點)이 나타나지 않지만, 제2대잡종에서는 25%(1/4)가 육백개체가 출현하는 것으로 보아 육백은 열성(劣性)으로 작용하고 있었다.

(2) 형태의 유전

① 얼굴과 귀

얼굴은 길고 짧은 것, 그리고 좁고 넓은 것 등 다양하다. 이러한 얼굴의 형태는 잡종1대에서 양친의 중간을 닮는 중간유전(中間遺傳, intermediate heredity)을 하게 된다. 특히, 버크셔종의 얼굴처럼 코가 짧고 위로 구부러진 접시형(dished shape) 얼굴은 타 품종 얼굴에 대하여 불완전우성(incomplete dominance)으로 작용한다.

귀의 모양은 3가지 형태로 직립형, 반수형(경사형), 하수형 등이 있다. 직립형 귀는 하수형에 대하여 우성작용을 한다. 따라서 요크셔종과 랜드레이스종을 교잡하면 잡종1대에서 모두 직립형 자돈이 태어나고, 잡종2대는 직립형 3 : 하수형 1의 비율로 출현된다.

② 유두수

유두수(乳頭數)는 암돼지의 생식기 중 매우 중요하며, 선발시 중요하게 다룬다. 유두 수는 적은 개체가 많은 개체보다 우성이므로 선발(選拔)에 각별한 주의가 필요하다. 이러한 유두 수는 적어도 2쌍 이상의 보족유전자(補足遺傳子) 작용에 의하여 결정된다고 보고되고 있다. 그리고 맹유두(盲乳頭, blind teats)는 정상유두에 대하여 열성(劣性)으로 나타나는 것으로 보고 있다.

(3) 기형 및 치사유전

① 음고 및 간성

음고(陰睾, cryptorchidism)는 수컷의 생식기 중 복부에 붙은 정소(testis)로 잠복정소라고도 부른다. 이 음고는 한성유전을 하며, 단순열성 유전자의 지배를 받는다.

간성(間性, intersex)은 돼지에서는 비교적 적게 나타나고, 특히 상염색체에서 나타나는 열성유전자의 지배를 받는 것으로 보고되고 있다.

② 사미와 선모

사미(蛇尾)는 꼬리 끝이 굽은 것으로 뱀과 같다하여 부쳐진 이름이며, 이 형질은 단순열성유전자에 지배를 받는다. 그러나 성장함에 따라서 점점 곧게 펴지는 것으로 알고 있다.

선모(旋毛)는 돼지털이 곱슬곱슬하게 꼬인 것으로 돼지의 심사시 좋은 평가를 받기는 어렵다. 이 형질은 두 쌍의 우성유전자에 지배를 받는 것으로 보고되었다.

③ 치사형질

돼지의 치사형질(致死形質)은 항문폐쇄, 전지비대, 후지마비, 뇌수종, 근경색, 혈우병, 구개파열, 무지 등이 있다. 그리고 무모, 음낭헤르니아 등과 같은 기형형질(奇形形質)도 있다.

2. 돼지의 개량

돼지의 개량(改良)은 야저(野豬)에서 집돼지로 가축화된 것 이래로 인간의 식용과 생활목적에 부합하도록 육종되었다고 볼 수 있다. 이러한 돼지의 육종은 무엇보다도 농가의 생산성 증대에 목표를 두고 육종목표(育種目標)를 세워야 하는데, 이 생산성과 관련된 형질은 번식능력과 증체율 향상에 관여되는 형질들의 개량으로 보아야 한다.

(1) 돼지의 개량목표

① 번식능력을 향상시켜야 한다.

번식능력(繁殖能力)에서 가장 중요한 형질은 산자수(産仔數, litter size)인데, 출생시 총산자수, 실산자수, 이유시 산자수 등으로 분류하여 그 능력을 분석하기도 한다. 그밖에도 수태율, 분만율 등도 최근에는 중요하게 취급하고 있다. 일반적으로 총산자수 11두 정도, 실산자수에서 10두 이상은 우량한 품종이다.

② 육성률을 향상시켜야 한다.

육성률(育成率, growth rate)은 보통 이유 후 보다는 포유시부터 이유때까지의 생존산자수를 의미하는데, 그 공식은 다음과 같다. 우리나라 양돈장의 평균 육성률은 90~95% 이상으로 조사되었는데, 수치가 높을수록 포유자돈을 잘 관리하는 것으로 평가하고 있다.

$$\bullet\ 육성률(\%) = \frac{이유두수}{포유개시두수} \times 100$$

③ 증체율을 증가시켜야 한다.

보통 이유 후 증체율(增體率)은 출하시까지 체중을 측정한다. 일반적으로 일당증체량(daily gain), 90kg 도달일령, 또는 154일령시 체중 등으로 세분하여 측정함으로써 증체효율을 파악하고 진단하는데 많이 이용되고 있다. 증체효율(增體效率)이 높으면 사료비나 인건비가 절약되어 경영의 효율성 제고에 기여할 수 있다.

④ 사료효율을 개선해야 한다.

돼지의 사료효율(飼料效率, feed efficiency)은 사료를 적게 먹여 살찌게 체중을 증가시키면 그 효율이 높다고 볼 수 있다. 따라서 사료효율은 증체량을 사료섭취량(급여량)으로 나누어 계산하며, 그 효율 계수는 높을수록 경제적으로 양호한 것으로 평가하고 있다. 또 하나는 사료요구율(飼料要求率, feed conversion)도 측정이 가능한데, 일정기간의 사료섭취량을 증체량으로 나누어 계산하며, 그 계수가 낮을수록 경제적으로 우수한 평가를 내리게 된다. 이 모든 효율은 사료섭취량과 증체량과의 관계를 나타낸 것이다. 이러한 사료요구율은 보통 2.5~3.0 정도 수준이다.

$$\bullet\ \text{사료요구율} = \frac{\text{일정기간의 사료섭취량}}{\text{일정기간의 증체량}}$$

⑤ 도체의 품질을 향상시켜야 한다.

돼지의 도체품질(屠體品質, carcass quality)은 여러 가지 요인에 의해서 좌우된다. 등지방두께(backfat thickness), 배장근난면적(loin eye muscle area), 도체율(dressing %), 정육률(meat %) 등이 우선적으로 평가되고, 그 밖에도 육색도, 근내지방도, 탄력성, 외형 등을 조사하여 돼지의 육질을 평가하게 된다.

최근에는 보수력(WHC), 가열감량(cooking loss), 전단력(shearing force), pH 등도 고려하여 심도있게 육질을 평가하게 된다.

다음 <표 3-1>은 우리나라와 외국 양돈장의 산자수와 이유성적을 비교하여 나타낸 것이다.

<표 3-1> 우리나라와 외국 양돈농가의 산자수 및 이유성적 비교

구 분	한 국		미 국		일 본		캐나다	
	상위 10%	평 균	상위 10%	평 균	상위 10%	평균	상위 10%	평 균
총 산자수	11.7	11.1	12.0	11.6	11.8	11.6	12.5	–
표유개시두수	11.0	10.2	10.8	10.3	10.8	10.5	12.0	–
이유두수	9.8	9.4	9.7	9.4	9.7	9.5	11.1	–
육 성 률	93.0	90.0	92.0	90.0	92.2	90.5	92.5	–
이유일령	18.5	22.5	15.0	20.0	14.8	21.5	25.0	–

총산자수는 우리나라는 물론 양돈선진국이 모두 평균성적이 11.0두 이상으로 서로 비슷한 수준을 보였으나, 상위 10%집단에서는 우리나라는 11.7두로 미국(12.0두), 일본(11.8두), 캐나다(12.5두)보다 다소 적었으나, 목표수준에서는 양호한 산자성적으로 평가할 수 있다.

복당이유두수는 우리나라가 평균 9.4두로써 미국(9.4두)과 일본(9.5두) 성적과 동일하거나 비슷한 성적을 보였다. 상위 10% 집단 비교에서는 우리나라(9.8두)는 캐나다(11.1두)보다 다소 저조하였으나, 미국(9.7두)·일본(9.7) 등과 유사한 성적수준을 보였다.

포유자돈 육성률은 각국 모두 평균성적이 90.0%이상이었고, 상위 10% 집단에서는 우리나라가 93.0%로 미국(92.0%)이나 일본(92.2%), 캐나다(92.5%)보다 약간 우수한 경향을 보였다.

빠른 이유일령(early weaning age, EWA)은 모돈의 생산성에 지대한 영향을 미치는 것으로 보고되고 있다. 이러한 이유일령은 나라와 농장마다 다소 차이가 있고, 우리나라에서도 종전은 28일령(4주령)에 많이 이유했으나, 평균 22~25일령으로 점점 단축하여 이유하는 경향이 많아졌다. 우리나라 평균 22.5일령 이유는 미국(20.0), 일본(21.5)보다 다소 늦으나, 캐나다(25.0)보다는 빠른 이유를 하고 있다. 일반적으로 바람직한 권장 이유일령은 21일령으로 추천되고 있다.

(2) 돼지 형질의 유전력과 상관

돼지의 형질에 대한 유전력(遺傳力) 범위는 다음 <표 3-2>와 같다. 일반적으로 돼지의 생체형질의 유전력은 낮으나, 체장이나 족장은 비교적 높은 편에 속한다. 그리고 도체형질의 유전력은 비교적 높은데, 그 유전력 값은 40~60% 범위에 취하고 있다. 따라서 돼지에서 유전력이 높은 형질의 개량(改良)은 능력검정이나 후대검정 보다 개체선발(個體選拔)을 통하여 개량하면 효과적이다. 반대로 유전력이 낮은 형질은 후대검정을 통한 선발법을 이용하면 효과적이다.

돼지를 개량하기 위해서는 여러 가지 방법이 동원되어야 효과적이고,

과학적인 결과를 얻을 수 있다. 종돈을 개량하려면 이러한 여러 방법 중에서 대체적으로 선발법(選拔法)과 교배법(交配法)을 많이 이용하고 있다.

$$\bullet\ 유전력(h^2) = \frac{V_G}{V_P} = \frac{V_G}{V_G + V_E}$$

[단, V_P = Phenotypic variance(표현형분산), V_G = Genetic variance(유전분산), V_E = Environmental variance(환경분산)]

<표 3-2> 돼지형질의 유전력 범위

형　질	유전력(%)	형　질	유전력(%)
□ 생체형질		□ 도체형질	
- 복당산자수	0~15	- 도체장 및 도체율	50~60
- 일당증체량	20~30	- 등지방두께	40~55
- 사료효율	25~30	- 배장근단면적	45~55
- 유두수	30~40	- 햄 %	50~60
- 체　장	50~60	- 린컷 %	35~45
- 족　장	60~65	- 정육률	30~40

<표 3-3> 모돈의 번식 및 이유형질 간의 상관관계

구　분	X_1	X_2	X_3	X_4	X_5	X_6	X_7	X_8
모돈두수(X_1)	1	0.14	-0.09	-0.01	0.22*	0.12	0.05	0.14
분만율(X_2)		1	0.47**	0.32**	0.38**	-0.06	0.37**	0.15*
총산자수(X_3)			1	0.77**	0.24*	-0.07	0.16*	-0.26**
포유개시두수(X_4)				1	0.34**	0.36**	-0.04	-0.42**
이유두수(X_5)					1	0.09	0.21**	0.44**
이유일령(X_6)						1	-0.34**	-0.32**
모돈회전율(X_7)							1	0.19**
육성률(X_8)								1

* : 5% 유의성(Significant at the 5%), ** : 1% 유의성(Significant at the 1% probability levels).

특히 돼지는 능력검정(能力檢定)이나 후대검정(後代檢定)과 같은 선발법, 그리고 잡종강세를 이용하기 위한 잡종교배법과 같은 교배법이 주로 이용된다. 대상종돈에서도 종빈돈(種牝豚)과 종모돈(種牡豚) 선발이 각각 다르다.

모돈의 번식 및 육성성적들 간의 상관계수는 <표 3-2>와 같다. 상시모돈수와 이유두수간에는 유의한 정(正)의 상관관계(r=0.22)가 존재하였으며, 분만율과 복당산자수(r=0.47), 포유개시두수(r=0.32), 이유두수(r=0.38), 모돈회전율(r=0.37), 그리고 육성률(r=0.15)간에는 정(正)의 유의한 상관이 존재하였다. 이러한 결과는 김과 유(2007)가 분만율과 산자수(r=0.488), 수태율(r=0.568)간에는 정의 높은 상관이 있다는 보고와 대체적으로 유사하였으며, 분만율이 높을수록 산자관련 형질들이 향상될 것으로 사료된다.

복당산자수는 포유개시두수(r=0.77), 이유두수(r=0.24), 모돈회전율(r=0.16)과 정(正)의 상관이었으나, 육성률(r=−0.26)과는 부(負)의 상관이 있는 것으로 나타났다. 포유개시두수는 이유두수(r=0.34) 및 이유일령(r=0.36)과는 정의 상관이었으나, 포유개시두수와 육성률(r=−0.42)간에는 부의 상관관계가 존재하고 있었다. 이러한 결과는 김과 유(2007)가 포유두수와 이유두수 간에는 정의 상관이었으나, 육성률과는 부의 상관이었다는 보고와 일치하였다.

이유두수와 모돈회전율(r=0.21), 그리고 육성률(r=0.44)간에는 정의 상관이 존재하였으나, 이유일령과 모돈회전율(r=−0.34), 그리고 육성률(r=−0.32)간에는 부의 상관이 존재하였다. 그리고 모돈회전율과 육성률(r=0.19)간에는 정의 상관관계가 존재하였다. 모돈회전율이나 육성률이 높아지면 역시 이유두수도 증가하나, 이유일령이 길어지면 모돈회전율이나 육성률이 저조해 지는 것으로 추론할 수 있다. 따라서 형질간의 상관관계는 하나의 형질을 알면 또 다른 형질의 특성을 파악하여 개량가능성을 파악하는 데 중요한 방법이기도 하다.

(3) 돼지의 선발법

① 종빈돈의 선발

종빈돈(種牝豚)의 선발에는 크게 두 가지로 구분하여 선발하고 있다.

첫째는, 미경산돈(未經産豚, gilt selection)의 선발법이 있다. 종돈으로 쓸 암퇘지는 한배새끼수가 8~10두 이상이어야 하고, 한배새끼 모두에서 유전적 결함(genetic defection), 즉 불량형질이 있는 개체가 없어야 한다. 따라서 우량한 개체를 선발하면 된다. 이러한 조건을 충족하기 위해서는, ① 유두수가 6쌍 이상이어야 하고, ② 유두의 배열상태가 양호해야 하며, ③ 외부생식기 등에 이상이 없는 개체를 선발해야 한다. 검정소(檢定所)나 농장에서 미경산 암퇘지의 체중은 약 90kg 되었을 때, 능력을 검정해야 하는데, 이때 일당증체량(日當增體量, ADG), 등지방두께(背脂肪두께, BFT), 사료요구율(飼料要求率, FC) 등을 조사하여 보통 선발지수(選拔指數, SI)를 구하여 지수가 많은 개체부터 선발대상에 포함시키면 된다. 물론 최종 선발 때에도 외모심사상 실격이 없어야 하고, 육안적으로 체장이 길고, 정육량이 많아 보이고, 몸의 균형이 잡히고, 4지나 발굽이 튼튼하여 건강해 보여야 한다.

둘째는, 경산돈(經産豚, sow selection)의 선발법이 있다. 이미 분만한 모돈의 능력을 파악하여 암퇘지의 복당산자수와 21일령시 복당체중을 이용하여 선발하게 되는데, 보통 지수(index)를 구하여 많은 지수값이 선발대상에서 우선적으로 선발된다. 즉, 경산돈은 모돈생산성지수(母豚生産性指數, sow productivity index)를 이용한다.

• SPI = 6.5 NBA + 2.2 ALW

[여기서, SPI : Sow Productivity Index, NBA : Number Born Alive,
ALW : Adjusted Litter Weight]

그리고 산차의 보정(補正)은 미경산돈의 경우는 경산돈과 비교하기 위하여 SPI값에 「+25」를 더한 값으로 비교해야 하며, 가급적 동일산차와 비교하는 것이 바람직하다. 이때에 우리나라에서는 보통 25일령 전후에서 이유가 되기 때문에 21일령으로 보정되어야 하고, 그 보정계수는 다음 <표 3-4>와 같다. 그밖에도 여러 가지 방법이 있으나, 모돈생산성지수만을 설명하였다.

<표 3-4> 21일령시 복당체중의 보정계수

이유일령	보정계수	이유일령	보정계수
15	1.24	22	0.97
16	1.19	23	0.94
17	1.15	24	0.91
18	1.11	25	0.88
19	1.09	26	0.86
20	1.03	27	0.84
21	1.00	28	0.82

② 종모돈의 선발

종모돈(種牡豚, boar)은 종빈돈과는 좀 다른 선발법이라 할 수 있다. 수퇘지 한 마리는 많은 자손을 남길 수 있으므로 농장에서는 종모돈 선발에 더욱 많은 관심과 연구에 노력을 기울이고 있다.

암퇘지에서는 복당 산자수나 체중에 기초를 두고 선발하였으나, 종모돈은 우량 증체와 도체성적에 기초를 두고 선발하게 된다.

능력검정소에서나 농장에서는 보통 30kg에 입식하여 90kg에 도달되었을 때 일당증체량, 사료요구율, 등지방두께 등을 조사하여 우량한 개체를 선발하게 되는데, 선발지수(選拔指數, selection index)를 많이 이용하며, 지수가 높은 개체순으로 선발하게 된다(총 점수).

- 선발지수(SI) = 250 + 110ADG − 50 × FC − 19.685BFT

[여기서, ADG: Average Daily Gain, 평균 일당 증체량, FC: Feed Conversion, 사료요구율, BFT: Backfat Thickness, 등지방두께]

이때의 사육관리는 통일해서 검정사료로 급여하게 되며, 순종 동복 자돈 2두를 입식해야 된다. 일반적으로 종모돈 선발에서는 능력검정(能力檢定), 후대검정(後代檢定), 형매검정(兄妹檢定) 등이 이용되고 있다.

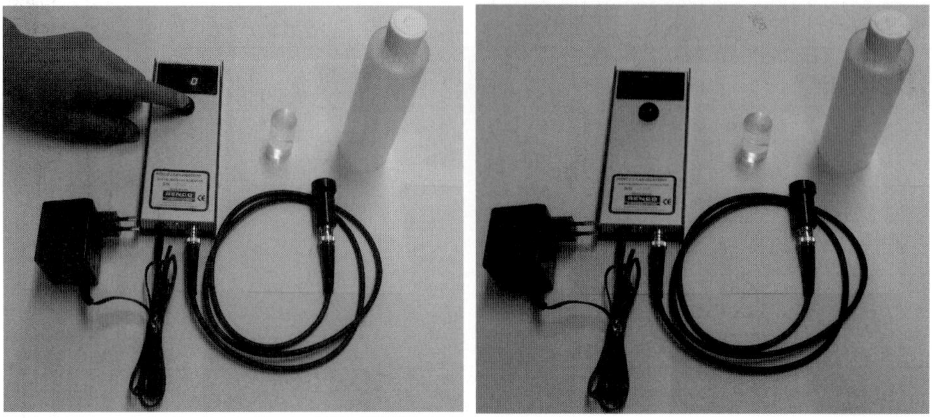

[그림 3-2] 등지방측정기의 활용

(4) 돼지의 교배법

교배법은 우량개체를 선발 후 교배를 시켜 많은 후손을 남기는 방법이다. 이러한 교배법(交配法, mating system)은 크게 순종교배(純種交配, pure breeding)과 잡종교배(雜種交配, cross breeding)로 구분되며, 여기에는 각각 여러 가지 교배법이 있는데, 농장마다 각각 조금씩 다르게 선택하여 이용하고 있다.

① 순종교배

돼지의 순종교배(純種交配, purebreeding)는 동일 품종내의 교배를 의미하고 있으며, 혈연관계가 아주 가까운 개체 간에 교배를 실시하는 근친교배(近親交配, inbreeding)를 포함하고 있다. 순종교배와 근친교배의 궁극적 목적은 혈액의 동형접합체(homozygote)의 수를 증가시켜 품종유지나 유전자를 고정하기 위하여 실시하고 있으며, 일정한 순종 없이는 잡종을 생산할 수 없기 때문에 적정 두수의 순종은 확보할 필요성이 있다고 볼 수 있다.

② 잡종교배

잡종교배(雜種交配, crossbreeding)는 이형접합체(heterozygote)의 수를 증가시켜 잡종강세(雜種强勢, heterosis)를 목적으로 실시하여 농가의 생산성 향상으로 소득증대에 기여하게 된다. 여기에는 주요 몇 가지가 이용된다.

[1] 품종간 교배

돼지의 교배는 2품종간 교배와 3품종 또는 4품종간 교배가 있는데, 농장에 따라서 이용하는 방법도 다양하다.

○ 2품종간 교배와 3품종간 교배

2품종간 교배는 품종이 다른 A품종과 B품종을 서로 교배하는 방식으로 품종의 보상성(補償性)을 얻을 수 있다. 여기에서 얻은 보상성은 증체효과와 번식능률이 가장 크다고 볼 수 있다. 예를 들면, 랜드레이스종과 요크셔종을 교잡하여 제1대 잡종을 얻어 성장하면 비육의 효과도 얻을 수 있지만, 잡종 1대는 두 품종이 보유하고 있는 번식능력(산자수)이 우수한 개체가 되어 3원 교잡종 생산용으로 많이 이용된다. 따라서 1대잡종은 번식능력에 역점을 두어 교잡하는 것이 바람직하다.

LL (랜드레이스) × YY (요크셔)
|
LY (잡종 1대)

[그림 3-3] 돼지의 2품종 교배법

3품종간의 교배는 2품종간 교배(잡종1대)에서 얻은 후손 암컷에 수컷 순종을 교배하는 방법으로 품종의 보상성은 더 크다고 볼 수 있다. 이때 LY잡종은 번식능력이 보상되고, 두록(Duroc)종은 일당증체량을 향상시킬 수 있는 능력을 후손에게 물려주게 되어 결국 LYD잡종은 비육돈으로 적합하게 되는 셈이다. 최근에 대단위 농장에서는 이 방법이 가장 많이 실용적으로 이용되고 있다.

LL (랜드레이스) × YY (요크셔)

|

LY (잡종 1대, 암컷) × DD (두록, 수컷)

|

LYD (비육돈)

[그림 3-4] 돼지의 3품종간 교배법

❍ 4품종간 교배

이 교배법은 2가지 방법이 있다. 첫째는, 3원교잡종과 순종개체를 교배시키는 방법이 있으며, 둘째로는 서로 다른 잡종1대와 잡종1대를 교배시켜 4품종으로 작출시키는 방법이 있다. 돼지의 유전적 보상성의 정도에는 큰 차이가 없는 것으로 보고되고 있다. 4품종간 교배는 수학적으로는 가장 많은 효과를 볼 것으로 예상되나 3품종 잡종과 비슷한 수준의 능력이 나타나는 것으로 보아 번식돈 관리가 복잡하고 생산성에는 큰 효과를 거두지 못하여 별로 많이 이용하지 못하고 있다.

(예1) LYD(3품종 잡종) × HH(햄프셔)

|

LYDH(비육돈)

(예2) LY × DH

|

LYDH(비육돈)

[그림 3-5] 돼지의 4품종 교배법

[2] 퇴교배

돼지의 퇴교배(退交配, backcrossing)는 일종의 역교배(逆交配)와 같다고 볼 수 있다. 제1대 잡종 암컷에 부모 중 어느 한 쪽 품종의 수컷을 교배시키는 방법인데, 그 품종의 잡종보다는 능력면에서 양호하나, 3품종보다는 다소 떨어지는 것으로 나타나고 있다.

LL (랜드레이스) × YY (요크셔)
|
LY(♀) × LL 또는 YY(♂)
|
LYL 또는 LYY (비육돈)

[그림 3-6] 돼지의 퇴교배법

3 십자교배

돼지의 십자교배(十字交配, Criss-crossing)는 상호역교배(相互逆交配)라고도 부르며, 제1대 잡종 암컷에 그 양친의 품종 중 어느 한쪽 품종의 수컷을 교배시켜 낳은 암컷에 다시 남은 한 쪽 품종의 수컷을 교배시키는 방법인데, 생산성에는 퇴교배보다는 다소 양호하나 3품종교배보다는 떨어지는 경향을 보이고 있다.

LL (랜드레이스) × YY (요크셔)
|
LY(♀) × LL(♂)
|
LYL(♀) × YY(♂)
|
LYLY잡종(비육돈)

[그림 3-7] 돼지의 십자교배법

4 윤환교배

돼지의 윤환교배(輪換交配, rotational crossing)에는 보통 3품종(원) 윤환교배법이 있다. 제3품종개체 암컷에 매세대마다 3개의 순종 수컷을 교배시켜 만드는 잡종 생산과정이라고 볼 수 있는데, 이때 수컷 순종은 종모돈으로 우수한 능력을 가진 개체이어야 한다. 이 교배법도 잡종교배법으로 개발되었기는 하나, 특이한 장점이 없어서 농가의 환영을 못 받고 있는 실정이다. 그밖에 새로운 신품종 육성을 위해 누진교배(grading up) 등도 필요할 때가 있다.

LL(랜드레이스) × YY(요크셔)
|
LY × DD(두록)
|
LYD × LL(♂)
|
LYDL × YY(♂)
|
LYDLY × DD(♂)
|
LYDLYD(비육돈)

[그림 3-8] 돼지의 3품종 윤환교배법

(5) 순종과 교배조합에 따른 능력비교

순종품종별 산자수 및 증체능력을 보면, 산자수는 요크셔와 랜드레이스종에서 우수하였으나, 사료요구율과 증체율에서는 두록이 우수한 능력을 가지고 있었다. 다만, 햄프셔종에서는 도체품질면에서 양호한 것으로 평가되고 있다.

<표 3-5> 순종돼지의 품종별 유전능력비교

구 분	산자수 (두)	일당증체량 (g)	사료요구율	도체장 (㎝)	등지방두께 (㎜)	90㎏도달 일령(일)
요크셔	11.1	840	2.90	77.2	15.8	155
랜드레이스	10.8	855	2.95	77.7	15.6	154
두록	9.6	878	2.89	74.9	15.8	152
햄프셔	8.7	816	3.00	76.7	13.5	158

* 여러 연구자의 조사결과를 재구성하였음.

교배법에 따른 번식 및 도체능력을 보면 번식능력과 도체능력은 3원교배종에서 가장 우수하였고, 그 다음은 3품종윤환교배, 그리고 제1대 잡종과 상호역교배종이 비슷한 성적을 보였다.

<표 3-6> 교배법에 따른 번식능력 도체능력 비교

교배법 \ 형 질	순 종	제1대 잡종	3원 교잡종	상호 역교배	3품종 윤환교배
❑ 번식능력					
- 복당생존산자수(두)	10.0	10.2	10.8	10.2	10.3
- 복당생시체중(kg)	13.8	14.1	14.8	13.9	14.2
- 21일령시 복당체중(kg)	39.9	44.0	49.0	44.8	47.0
❑ 성장 및 도체능력					
- 일당증체량(kg)	0.80	0.82	0.85	0.83	0.84
- 사료요구율	2.95	2.90	2.88	2.91	2.92
- 정육률(%)	52.5	56.4	57.0	56.5	56.7
- 육색도(1-7)	2.70	2.62	2.80	-	-
- 마블링(1-5)	2.50	1.95	2.75	-	-

* 랜드레이스·요크셔·두록·햄프셔 등 4대 품종을 대상으로 재구성하였음.

교배조합별로 능력을 보면, 번식능력은 LY×L 교배조합군이 실산자수와 이유산자수 그리고 복당생시체중에서도 가장 많았으며, LY×DH 조합군은 생시체중만 무거울 뿐 다른 형질은 모두 낮았다. 증체량 및 도체능력은 LY×D 조합군에서 일당증체량, 사료요구율, 등지방두께 모두 양호하였다.

<표 3-7> 교배조합별 번식능력 및 도체능력 비교

❑ 번식능력	실산자수(두)	이유산자수(두)	생시체중(kg)	복당생시체중(kg)
- LY × D	10.5	10.0	1.35	14.2
- LY × L	11.0	10.9	1.45	15.9
- LY × Y	10.3	10.0	1.34	13.8
- LY × DH	8.5	8.4	1.55	13.2
❑ 도체능력	**일당증체량(g)**	**사료요구율**	**도체율(%)**	**등지방두께(㎜)**
- LY × D	755.0	2.90	72.5	13.1
- LY × L	750.0	2.95	72.0	13.3
- LY × Y	720.0	2.96	71.6	13.5
- LY × DH	735.0	3.00	72.2	15.8

* 여러 연구자의 조사결과를 재구성하였음.

3. 스트레스 증후군 돼지의 개량

(1) 스트레스 증후군 돼지의 발생과정과 특성

지금까지의 돼지는 체중증가와 등지방층 두께 감소를 중요한 육종 목표로 개량하여 왔다. 스트레스 증후군(porcine stress syndrome; PSS) 돼지는 일반적으로 수송 도중이나 도살 때에 지나친 스트레스로 갑자기 경련이 생기거나 폐사가 발생하여 양돈농가에 경제적 손실을 가져오게 된다. 이러한 돼지를 도살하게 되면, 이 돼지고기는 삼출성이 많고, 육색이 희며, 흐물거리게 되는데, 결국 물돼지고기(pale soft exudative; PSE)를 생산하게 된다. 이와 같은 돼지는 외부의 stress를 받게 되면 열, 이산화탄소가 발생하면서 근육내의 젖산이 증가되어 이러한 불량한 돼지고기가 초래된다.

이 돼지의 발현기작으로는 근육수축과 이완작용은 근육내 신경세포와의 신호전달에 의한 물질전달 작용에 의해서 일어난다. 보통 칼슘이온(Ca^{2+}), 칼륨이온(K^+), 그리고 나트륨이온(Na^+)에 의해서 이온균형이 이루어지게 되는데, 이와 같은 이온채널에 유전적으로 이상이 생기게 되면 외부자극에 의해서 이상현상(異常現像)을 초래한다. 특히 칼슘채널(Ca^{2+}, chanel)의 이상으로 세포내 칼슘이온이 대량으로 존재하면 무산소 상태에서 당분해대사(glycolysis)가 이루어지게 되는데 에너지, 포도당, 산소(O_2) 등을 무제한으로 소모하여 고온과 함께 칼슘이온 등이 발생하고, 결국 근 조직 내에서 젖산(lactic acid)이 생성되면서 스트레스 증후군 돼지가 유발하게 된다.

이와 같은 스트레스 유전자는 6번째 상염색체상(常染色體上)에 있는 열성유전자(劣性遺傳子)의 지배를 받으며, PSS유전자 또는 n유전자로 표기하고 멘델식 유전을 한다. 이러한 유전자(遺傳子)는 리아노딘 수용체(ryanodine receptor)에 돌연변이가 생긴 것으로 분석되었으며, 이 스트레스 증후군 돼지의 검색법으로는 할로탄 가스 검사법(halothane gas test), 효소법(CPK test), 분자유전학적 방법(DNA test) 등이 있으나, 최근에는 DNA의 다형성(多型性)으로 많이 검색하고 있다.

할로탄 가스검사법은 8~10주령(체중 20~30kg)의 자돈을 3~5분간 마취하여 마취되면 감수성 양성(+)이고, 반응이 없으면 음성(-)이 되는 것으로 판정하게 되는데, 자돈에게 스트레스를 많이 주기 때문에 최근에는 거의 사용하지 않고 있다. 최근에는 PCR-RFLP 방법을 이용한 분자유전학적 방법은 DNA 패턴으로 다형성(多型性, polymorphism)을 판별하게 되는데(그림 3-9), 아래 그림과 같이 정상돼지는 2개의 패턴이 생기고, 1개이면 PSS돼지, 3개이면 잠재 보유돈으로 식별하여 판정하게 된다. 아래의 <표 3-8>은 충남지역에서 사육하는 비육돈 338두를 대상으로 스트레스 증후군 돼지의 출현율을 조사한 결과를 보면 정상개체(NN)는 94%로 비교적 많은 개체가 정상돼지이고, 헤테로 보유개체(Nn)는 5.9%이었으나, 감수성 개체(nn)는 한 개체도 출현되지 않았다.

<표 3-8> 스트레스 유전자형 출현율 조사

유전자형	출현개체	출현빈도 (%)	통계검정		
			χ- 값	자유도	p-값
NN	318	94.1	0.327^{NS}	1	$0.50<p<0.75$
Nn	20	5.9			
nn	0	0			
계	338	100.0			

* NS: 유의성 없음(Not significant, p>0.05)

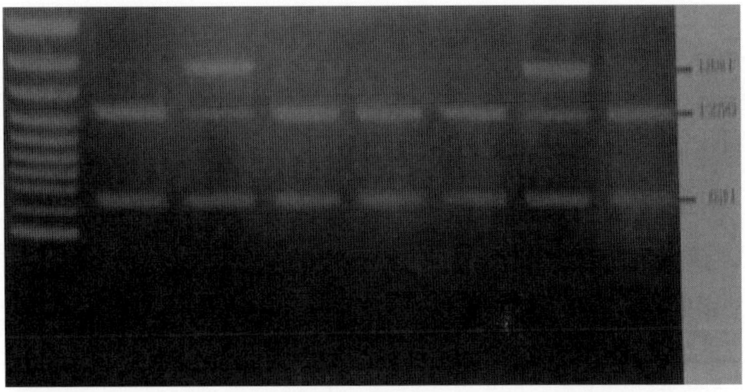

[NN형(밴드 2개): 정상, Nn형(밴드 3개): 헤테로형, nn형(밴드 1개): PSS]

[그림 3-9] 스트레스 증후군 돼지의 전기영동상 DNA패턴

(2) 스트레스 증후군 돼지의 증상과 개량

스트레스 증후군 돼지는 외부로부터 갑작스런 스트레스(stress)를 받게 되면 다음과 같은 증상이 나타나게 된다.

첫째로는, 돼지가 거동을 곤란해 하는 증상으로 절름거리게 된다. 이때 근육에 경련이 생기기 때문으로 생각된다.

둘째로, 호흡이 빨라져 곤란하면서 입을 벌리는 증상을 갖는다. 이런 개체는 산소의 부족으로 호흡량이 많이 필요하기 때문으로 보인다.

셋째로, 체온이 상승하고, 때로는 41℃까지 올라 폐사까지 이를 때도 있다.

이러한 PSS돼지는 품종별 출현율도 상당한 차이가 있는 것으로 나타나고 있는데, 일반적으로 피에트레인종, 랜드레이스종에서 많고, 요크셔종은 비교적 낮으나, 두록종은 거의 출현율이 없다.

이러한 스트레스 증후군 돼지의 개량을 위해서는 우선적으로 종돈은 증후군 검사에서 음성을 나타낸 개체를 번식에 활용해야 하며, 그 다음으로는 어느 한 쪽 성의 돼지는 음성개체를 가진 개체끼리 교배하여 자돈 모두 저항성 개체(stress resistance)를 생산토록 해야 할 것이다.

<표 3-9>는 스트레스 증후군이 생기지 않도록 부모중 저항성 개체를 교배했을 때 자손이 저항성 개체가 태어나도록 하는 교배법이다.

<표 3-9> 스트레스 증후군 돼지의 개량

부돈의 유전자형	모돈의 유전자형	자돈의 유전자형
H^+ H^+ (감수성)		H^+ H^- (저항성 자돈)
H^+ H^- (저항성)	H^- H^- (순수 저항성)	H^+ H^- (저항성 자돈)
H^- H^- (저항성)		H^- H^- (저항성 자돈)

* H^+ 유전자(n)는 H^-유전자(N)에 대하여 열성작용을 한다.

4. 돼지 집단의 구조

덴마크와 같은 유럽의 많은 선진 양돈국가에서는 바람직한 피라미드(pyramid)형 돼지 집단을 형성하고 있다.

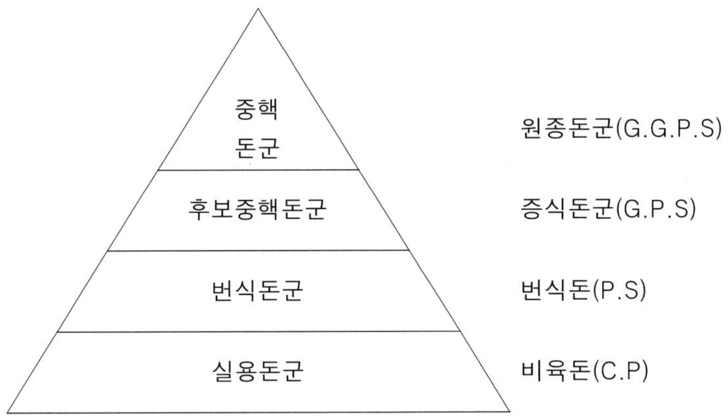

[그림 3-10] 돼지집단의 바람직한 구조

원종돈군으로 최소 적정 두수의 중핵돈군(中核豚群, nucleus herd) 밑에 후보중핵돈군(候補中核豚群), 번식돈군(繁殖豚群), 그리고 실용돈군(實用豚群, commercial herd) 등으로 구성하여 중핵돈군에는 개량에 필요한 필수 종돈엘리트군을 확보해야 하며, 번식돈군에서는 잡종1대의 활용으로 번식효율을 극대화하여 비육돈 생산에 초점을 맞추어 관리해야 한다. 그리고 실용돈군은 시장출하(MSY)에 적합한 비육 관리로 최고급 돈육의 프로그램화 된 사양관리가 절대적으로 요구되고 있다.

연 습 문 제

1. 돼지의 총상염색체수와 성염색체형이 올바르게 짝지은 것은?

① 18쌍 + ZW형　② 19쌍 + XX형
③ 18쌍 + XX형　④ 19쌍 + XY형

2. 두록종과 햄프셔종을 교잡했을 때, 두 품종의 모색관계를 설명한 것 중 틀린 것은

① 잡종1대 모두 흑색으로 우성이다.
② 잡종2대 중 75%는 흑색이고, 25%는 적색이다.
③ 잡종1대는 모두 적색으로 태어난다.
④ 삽종2대에서 흑색과 석색의 비율은 3:1이다.

3. 다음 중 돼지의 열성형질은 무엇인가?

① 모색 백대　② 모색 백색　③ 귀 직립　④ 모색 육백

4. 돼지에서 기형이나 치사유전자의 일반적 특징은?

① 열성유전자의 작용을 받는다.
② 돌연변이 유전자로 개량하기 쉽다.
③ 성염색체상에서 반성유전을 하는 경향이 많다.
④ 근친교배시 발생빈도가 높은 경향이 있다.

5. 다음 중 돼지 개량목표의 형질로 볼 수 없는 것은?

① 산자수　② 증체효율　③ 등지방두께　④ 체장

6. 다음은 돼지형질과 유전력을 짝지었다. 틀린 것은?

① 산자능력 - 0.20　② 사료효율 - 0.30
③ 일당증체량 - 0.30　④ 배장근단면적 - 0.50

7. 스트레스 감수성 돼지에 대한 설명 중 틀린 것은?

① 열성유전자(n)로 작용한다.
② 수송이나 외적 스트레스의 영향을 많이 받는다.
③ 피에트레인종에 발생빈도가 높다.
④ 도살시 삼출성의 적색육이 되기 쉽다.

8. 대규모 양돈장에서 많이 이용하는 교배법은?

① 순종교배　② 역교배　③ 2품종교배　④ 3품종교배

9. 돼지 미경산돈과 경산돈의 선발법을 비교 설명하라.

10. 실용돈(비육돈)을 생산할 때 잡종1대 모돈과 종료모돈의 선택상 주안점을 열거하시오.

정답 ☞ 1-③　2-③　3-④　4-①　5-④　6-①　7-④　8-④

제 4 장 돼지의 심사

돼지의 심사(審査, judging)는 우수한 개체를 고를 때 무엇보다도 선행적으로 실시하는 과정이다. 이러한 심사는 일반적으로 외모심사(外貌審査)를 많이 이용하는데 우선적으로 외부명칭을 잘 알아두면 쉽게 활용할 수 있다.

1. 돼지의 외부명칭과 체위측정

돼지의 체형은 크게 전구·중구·후구 등으로 나누며, 상세부위명은 [그림 4-1]과 같다.

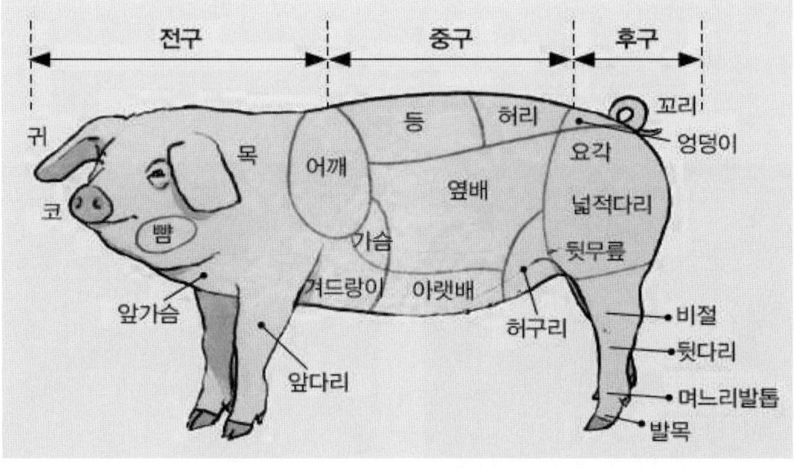

[그림 4-1] 돼지의 외부 명칭

돼지의 체위측정은 체척계, 캘리퍼(caliper), 줄자 등을 이용하여 다음과 같은 방법으로 측정하여 심사에 활용하면 된다. 체척계는 체장, 체고, 체폭(대동물) 등을 측정할 수 있으나, 소동물의 체폭(흉심, 흉폭, 전폭, 후폭 등)은 캘리퍼를 가지고 측정하는 것이 편리하다.

돼지에서 중요한 체위와 그 측정방법을 열거하면 다음과 같다.

① 체장(體長, body length) - 정자세를 취하고, 양쪽 귀 중앙부에서 체상선을 따라 미근(尾根)까지의 길이를 측정한다.
② 체고(體高, body height) - 지상(바닥)에서 기갑고(어깨)까지의 거리를 측정한다.
③ 흉심(胸深, chest depth) - 심장을 둘러싼 가슴 하단부위와 상단부위(등)까지의 직선상의 거리를 측정한다. 일명 '가슴깊이'라고도 부르고 있다.
④ 흉폭(胸幅, chest width) - 앞다리 뒤쪽 가슴의 폭을 측정한다.
⑤ 흉위(胸圍,)- 가슴둘레의 길이를 측정한다.
⑥ 관위(管圍, shin girth) - 오른쪽 앞다리 관부(管部)의 가장 좁은 둘레를 측정한다.
⑦ 전폭(前幅, shoulder width) - 전구 중 어깨부위의 가장 넓은 폭을 측정한다. 일명 '견폭(肩幅)'이라고도 한다.
⑧ 후폭(後幅, thurl width) - 후구 중 볼기부위의 가장 넓은 폭을 측정한다. 일명 '곤폭(臗幅)'이라고도 부른다.

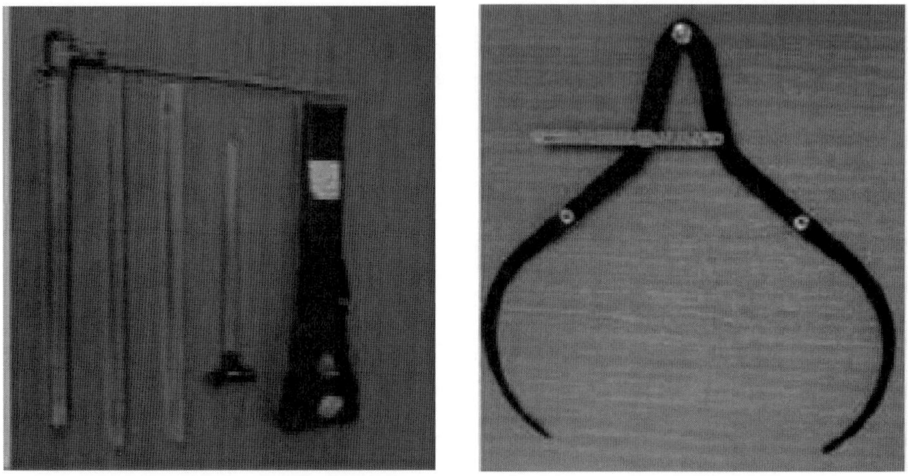

[그림 4-2] 체형 측정기구: 체척계(좌)와 캘리퍼스(우)

2. 돼지의 심사기준

돼지의 외모심사 기준은 축산법 제6조(가축의 등록)에서 등록심사에 관한 사항이 기록되어 있으며, 우리나라의 경우 농림축산식품부 산하 한국종축개량협회가 가축의 외모심사기준을 공고하고 관리하고 있다. 돼지의 주요 품종별 심사표준과 실격조건은 <표 4-1,2,3,4>에 나타난 바와 같다.

<표 4-1> 랜드레이스(Landrace)종의 외모심사표준

부 위	설 명	배점
1. 일반 외모 (一般外貌)	- 체형은 대형으로 발육이 좋고 늘씬한 것. - 등선은 약간 활모양으로 보이며 체하선(體下線)은 거의 평평하고 곧은 것. - 각 부의 균형이 좋고 영양상태가 적당한 것. - 성질은 온순하면서도 활기가 있고 체질은 강건한 것. - 털은 백색이며 질이 좋고 피부는 탄력이 있는 것. - 주름살과 반점이 없는 것.	20
2. 머리・목 (頭・頸)	- 머리는 가볍고 얼굴은 긴 편인 것. - 코는 곧고 코끝이 좁지 않은 것. - 눈은 온화하면서도 생기가 있는 것. - 귀는 중간크기로서 두껍거나 무겁지 않으며 전방으로 굽어 중정도로 덮어야 하며 양귀사이가 좁지 않은 것. - 턱은 바르고 충실하며 빰은 잘 가다듬어져 있는 것. - 목은 약간 길고 폭은 넓으나 잘 가다듬어져 있는 것.	10
3. 몸의 구성 (體의 構成)	- 어깨는 부착이 좋으며 앞다리와 중구에 이행이 좋은 것. - 가슴은 깊고 충실하며 넓은 것. - 등과 허리는 길며 후구로의 이행(移行)이 좋고 등은 거의 곧고 강하며 폭이 좁지 않은 것. - 갈비는 잘 개장되어 있고 주름살이 없는 것. - 옆구리(下膁部)는 깊고 충실한 것. - 넓적다리는 두껍고 비절까지 후구 전체가 풍만한 것. - 엉덩이는 넓고 길며 꼬리는 높게 부착된 것.	40
4. 지 제 (肢蹄)	- 네다리의 길이는 적당하고 다리사이는 중간 정도로 넓고 비절은 튼튼한 것. - 관골은 굵지 않고 단단하며 발목은 짧고 탄력이 있는 것. - 발굽은 질이 치밀하고 좌우가 고른 것. - 걸음걸이는 가볍고 유연한 것.	15
5. 유기・생식기 (乳器・生殖器)	- 정상적인 유두가 6쌍 이상 잘 배열되어 있어야 하며 부유두가 없는 것. - 수퇘지는 적어도 포피 앞쪽으로 유두가 3쌍이고 요루가 없는 것.	15
계	-	100

<실격조건>

1. 귀가 직립인 것.
2. 피부가 반점이 있는 것.
3. 정상적인 유두가 12개미만 또는 유두의 형질이 불량한 것.
4. 수컷의 생식기가 정상적이 아닌 것.

<표 4-2> 요크셔(Yorkshire)종의 외모심사표준

부 위	설 명	배점
1. 일반 외모 (一般外貌)	- 체형은 대형으로 발육이 좋고 전체적으로 보아 장방형(長方形)을 이루며 체고는 적당한 것. - 등선(背線)은 곧게 보이며 체하선(體下線)은 거의 평평하고 곧으며 각 부의 균형이 좋은 것. - 성질은 온화하면서 활기가 있고 체질은 강건한 것. - 모색은 백색이며 반점이 없는 것.	20
2. 머리 · 목 (頭 · 頸)	- 얼굴은 적당히 길고 약간 접시모양이며 코끝은 폭이 넓어야 하고 너무 위로 향하지 않은 것. - 눈은 온화하면서 생기가 있는 것. - 귀는 직립이고 약간 전향이어야 하며 양귀사이가 좁지 않은 것. - 턱은 바르고 충실하며 빰은 잘 가다듬어져 있는 것. - 목의 길이는 중간정도이고 잘 가다듬어져 있는 것.	10
3. 몸의 구성 (體의 構成)	- 어깨는 부착이 좋고 앞다리와 중구에 이행이 좋을 것. - 가슴은 깊고 충실하며 넓은 것. - 등과 허리는 길며 후구로의 이행(移行)이 좋은 것. - 등은 목에서 엉덩이까지 넓은 것. - 갈비는 잘 개장되어 있고 주름살이 없는 것. - 옆구리(下膁部)는 깊고 충실한 것. - 넓적다리는 두껍고 넓으며 비절까지 후구 전체가 풍만한 것. - 엉덩이는 넓고 길며 꼬리는 높게 부착된 것.	40
4. 지 제 (肢蹄)	- 네다리의 길이는 적당하고 다리사이는 중간 정도로 넓고 비절은 튼튼한 것. - 관골은 굵지 않고 단단하며 발목은 짧고 탄력이 있는 것. - 발굽은 질이 치밀하고 좌우가 고른 것. - 걸음걸이는 가볍고도 유연한 것.	15
5. 유기 · 생식기 (乳器 · 生殖器)	- 정상적인 유두가 6쌍 이상 잘 배열되어 있어야 하며 부유두가 없는 것. - 수퇘지는 적어도 포피 앞쪽으로 유두가 3쌍이고 요루가 없는 것.	15
계	-	100

<실격조건>

1. 귀가 앞으로 하수인 것.
2. 피부에 반점이 있는 것.
3. 정상적인 유두가 12개미만 또는 유두의 형질이 불량한 것.
4. 수컷의 생식기가 정상적이 아닌 것.

<표 4-3> 두록(Duroc)종의 외모심사표준

부 위	설 명	배점
1. 일반 외모 (一般外貌)	- 체형은 대형에 가깝고 발육과 살붙임이 좋으며 전체적으로 활모양을 이루고 체고는 적당한 것. - 체하선은 거의 평평하고 곧으며 각 부의 균형이 좋은 것. - 얼굴은 긴편이고 안면은 약간 오목하고 턱은 바르고 충실하며 빰은 느슨하지 않은 것. - 모색은 적갈색으로 반점이 없는 것.	20
2. 머리·목 (頭·頸)	- 머리는 가볍고 얼굴은 긴편이며 안면은 약간 오목하고 코끝은 좁지 않은 것. - 눈은 온화하면서도 생기가 있는 것. - 귀는 전방으로 하수하고 양귀사이는 넓은 것. - 턱은 바르고 충실하며 빰은 잘 가다듬어져 있는 것. - 목의 길이는 긴편이고 잘 가다듬어져 있는 것.	10
3. 몸의 구성 (體의 構成)	- 어깨는 부착이 좋으며 앞다리와 중구에 이행이 좋은 것. - 가슴과 배는 깊고 충실하며 넓은 것. - 등과 허리는 길며 후구로의 이행(移行)이 좋은 것. - 갈비는 잘 개장되어 있고 주름살이 없는 것. - 옆구리는 깊고 충실한 것. - 넓적다리는 두껍고 비절까지 후구 전체가 풍만한 것. - 엉덩이는 넓고 길며 꼬리는 높게 부착된 것.	40
4. 지 제 (肢蹄)	- 네다리의 길이는 적당하고 다리사이는 중간 정도로 넓고 비절은 튼튼한 것. - 관골은 굵지 않고 단단하며 발목은 짧고 탄력이 있는 것. - 발굽은 질이 치밀하고 좌우가 고른 것. - 걸음걸이는 가볍고 유연한 것.	15
5. 유기·생식기 (乳器·生殖器)	- 정상적인 유두가 6쌍 이상 잘 배열되어 있어야 하며 부유두가 없는 것. - 수퇘지는 적어도 포피 앞쪽으로 유두가 3쌍이고 요루가 없는 것.	15
계	-	100

<실격조건>

1. 귀가 곧게 선 것.
2. 피부에 검은 점이나 흰점이 있는 것.
3. 정상적인 유두가 12개미만 또는 유두의 형질이 불량한 것.
4. 수컷의 생식기가 정상적이 아닌 것.

<표 4-4> 햄프셔(Hampshire)종의 외모심사표준

부 위	설 명	배점
1. 일반 외모 (一般外貌)	- 체형은 대형에 가깝고 발육이 좋으며 전체적으로 반달형(半月形)을 나타내고 등선은 머리에서 엉덩이까지 궁형(弓形)이며 체하선은 평직하고 각부의 균형이 좋고 후구(後軀)가 잘 발달되어 있고 영양상태가 적당한 것. - 성질은 온순하고 활기가 있으며 성상이 잘 나타나고 체질(體質)이 긴강하며 품위기 있는 것. - 털은 앞다리, 가슴, 어깨를 두른 띠는 희며 그 외는 전부 검고 윤기가 나며 질이 좋고 피부는 탄력이 있으면서 주름살이 없는 것.	20
2. 머리 · 목 (頭 · 頸)	- 머리는 가볍고 얼굴은 길이가 중등이고 거의 곧으며 코 끝이 좁지 않은 것. - 눈은 온화하면서도 생기가 있고 양눈 사이가 넓은 것. - 귀는 작은 편이며 곧게 서고 양귀 시이가 넓은 것. - 턱은 바르고 충실하며 뺨은 잘 가다듬어 있는 것. - 목은 좀 짧고 폭이 중등이고 머리와 어깨에 이행이 좋은 것.	10
3. 몸의 구성 (體의 構成)	- 전체적으로 무겁지 않고 잘 가다듬어 있으며 부착이 좋고 앞다리와 중구(中軀)에 이행이 좋은 것. - 가슴은 깊고 충실하며 넓은 것. - 등과 허리의 길이는 중등이고 후구(後軀)로 이행이 좋고 등은 약간 만곡하고 강하며 폭이 될수록 넓은 것. - 갈비는 잘 개장되고 주름살이 없는 것. - 옆구리(下膁部)는 깊고 충실한 것. - 넓적다리는 두껍고 넓으며 비절까지 후구 전체가 풍만한 것. - 엉덩이는 넓고 길고 될수록 경사지지 않고 미근(尾根)이 높게 부착되어 있는 것. - 넓적다리는 두껍고 넓고, 하퇴는 잘 발달되어 가다듬어 있는 것. - 꼬리는 길이와 굵기가 적당한 것.	40
4. 지 제 (肢蹄)	- 사지의 길이는 적당하고 바르게 서면 지간(肢間)이 넓고 비절이 튼튼한 것. - 관골은 굵지 않고 단단하며 발목은 짧고 탄력이 있는 것. - 발굽은 질이 치밀하고 좌우가 고른 것. - 걸음걸이는 가볍고도 확실한 것.	15
5. 유기 · 생식기 (乳器 · 生殖器)	- 정상적인 유두가 6쌍 이상 잘 배열되어 있어야 하며 부유두가 없는 것. - 수돼지는 적어도 포피 앞쪽으로 유두가 3쌍이고 요루가 없는 것.	15
계	-	100

<실격조건>

1. 어깨띠의 넓이가 몸길이의 2/3 이상인 것.
2. 뒷다리에 흰털이 비절 이상 올라간 것과 콧날에 흰점이 있는 것.
3. 정상적인 유두가 12개미만 또는 유두의 형질이 불량한 것.
4. 수컷의 생식기가 정상적이 아닌 것.

3. 심사방법

심사대상 종돈을 개괄적으로 심사상 실격사항을 살펴본 후 돼지 전체의 특징을 파악하고 실격여부를 확인하는 예비심사(豫備審査)를 거쳐 심사표준(審査標準)에 의거하여 일반외모, 머리와 목, 전구·중구·후구(몸 구성), 지제, 그리고 유기·생식기 등을 순서에 따라 심사한 후 심사표(judging sheet)에 감률과 득점을 기입하고, 심사결과를 종합하여 평가한다.

각 심사항목별 배점은 일반외모 20, 머리와 목 10, 몸 구성 40, 지제 15, 유기와 생식기 15, 계 100으로 하고 있다.

채점방법으로는 감률채점법(減率採點法)으로 실시하는데, 감률의 등차(等差)는 2% 간격으로 해야 한다. 이러한 채점방법은 나라마다 다소 차이는 있지만 큰 차이가 없이 우리나라와 비슷하다.

감률법에서 중요한 사항은 심사항목 중 50% 이상의 감률을 받은 항목이 1개라도 있으면 실격처리가 되며, 총점과는 관계가 전혀 없다. 또 반대로 아주 좋다고 자평해도 2%는 감률하는 것이 일반적이다. 채점심사(개체심사)후 선발대상의 2~3배수 범위 내에서 일렬 또는 원형으로 세워 보행, 건강상태 등 종합적 평가를 하는 비교심사(比較審査)로 최종 선발하게 된다.

[감률과 득점의 예]

돼지심사의 예를 들어보자. 어느 돼지의 외모심사 항목의 기준에 따라 모색, 몸체의 일반적 특징, 얼굴이나 귀의 형태 등이 품종으로서 특징이 비교적 잘 갖추어져 있다고 볼 때를 가정하여 보자.

일반외모의 배점이 20점임으로 4% 정도는 감률하는 것이 바람직하기 때문에 계산식은 「20×0.04=0.8점」 이 감점이 되고, 득점은 「20－0.8=19.2점」 이 되는 셈이 된다. 결국 득점란에 19.2점을 기록하면 심사가 종료된다.

<표 4-5> 돼지 품종 [ ] 심사표

심사번호		심사년월일		심사장소	
명 호				등록번호	
생년월일				성 별	♂ ♀
주소·성명					

체 장	cm
흉 위	cm
관 위	cm
체 고	cm
흉 심	cm
전 폭	cm
흉 폭	cm
후 폭	cm
체 중	kg

구 분	배 점	감점률	득 점
일반외모	20		
머리·목	10		
몸의 구성	40		
지 제	15		
유기·생식기	15		
계	100		

장 점		단 점		심사자
				(인)

4. 돼지의 체형

돼지의 체형(體型, body type)은 품종별 고유의 유전적 특징(特徵, character)을 가지고 있다. 그 특징을 구분하는 방법이 3가지가 있는데, 라아드형(lard type), 베이컨형(bacon type), 미트형(육용형, meat type) 등이다.

(1) 라아드형

돼지의 체형이 비교적 중소형으로 체장이 짧고 체폭이 넓으며, 체심(體深)이 깊은 것이 라아드형의 특징이라고 할 수 있다. 게다가 비교적 짧은 다리이고, 골격도 가는 편이다. 특히, 근육 내에 지방이 많이 축적되고 육량이 비교적 적다. 이러한 돼지는 버크셔종이 대표적 품종이라 할 수 있는데, 최근에는 육용형으로 개량되고 있다.

(2) 베이컨형

베이컨형(bacon type)은 돼지의 복부(belly) 면적을 넓게 개량하려는 목적으로 동체(胴體)가 길고 깊으며, 체폭(體幅)은 중등정도이고, 골격은 가는 편이다. 따라서 피하지방층은 얇은 경향이 있다. 대표적 품종으로는 랜드레이스종, 요크셔종, 탐워스종 등의 유럽종이 여기에 속한다.

(3) 미트형

미트형은 포크형(pork type)으로도 부른다. 이 형은 체장이 길고, 체심이 깊은 것이 특징이다. 특히, 후구방향으로 궁상형(弓狀型)이며 비교적 후구와 후지가 발달되어 햄(ham)이 충실하다는 평가이다. 대부분 미국종으로서 햄프셔종, 스포티드종, 두록종, 폴란드차이나종 등이 여기에 속하는 품종이라고 할 수 있다.

연 습 문 제

1. 캘리퍼를 이용하여 측정할 수 없는 돼지의 체위는?

① 곤폭 ② 흉폭 ③ 체고 ④ 전폭

2. 돼지 체장의 측정방법 중 올바른 것은?

① 지면에서 기갑고까지의 거리를 측정한다.
② 양귀 중앙부에서 미근까지의 길이를 측정한다.
③ 어깨끝에서 미근까지의 길이를 측정한다.
④ 목 중앙부에서 꼬리 끝까지의 길이를 측정한다.

3. 돼지를 심사할 때 머리와 목 부위의 배점은 얼마인가?

① 40점 ② 30점 ③ 20점 ④ 10점

4. 랜드레이스 품종의 실격조건이 아닌 것은?

① 귀가 직립인 것.
② 피부가 백색인 것.
③ 정상유두가 12개 미만 또는 유두의 불량형질인 것.
④ 수컷의 생식기가 정상적이 아닌 것.

5. 요크셔 품종의 심사상 일반외모와 머리에 관한 설명이다. 틀린 것은?

① 체형은 대형으로 장방형을 이루고 있다.
② 등선(背線)은 곧게 보이며, 체하선은 거의 평평하다.
③ 모색은 백색이고, 반점이 없어야 한다.
④ 얼굴은 대단히 길고, 약간 직선형이다.

6. 돼지를 심사채점할 때, 몸구성 부위에서 구간별 이행이 다소 불량하여 40% 감률을 적용했다면 득점은 얼마인가?

① 8점 ② 16점 ③ 24점 ④ 28점

7. 두록종의 심사상 실격조건을 열거하시오(4가지).

8. 햄프셔종의 실격조건을 열거하시오(4가지).

9. 돼지심사에서 채점방법을 설명하시오(감률법과 득점을 중심으로).

10. 돼지 육용형(meat type)의 특징과 대표적 품종을 열거하시오.

정답 ☞ 1-③ 2-② 3-④ 4-② 5-④ 6-③

제 5 장 돼지의 번식

돼지는 다태동물로 많은 돼지새끼를 낳을 수 있는데, 이러한 번식과정을 잘 이해하고 활용하면 번식효율을 극대화 할 수 있다. 특히 돼지의 임신기간은 평균 114일이고, 보통 포유기간은 약 25일, 그리고 이유 후 발정재귀(發情再歸)는 4~7일로 총 146일 소요되는데, 한 번 임신에서 다음 번 임신 전까지의 기간을 모돈 회전(母豚回轉)이라고 부르고 있다.

1. 암수 생식기의 구조와 기능

(1) 수퇘지의 생식기와 기능

수퇘지의 생식기는 [그림 5-1]과 같이 한 쌍의 정소(精巢, testis)와 그 부속기관으로 되어 있다. 정소는 많은 정소소엽(精巢小葉)으로 구성되어 곡세정관과 직세정관으로 연결되어 있다. 이 곡세정관에서 정자를 생산하고 웅성호르몬(androgen)을 분비하는 중요한 기능을 한다. 정소상체(精巢上體, epididymis)는 장측판에서 파출된 막으로 싸여져 있는 심하게

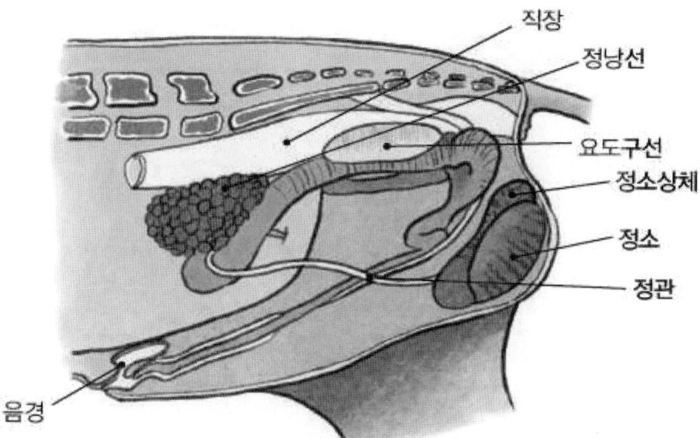

[그림 5-1] 수퇘지의 생식기

굴곡된 관상(管狀)으로 정자를 농축·성숙·운반·저장시키는 기관으로, 정소수출관 끝부분에서 시작하여 정소상체 두부, 체부, 미부로 연결되면서 끝부분은 정관(精管)과 이어진다.

정자의 구조는 [그림 5-2]와 같이 크게 두부(頭部)와 미부(尾部)로 구분된다. 미부는 중편부와 주부, 종부로 세분되고, 중편부의 미토콘드리아는 세포의 ATP를 생산하는 에니지 공장으로 볼 수 있다. 정소에서 정자의 형성은 정원세포가 세포분열을 거쳐 제1정모세포와 제2정모세포로 된 후 염색체가 반감된 4개의 정자세포(精子細胞)가 만들어진다. 정자의 크기는 축종에 따라 다른데, 돼지 49㎛, 소 57㎛, 닭 90㎛ 그리고 사람은 53㎛로서 포유동물은 평균 50~90㎛이다. 돼지의 정자는 타 동물에 비하여 비교적 작다고 볼 수 있다.

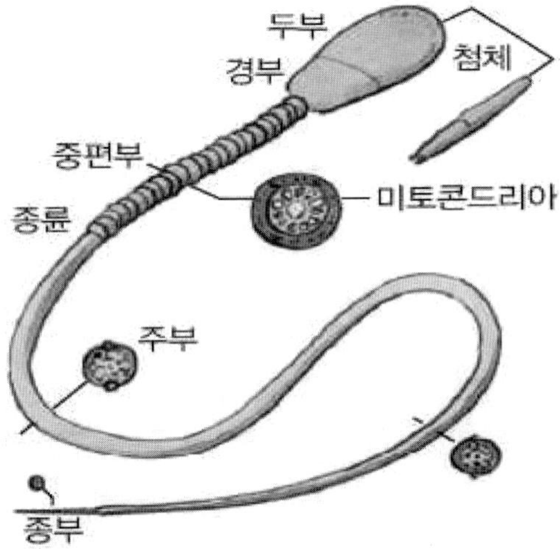

[그림 5-2] 정자의 구조와 세부명칭

그리고 정관(精管, deferent duct)은 정소상체 미부와 요도 골반부를 연결하는 생식기관으로 주로 정자의 수송과 연동수축을 하는 기능을 하고 있다. 그밖에도 전립선, 요도구선, 음경 등으로 구성되어 조금씩 서로 다른 기능을 하고 있다.

(2) 암돼지의 생식기와 기능

암돼지의 생식기관은 난소, 난관, 자궁 등과 같은 주요 기관이 있다. 난소(卵巢, ovary)는 난자를 만들고 암컷 호르몬인 에스트로겐, 프로게스테론, 릴랙신 등을 분비한다. 돼지는 다태동물로서 한 번에 10마리 정도의 새끼를 낳을 수 있도록 자궁각(子宮角)이 길다. 그리고 쌍각자궁의 형태로서 임신을 하게 되면 양쪽 자궁에서 약 5두씩 태아에 영양을 공급하게 된다.

에스트로겐(estrogen)은 암컷의 번식기관의 발달과 유지, 제2차 성징 그리고 난소주기와 임신 등에 관여하는 호르몬으로 발정호르몬이라 불린다. 프로게스테론(progesterone)은 주로 난소의 성숙난포가 파열 후 난자가 방출된 자리는 황체가 만들어져 황체세포에서 분비되는 스테로이드계 호르몬으로 착상과 임신에 필요한 자궁의 준비적 변화를 유발하고 자궁근의 수축을 억제함으로써 임신을 유지시킨다.

릴랙신(relaxin)은 주로 임신황체에서 분비되지만 말, 토끼, 고양이, 원숭이와 같은 동물에서는 태반에서도 분비한다. 분만 전에 자궁경관과 질을 확장시키고, 치골간 인대를 연화시켜 산도를 넓힘으로써 분만을 쉽게 해준다.

암컷 호르몬은 암컷의 생식기를 발달시키며, 번식을 위한 여러 활동을 지배하여 암컷다운 체형(體形)과 성징(性徵)을 나타나게 한다.

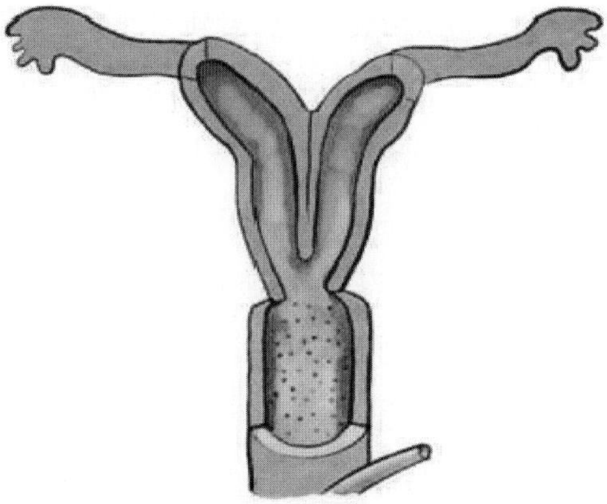

[그림 5-3] 암돼지의 자궁형태(쌍각자궁)

자궁(子宮, uterus)의 형태는 축종에 따라 다소 차이가 있는데, 일반적으로 설치류와 집토끼의 복자궁, 소와 양의 분열자궁, 사람과 원숭이의 단자궁, 돼지의 쌍각자궁 등 4가지 형태로 분류하고 있다. 자궁은 수정란에 영양물질을 공급하고, 태반형성과 태아발달의 장소가 된다.

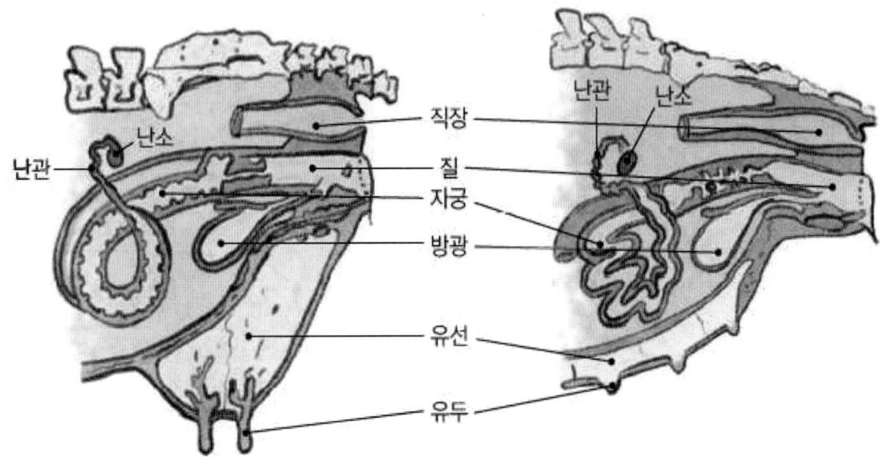

[그림 5-4] 암소(좌)와 암돼지(우)의 생식기관 비교

2. 성성숙과 번식

성성숙(性成熟, sexual maturity)이란 암돼지에서는 성선 발달과 더불어 생식기가 발달하여 주기에 맞게 발정(發情)과 배란(排卵)이 정상적으로 이루어져 웅축과의 교미를 통하여 번식이 가능하게 되는 시기를 말하는데, 일반적으로 번식적령기(繁殖適齡期)로 보고 있다. 성성숙 전에 발정과 배란이 개시되는 시기인 춘기발동기(春機發動機, puberty)와는 다소 차이가 있다. 일반적으로 암·수 모두에게서 성성숙이 되어 계속적으로 번식시키더라도 동물체에 지장이 전혀 없을 정도로 성장된 것을 가리켜 번식적령기로 구분하기도 하는데, 보통 성성숙기를 번식적령기와 같은 개념으로 이해하는 경향이 있다.

성성숙은 가축의 종류, 계통과 같은 유전적 요인과 온도, 광도, 사료, 시설 등과 같은 환경적 요인에 의하여 영향을 받는다.

암퇘지가 번식에 쓰이는 시기는 품종이나 발육 정도에 따라 다르나 생후 8개월령, 몸무게가 대략 110~120kg에 도달해야 한다. 암퇘지의 성성숙 도달에는 연령과 체중, 그리고 성장률 간에 밀접한 관계가 있고, 영양상태도 중요하다. 그리고 산차(産次, parity)에 따라서도 증체량, 등지방두께, 90kg도달일령 등 주요 경제형질의 능력에 많은 영향을 미치며, 그 밖에도 수태율, 산자수, 생시체중과 같은 번식능력에도 영향을 미치는 것으로 보고되고 있다.

수퇘지는 생후 5개월령부터 정소에서 정자를 만들기 시작하고, 성성숙은 생후 8개월령, 체중이 120~130kg이 되어야 한다. 수퇘지를 번식에 쓰는 시기는 10개월령 이후가 좋다.

능력검정돈의 산차별 증체율을 보면 2~5산차가 가장 양호한 성적을 보였으나, 1산차와 10산차 이상군에서 다소 불량하였다.

<표 5-1> 종돈의 산차별 능력검정 성적

산 차	일당증체량(g)	90kg도달일령(일)	등지방두께(cm)	체 장(cm)	체 고(cm)
1	837±5.2	153±0.6	1.18±0.13	109.1±0.4	62.0±0.2
2	866±5.4	153±0.6	1.56±0.14	108.7±0.2	62.0±0.1
3	856±5.2	153±0.6	1.50±0.14	108.6±0.2	62.1±0.1
4	878±5.5	149±0.6	1.50±0.14	109.7±0.2	62.0±0.1
5	871±5.9	150±0.7	1.48±0.15	108.9±0.2	61.9±0.1
6	870±6.3	152±0.7	1.54±0.17	109.9±0.2	62.0±0.1
7	865±6.3	154±0.7	1.58±0.16	110.7±0.2	61.7±0.1
8	858±7.0	154±0.8	1.53±0.18	109.9±0.3	62.1±0.2
9	840±8.2	158±0.9	1.55±0.21	108.4±0.3	62.3±0.2
10산 이상	820±2.3	157±2.6	1.56±0.59	106.7±1.9	62.1±1.2

3. 발정과 교배적기

발정(發情, heating)이란 암컷이 성성숙에 도달하게 되면 주기적으로 수컷의 교미를 허용하게 하는 생리적 현상을 말한다. 이러한 발정은 성숙한 암컷의 난소에서 뇌하수체의 난포자극호르몬(FSH)과 황체형성호르몬(LH)의 공동작용으로 난소의 발달을 돕고 이 난소에서는 에스트로겐(estrogen)의 분비와 함께 난포의 발육을 촉진하게 된다. 이때 생리적으로 발정이 오면서 성숙한 난포(Graäfian follicles)는 황체형성호르몬(LH)이 더욱 작용하여 파열됨으로써 배란이 일어나게 된다. 배란수(율)는 각각 다르다는 것을 알 수 있는데, 배란수와 산자수가 반드시 일치하는 것은 아니지만, 배란수는 산자수에 큰 영향을 미치는 것으로 알려져 있다. 배란은 미경산돈은 10~12개, 그리고 경산돈은 15~18개 정도가 방출된다. 배란 후 형성된 황체는 임신이 되지 않을 경우 일정기간이 지나면 서서히 퇴행하게 된다.

발정이 오면 외음부가 붉어지고, 점액이 흐르며, 소리를 낸다. 그리고 불안해하며, 때로는 승가행위 등을 하는 증후를 보이고 있다. 특히 수퇘지를 허용하는 시기는 사람이 허리를 누르거나 올라타면 양귀를 세우면서 부동자세(不動姿勢)를 취한다. 발정주기(發情週期)는 좀 차이가 있는데, 경산돈은 22일 정도 되나, 미경산돈은 20.5일 정도로 약간 빠르다고 할 수 있다. 암돼지의 발정주기는 대략 20~21일이고, 발정지속은 평균 55~72시간이나, 그 범위는 더 넓다.

<표 5-2> 돼지의 평균 발정주기와 지속시간

구 분	경 산 돈	미경산돈	평 균
- 발정주기(일)	22.0	20.5	21.2 (20.0~22.5)
- 발정지속시간(시간)	72.0	55.0	63.5 (50.0~80.0)

주) 1. 우리나라 대규모양돈장의 평균값임.
2. 발정주기 및 발정지속시간은 미경산돈이 경산돈보다 약간 짧은 경향을 보임.

교배적기(交配適期)는 암컷이 수컷을 허용하기 시작한 시간부터 10~25시간이다. 이때 교배시키면 높은 수태율을 얻을 수 있으나, 10시간 이내에 수정할 경우는 수태율은 약 20%이상, 25시간 이상일 경우에는 약 54%이상 각각 떨어지는 것으로 보고되었다. 동일발정기에 1회보다는 2회 교배시키면 보통 10% 이상의 수태율과 산자수를 향상시킬 수 있다. 발정에는 둔성발정(silent heating)도 있는데, 이 발정은 호르몬 불균형, 생식기 이상, 운동부족이나 과비(過肥) 등으로 발정징후가 경미하게 오거나 없는 것이 특징이다. 특히 여름철에 발생할 수 있다.

<표 5-3> 암퇘지의 행동과 외음부에 따른 수정적기

구 분	수 정 적 기
- 암퇘지 행동면	- 수퇘지 허용시점 10~25시간
- 외음부 관찰면	- 외음부가 최대로 부어올랐다가(腫大, swelling), 퇴축(退縮)하기 시작한 시점

돼지가 발정이 약하거나 성성숙이 되어도 발정이 나타나지 않으면 인위적으로 발정을 유도할 수 있다. 이때는 난포의 발달과 성숙에 관여하는 PMSG, HCG, $PGF_2\alpha$ 등을 투여하여 발정을 인위적으로 유도하여 배란을 촉진시킬 수 있다. 특히, 암퇘지의 둔성 발정이 나타날 때, 이러한 방법으로 발정을 유기하면 번식효율 개선에 도움이 될 것이다.

4. 교배방법

성성숙에 도달하여 번식 적령기에 이르면 적당한 시기에 알맞은 방법으로 발정이 온 암컷을 교배시켜야 한다. 돼지의 교배방법은 자연교배(自然交配, natural mating)와 인공수정(人工授精, artificial insemination)과 같이 크게 두 가지로 나눌 수 있다.

(1) 자연교배

자연교배는 수퇘지를 이용하여 교배시키는 방법이다. 소규모 경영에서는 아직도 자연교배를 시키는데, 수태율이 비교적 높다. 수퇘지와 암퇘지의 적정 사육비율은 1:15가 적당하다.

자연교배는 수태율이나 산자수 증가의 효과는 기대되나 종부용 수컷을 사육해야 하는 경영적 손실을 가져올 수 있다. 때로는 자연교배가 필요하여 실시할 경우에는 적정 체중에 맞는 개체를 선택해야 하며, 바닥의 미끄럼과 장애물 등에 각별한 주의가 요구된다.

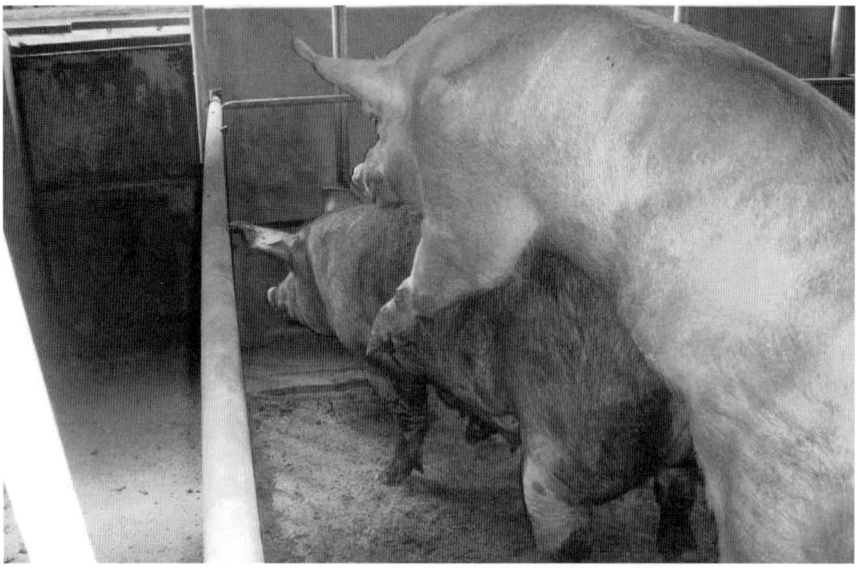

[그림 5-5] 자연교배 장면

(2) 인공수정

인공수정(人工授精)은 1907년에 구소련의 이바노프(Ivanov)에 의해서 처음으로 가축에 적용되었으며, 우리나라는 1938년에 일본으로부터 처음 도입되었다.

돼지에서 인공수정을 실시하면 다음과 같은 여러 가지 장점이 있어 많은 양돈장에서 이용하고 있다.

① 우수한 종모축(種牡畜)의 이용을 증대시켜 가축개량(家畜改良)에 기여할 수 있다. 1회 사정 정액으로 5~10마리의 암돼지를 수정시킬 수 있다.
② 적은 수의 종모축으로 다수의 번식용 암컷을 임신시킬 수 있어서 관리비, 사양비 등을 절감할 수 있다.
③ 단기간에 많은 새끼를 얻을 수 있으므로 종모축의 유전력(遺傳力)을 조기에 판정할 수 있다.
④ 전염성 생식기 질병(疾病)을 예방할 수 있다.
⑤ 정액 수송이 용이하고 저장(貯藏)이 가능하다.
⑥ 여러 번 수정에 의한 수태율(受胎率) 향상을 꾀할 수 있다.

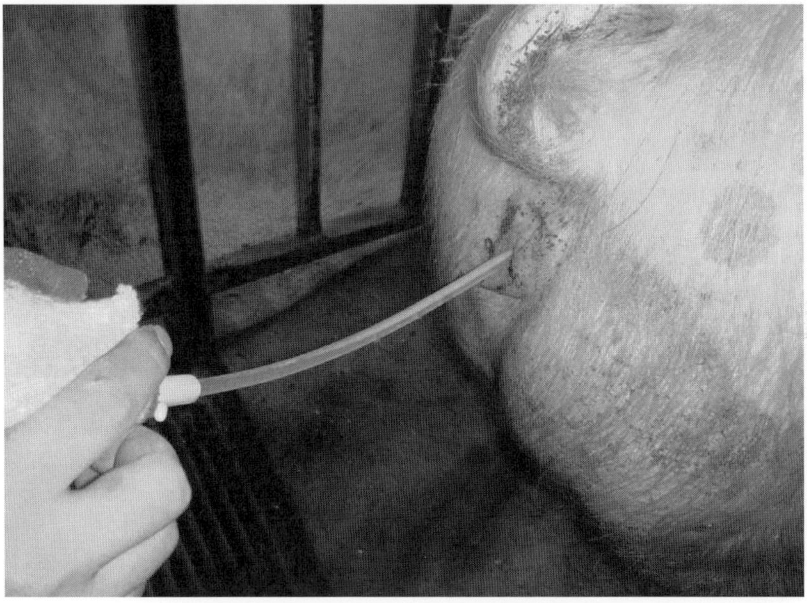

[그림 5-6] 인공수정 정액의 주입

그러나 인공수정을 하려면 기구나 장비가 필요하고, 기술이 숙련되어야 한다. 돼지의 정자는 소에 비해 온도에 대한 저항성이 약하다는 단점도 있지만 양돈협회나 단체에서 종모돈을 공동사육하고, 최근 기술향상으로 대규모 돼지 사육농가는 인공수정이 보편화되었다.

돼지는 보통 50~100ml의 희석정액을 자궁경관을 지나 자궁 내 입구에 주입하게 되면 수태율을 높일 수 있다. 수퇘지는 사정할 때 정액뿐만 아니라 교질물질도 함께 배출함으로써 자궁경부 내의 역류(逆流)를 막고 수태율을 향상시키는 기능을 하고 있다.

<표 5-4> 수정모돈(授精母豚)의 스트레스와 수태율 관계

모돈 환경	인공수정 두수(두)	수태율 평균(%)
- 매우 조용한 환경	875	63.8
- 보통 환경	2,625	52.3
- 시끄러운 소음 환경	805	34.1

암퇘지가 발정하여 적정 교배시기에 정량의 정액을 주입했다할지라도 외부의 소음(騷音) 스트레스는 수태율에 많은 영향을 미치는 것으로 보고되고 있다. 수정 후 환경조건이 매우 조용한 환경 하에서는 수태율이 63.8%인 반면에, 시끄러움과 같은 스트레스를 주면 34.1%로 현저히 수태율이 떨어지는 것으로 나타나므로 수정(授精) 후 각별한 주의가 필요하다.

(3) 정액의 채취와 성상

돼지의 정액채취(精液採取, semen collection)는 여러 가지 방법이 있으나, 인공질법(人工膣法)이나 손가락압박법이 많이 이용되고 있다.

첫째는 수퇘지를 의빈대(擬牝臺)에 유도하여 승가를 하도록 한다.

둘째는 음경부위를 인공질에 삽입하거나, 손가락압박법일 경우는 음경선단부위를 강하게 쥐어 율동(律動)을 주면 사정에 이르게 된다.

돼지의 사정시간은 타 동물에 비하여 길고(1회 3~10분), 1회 사정량도 200~400ml 정도로 대단히 많은 반면에, 정자수는 ml당 1~2억 정도로 비교적 적은 것이 특징이다.

아래 <표 5-5>는 돼지의 정액성상과 성분을 나타낸 것이다.

<표 5-5> 돼지 정액의 성상과 성분

구 분	범 위	평 균	비 고
- 총 정액량(ml)	80~650	300	성성숙 시작 개체는 약 80~100ml 사정
- 액체량(ml)	40~550	200	-
- 교질량(ml)	10~200	50	-
- 정자수(억/ml)	0.5~5	2	타 동물에 비하여 정액량은 많으나 정자수는 상대적으로 적다.
- 총 정자수(억)	52~900	500	사정량에 따라 차이가 있음
- 활력도(%)	80~95	90	생존율도 표현함.
- 기형률(%)	0.2~16.0	5.6	-
- pH	6.8~7.2	7.0~7.3	-

정액(精液, semen)은 정자(精子, spermatozoon)와 정장(精漿, seminal plasma)으로 구분되며, 정자는 정소에서 만들어져 정소상체 미부에서 저장과 완숙이 되어 사출되며, 정장은 보통 정낭선, 전립선, 카우퍼선 등의 분비물로 구성되어진다. 이러한 정액량은 보통 200~400ml인데, 품종, 연령, 체중, 계절, 영양 등에 따라 차이가 있으며, 채취빈도는 3일 간격(주 2회)으로 채취하는 것이 가장 바람직하다.

특히 채취시에는 모든 수정관련 기구를 소독(消毒, disinfection)해야 하며, 수퇘지의 하복부 하단의 포피(包皮) 선단을 깨끗이 닦아주고, 이물질 등이 혼입되지 않게 청결을 유지하는 것이 바람직하다. 채취병은 가급적 채광이 차단되거나 햇빛을 가릴 수 있는 곳에서 채취하는 것이 좋다.

(4) 정액의 보존과 주입

① 정액의 보존

정액의 보존(保存)은 액상과 냉동으로 크게 두 가지로 구분하고 있다.

첫째는, 간이보존법으로 즉석으로 채취한 정액을 희석액과 1:1로 혼합하여 보통 1~2일간 보관하였다가 이용하면 수태율이 향상되나, 5~6일 후에는 수태율이 점점 떨어지는 것으로 보고되고 있다. 이러한 희석액은 다양하게 제조하여 이용하고 있는데, 대표적인 것이 포도당(glucose), 구연산나트륨(sodium citrate) 등의 용액(solution)과 난황(yolk) 또는 탈지분유(skim milk) 등을 희석하여 이용하기도 한다. 이때 희석농도는 1:1이 적당하며, 15℃로 보관하면 적정온도가 된다. 이것을 액상보존법(液狀保存法)이라고 부른다.

둘째는, 영구보존법으로 냉동정액(冷凍精液, frozen semen)을 만들어 장기 저장하는 방법도 있다. 보통 −196℃의 질소탱크에서 동결 보존하는 방법으로 정액 원액을 보통 2,500~3,000 rpm으로 약 20~25℃에서 10분간 원심분리한 후 농축된 정액을 동결하여 이용하게 된다.

농축정액은 글리세롤(glycerol)이 첨가된 보존액으로 희석액과 혼합하여 0.2㎖ 크기의 펠렛(pellet)화로 보존하거나, 5㎖ 크기의 스트로우(straw)를 만들어 저장하는 방법 등이 있는데, 돼지의 정자는 첨체(尖體, acrosome)가 약하므로 저온충격에 각별한 관리가 요구된다.

② 정액의 주입

정액의 주입(注入)은 순서와 요령을 잘 알면 수태율 향상에 직접적으로 영향을 미치게 된다. 요즘은 농장 자체 종돈의 정액을 받아 인공수정을 하기도 하지만 한돈협회(韓豚協會)나 정액관리업소, 축협 등에 주문하여 사용하는 경우도 많다.

정액의 주입방법으로 첫째는, 주입기 선단을 알코올 등으로 깨끗이 소독하고, 한쪽 손으로 외음부를 벌려 주입기 선단(先端)을 질(膣)내 깊숙이 삽입한다. 둘째는, 처음 10~15㎝까지는 주입기 선단을 약 15~30° 정도

위로 향하여 경사지게 삽입한다. 셋째는, 주입기는 서서히 수평으로 유지하면서 25~30㎝ 정도를 삽입하면 자궁경관 입구에 도달하게 된다. 넷째는, 이 시점에서 주입기를 좌우방향(또는 반대방향)으로 돌리면서 서서히 점진적으로 밀어 넣으면 주입기 선단이 자궁경관 벽(fold)을 몇 개 지나치는 느낌을 받을 수 있다. 다섯째는, 자궁경관을 완전히 통과된 느낌을 받았을 때, 역류에 유의하며 정액을 50~100㎖ 주입하면 된다. 너무 지나치게 주입하여 자궁경관 벽이나 자궁에 상처를 입히지 않도록 세심한 주의가 요구된다.

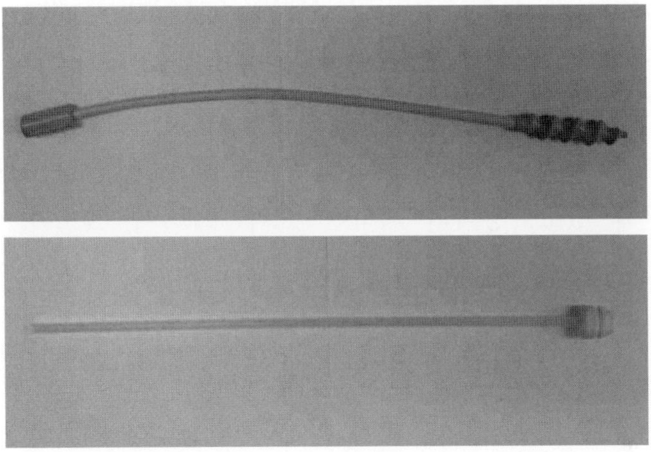

[그림 5-7] 돼지 인공수정 정액주입기

5. 임신과 분만

(1) 임 신

교배 후에 21일이 지나도 발정(發情)이 오지 않으면 일단 임신(姙娠, pregnancy)된 것으로 본다. 성숙한 암컷 생식기에서 방출한 난자와 사정된 정자가 결합하여 새로운 접합체를 만들어 자궁 내에서 이들 접합체가 착상되어 분화되고 발달됨으로써 모체의 영향을 받게 되는 현상을 임신(姙娠, pregnancy)이라 한다. 우리가 일반적으로 계산하는 임신기간은 수정일로부터 분만 당일까지의 기간으로서 약 114일로, 초산돈은 경산돈에 비하여 약간 더 길다. 이러한 임신기간은 축종, 품종, 개체, 계절, 태아의 크기와 수 등에 따라 차이가 있다.

포유동물이 임신을 하게 되면 발생 초기에는 태반이 형성되어 태반을 통하여 모체로부터 영양물질을 공급받는다. 임신을 하면 발정이 중지되고, 태아가 성장하면서 식욕이 서서히 증가하게 되어 복부가 커지고 체중이 증가되며, 서서히 비유기관이 발달하게 되는 등의 징후(徵候)를 보인다.

태아를 둘러싸고 있는 태반(胎盤, placenta)은 태아조직인 태막(胎膜, fetal membrane)과 모체조직인 자궁내막(子宮內膜, endometrium)이 부착되어 태아(胎兒)와 모체 간의 여러 가지 물질을 교환하게 되는데, 특히 혈액내의 영양소를 공급하여 태아의 발달을 돕는다.

태아는 양막(羊膜)과 양수(羊水)로 보호되고 있다. 양막과 태아 사이는 양수가 충만해 있고, 양막의 외측은 요막(尿膜)이 있으며, 요막과 양막 사이에는 요수(尿水)가 충만되어 있다. 그리고 가장 바깥쪽의 막을 융모막(絨毛膜)이라 하며, 그 표면은 융모(絨毛)로 되어 있다.

임신의 조기진단으로 효율적인 경영관리를 할 수 있다. 최근에는 발정중지와 더불어 초음파(ultra-sonic)를 이용한 조기 임신진단이 가능해졌다. 보통 종부 후 25일 전후가 되면 임신진단이 가능하다.

다음은 태아의 성장과정을 크게 4단계로 열거하였다.

1단계로, 수정 후 보통 20일이 되면 4지와 함께 심장, 기본골격 등이 형성된다. 2단계로, 30일이 되면 머리, 눈, 코, 입 등이 만들어진다. 3단계로, 약 40~50일이 되면 정소와 같은 생식기가 생겨 성(性)의 구별이 가능하다. 4단계로, 100일 정도가 되면 피모(皮毛)가 생겨 분만에 가깝게 이르게 된다.

모돈의 임신에서 분만까지 체중은 교배시 146kg에서 분만시 189kg까지 약 36%가 증가하였다. 그리고 분만 후 모돈체중은 분만당시보다 약 23kg 정도 줄어드는 것으로 조사되었는데, 이 중 복당자돈체중이 약 13kg, 태막 2kg, 양수 및 요수 5kg, 기타 3kg 등으로 구성되어 있다.

<표 5-6> 임신돈의 월령에 따른 체중의 변화

구 분	교 배	1개월	2개월	3개월	분 만
- 모돈체중(kg)	146	164	176	188	189
- 증가율(%)	100	112	121	128	136

(2) 분 만

동물은 일정한 임신기간이 지나면 태아와 함께 태반 등이 모체(母體)로부터 만출되는 생리적 현상인 분만(分娩, parturition)을 한다. 임신이 종료되면 뇌하수체 전엽호르몬인 프로락틴(prolactin)이 작용하여 유즙을 분비시키면서 후엽호르몬인 옥시토신(oxytocin)은 자궁근을 수축시켜 태아가 만출하게 된다. 이러한 원리를 이용하여 인위적으로도 분만을 유도하여 동물관리의 합리화를 모색하기도 한다.

돼지는 분만에 가까워오면 정서적으로 불안해하면서 외음부가 충혈된다. 배가 아래로 크게 쳐져서 양 옆구리가 우묵하게 들어가 있고, 유두가 매우 팽대해서 손으로 짜면 유즙(乳汁)이 분비되는 징후를 가진다.

돼지와 같은 포유동물의 분만과정은 일반적으로 3단계 또는 4단계로 구분하고 있다.

우선 ① 예비진통기는 자궁경관 확장기라고도 하는데, 15분 간격으로 20초간 진통이 시작되고, 그 간격이 짧아지면서 요막이 파열된다. 이것을 제1파수라고 한다. 그 후 ② 본 진통기를 맞는데, 진통과 수축이 계속되면서 태아를 싸고 있는 양막이 파열된다. 이 때 양수를 배출시켜 산도를 개척하면서 태아가 만출하게 된다. 이것이 제2파수이다.

제1파수는 요막파열에 의한 요수를 흘려보내 산도의 윤활적 기능을 하고, 제2파수는 양막파열에 의한 양수를 자궁경으로 흘려 태아의 만출을 돕는 기능을 한다. 그 후 ③ 태반이 만출되는 시기로, 후산기(後産期)라고도 부른다. 약 12시간 내에 자궁 밖으로 흘러나오는 것이 정상이다. 만약 태반이 외부로 나오지 못하고 자궁벽에 붙어 있으면 후산정체(後産停滯, retained placenta)가 따른다. 마지막으로 ④ 자궁 복귀기가 있다. 이

시기는 자궁이 원상태로 복귀 또는 회복되는 시기를 말한다. 처음에 분만 후 1~2일간은 3분마다 수축되고, 3~4일간은 10분마다 계속적으로 수축되어 회복되는데, 돼지의 경우는 25~30일 전후이다. 이때는 차기 임신에 지장이 없을 정도로 자궁이 복귀한다. 후산정체로 이어지면 옥시토신이나 $PGF_{2}\alpha$ 등을 주사하여 자궁벽에서 후산이 이루어지도록 처치해야 한다.

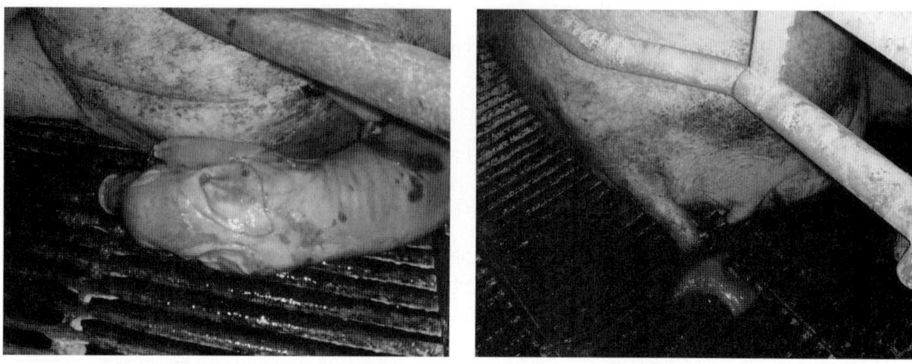

[그림 5-8] 분만(좌)과 후산장면(우)

① 분만전의 준비

분만이 가까워오면 분만실 내의 분만틀(farrowing crate)에 자리를 옮겨 사육하여 환경에 익숙하도록 해야 한다. 보통 분만 7주 전후에 옮기는 경우가 많다. 분만틀 상부에는 보온상(保溫箱)을 설치하여 자돈 자체 체온을 보호해야 한다. 이러한 분만틀은 압사방지, 자돈관리 용이 등 여러 가지 장점을 가지고 있다. 그리고 가위, 탈지면, 소독약, 침치그라인더, 저울, 이표기 등을 분만 전에 준비하여두면 자돈이 분만되었을 때 쉽게 관리할 수 있다.

② 분만후의 관리

분만은 모돈 내의 임신자돈을 모두 분만하고 태반이 몸 밖으로 다 나와야 종료(終了)된다. 보통 4~5분에 1마리씩 분만하는데, 늦을 경우 20~30분마다 분만하는 경우도 있다. 대략 분만이 모두 끝나려면 약 2~3

시간 내외가 소요된다. 분만자돈은 점액 등으로 젖어 있어서 분만 즉시 마른 수건 등으로 닦아주어, 점액분에 콧구멍이 막혀 호흡에 지장을 초래하지 않도록 주의해야 한다. 탯줄은 약 5㎝ 정도에서 묶고 절단 후 소독해줘야 한다. 돼지는 다른 동물과 달리 분만이 비교적 용이하다. 자궁이나 질의 통로가 원활하여 분만장해가 적은데, 자돈의 태위(胎位)에 큰 영향을 받지 않고 비교적 순산(順産)하는 경우가 많다. 다만, 약 10두 이상이 모두 분만하였을 때, 자돈은 별도의 특별관리가 요구되며, 자궁의 최종산물로 후산(後産)이 만출되어야 한다. 이때 분만시 복근력이 약하거나 진통이 미약하면 진통촉진제나 강심제와 같은 주사(예, oxytocin)를 실시하여 분만이나 후산을 돕도록 노력해야 한다. 때로는 후산이 외부로 나오지 않아 후산정체(後産停滯, retained placenta)가 간혹 일어날 수도 있다.

후산된 태반(胎盤, placenta)은 모돈(母豚)이 간혹 씹어 먹는 경우도 있는데, 이를 잘 수거하여 적절한 처리를 해야 한다. 이러한 후산을 먹는 식습관은 자기가 낳은 새끼도 먹는 식자벽(食仔癖)으로 이어질 수 있으므로 후산을 즉시 치우도록 해야 한다.

특히 후산정체는 Oxytocin, $PGF_{2}α$ 등을 주사하여 자궁벽에서 후산이 떨어져 외부로 흘러나오도록 처치하여 다음 차기 임신에 이상이 없도록 자궁복귀(子宮復歸)를 시켜야 한다. 자궁내 염증이 우려되면 항생제를 투여 또는 주사하고, 자궁을 베타딘과 같은 자궁세척제를 써서 자궁에 이상이 없도록 해야 한다. 그리고 분만모돈은 충분한 물과 가벼운 사료급여로 탈수증(脫水症)을 막고 원기를 회복하면 된다.

연 습 문 제

1. 다음은 암돼지의 번식적령과 체중을 열거한 것 중 올바른 것은?

① 7개월령과 90~110kg ② 8개월령과 100~110kg
③ 8개월령과 110~120kg ④ 9개월령과 120~130kg

2. 돼지에서 산자수와 생시체중이 가장 양호한 산차는?

① 1~2산차 ② 2~4산차 ③ 4~6산차 ④ 6~8산차

3. 다음은 돼지의 발정징후를 설명하였다. 틀린 것은?

① 외음부가 팽대히면서 점점 붉게 종창한다.
② 약간의 소리를 내고, 배회한다.
③ 발정후기땐 허리를 재는 경우가 많다.
④ 유두에서 유즙(乳汁)이 분비된다.

[힌트] 유즙분비는 모든 포유동물에서 분만 1일전부터 나타나는 징후이다.

4. 돼지의 교배적기(수정적기)는 수퇘지를 허용한 시점에서 언제가 가장 좋은가?

① 5~10시간 ② 10~25시간 ③ 20~30시간 ④ 25~35시간

5. 돼지의 평균 발정지속시간은 약 얼마인가?

① 40시간 ② 48시간 ③ 55시간 ④ 64시간

6. 돼지 액상정액(液狀精液)의 적정 보관온도는 얼마인가?

① 5~10℃ ② 8~12℃ ③ 15~20℃ ④ 20~25℃

7. 초산돈의 배란수(율)는 보통 얼마인가?

① 5~10개 ② 10~12개 ③ 12~15개 ④ 15~20개

8. 돼지 냉동정액(冷凍精液)의 보관방법과 주의사항을 기술하시오.

(1) 보관방법 (2) 주의사항

9. 임신돈(姙娠豚)의 분만과정을 단계별로 설명하시오.

10. 돼지에서 분만전 준비사항을 모두 열거하시오.

11. 후산정체(後産停滯)의 처리방법을 설명하시오.

정답 ☞ 1-③ 2-② 3-④ 4-② 5-④ 6-③ 7-②

제 6 장 자돈의 육성

자돈은 보통 포유자돈(哺乳仔豚)과 이유자돈(離乳仔豚)으로 나누어 그에 따른 적절한 관리로 건강한 자돈을 육성해야 할 것이다. 이 분만자돈의 체중은 품종간의 차이는 있지만 약 1.30~1.40kg이 되며, 1복당 생시체중은 13.0~15.0kg이 되는 셈이다.

1. 포유자돈의 육성

(1) 포유기간

모돈(母豚)이 분만하여 젖을 먹이는 기간을 포유기간(哺乳期間, sucking period)이라고 하는데, 즉 이유일령이 되기도 한다. 새끼돼지는 발육속도가 매우 빠르기 때문에 초기 영양이 부족하면 발육이 매우 더딜 수 있다. 어미돼지가 분만 후 4~5일까지 나오는 젖은 초유(初乳, colostrum)로서 고형물함량이 높고, 비타민 A, 면역글로불린 등 면역성분을 다량 함유하고 있어 꼭 먹여야 한다. 초유 속의 면역물질은 분만 후 10일경부터 줄어들고,

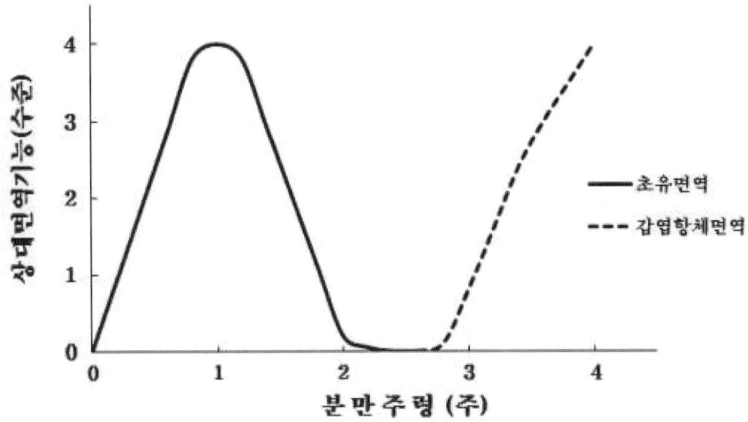

[그림 6-1] 분만주령에 따른 면역기능의 변화

<표 6-1> 우리나라 양돈장별 평균 포유일령

구 분	A농장	B농장	C농장	평 균
포유기간	21일	25일	27일	24~26일

새끼돼지의 면역체는 14일령부터 서서히 만들어져 21일령부터는 거의 완전한 면역기능을 하게 되므로 초기 사양관리가 중요하다. 새끼돼지는 다리에 힘이 약하여 어미돼지로부터 피할 수 있는 분만책(分娩柵)이 있으면 유리하다. 새끼돼지는 출생 후 처음에는 어미젖만을 먹고 자라지만 생후 1~2주경이 되면 사료를 조금씩 먹기 시작한다.

국가마다 또는 농장마다 다소 차이가 있으며, 일반적으로 21일을 권장하는 경향이 많다. 우리나라의 경우는 보통 25일이 가장 많고, 유럽의 경우도 26일령에 이유하는 농가가 많은 것으로 조사되고 있다.

그리고 조기이유(早期離乳, early weaning)는 21일령 이전에 이유하는 것을 말하며, 모돈의 분만회전율을 높이는 장점이 있으나, 기술과 관리면에서 단점도 많다.

[그림 6-2] 갓 난 새끼돼지(좌)와 이유일령의 새끼돼지(우)

① 자연포유

자연포유(自然哺乳)는 모돈에 압사되지 않으면서 스스로 어미의 젖을 빨아먹을 수 있도록 하여야 한다. 분만된 자돈은 중요한 몇 가지를 처치한 후 첫 포유를 시키는데, 4지가 너무 스프레이 된 자돈(sprayed pig)이나 0.8kg 미만의 자돈은 도태 처리하는 것이 바람직하다. 첫 포유에서 약 3일까지는 2~3시간 간격으로 포유하게 되며, 포유개시는 각별한 관리가 요구된다.

<표 6-4> 포유기간별 폐사원인과 비율

(단위: 일령, %)

구　　분	0~3	4~7	8~14	15~	평균비율
- 압사·외상	64	55	45	33	49.3
- 허약·아사	18	21	30	4	18.2
- 기형	12	8	2	4	6.5
- 질병(설사)	0	1	3	37	10.2
- 기타	6	15	20	22	15.8
계	100	100	100	100	100

미국의 양돈장 데이터 분석에 의하면, <표 6-4>와 같이 포유기간별 포유자돈의 폐사원인은 0~3일령이내에 압사와 외상이 64%로 가장 많았으며, 일령이 증가함에 따라 그 비율은 다소 감소되는 경향을 보였으며, 그 다음은 허약과 아사로 나타났는데, 특히 분만 후 7일령 이내에는 포유자돈에 각별한 관리가 요구된다.

이 시기가 자돈끼리 힘 다투기가 아주 강한 기간으로 힘센 자돈이 중앙부위의 좋은 유두를 차지하려는 속성이 있으므로 허약한 자돈은 중앙부 유두를 차지하도록 해야 한다. 그리고 첫 포유시기에서 약 1주일간은 모돈으로부터 압사되지 않도록 각별한 관리가 요구되며, 이때 비교적 많은 압사 때문에 포유자돈의 육성률이 저조하게 되는 경향이 있다.

[그림 6-3] 모돈의 자연포유 장면

② 인공포유 또는 위탁포유

인공포유(人工哺乳)는 사람이 대용유로 포유시키는 것을 말하며, 위탁포유(委託哺乳)는 모돈에서 정상유두수보다 너무 많은 산자수가 분만되었거나 모돈의 이상으로 다른 동시에 분만한 모체에 위탁하여 포유시키는 것을 말한다. 인공포유는 자연포유만큼 좋은 성적을 얻지 못하는 것으로 보고되었다.

이때 위탁모돈은 자기가 분만한 새끼와 식별이 쉽게 가능하므로 자기가 분만한 새끼가 아니라면 물어 죽이는 경향이 있으므로 위탁모돈의 냄새나 자돈의 냄새가 풍기도록 자리깃이나 분비물을 묻혀 문지른다.

(2) 포유 중 특별관리

① 침치절단

자돈의 침치(針齒)는 하악치 4개와 상악치 4개, 총 8개를 출생시 갖고 태어난다.

이런 예리한 침치는 자돈끼리 상처 또는 모체의 유두에 많은 지장을 초래함으로 적절한 조치가 필요하다.

첫째는 동복자돈끼리 다툼을 막을 수 있으며, 둘째는 모돈의 유두를 보호하여 균열이나 상처를 예방할 수 있는 중요한 기능을 한다. 따라서 침치(針齒)는 가급적 절단 또는 그라인딩(grinding)하여주는 것이 좋다.

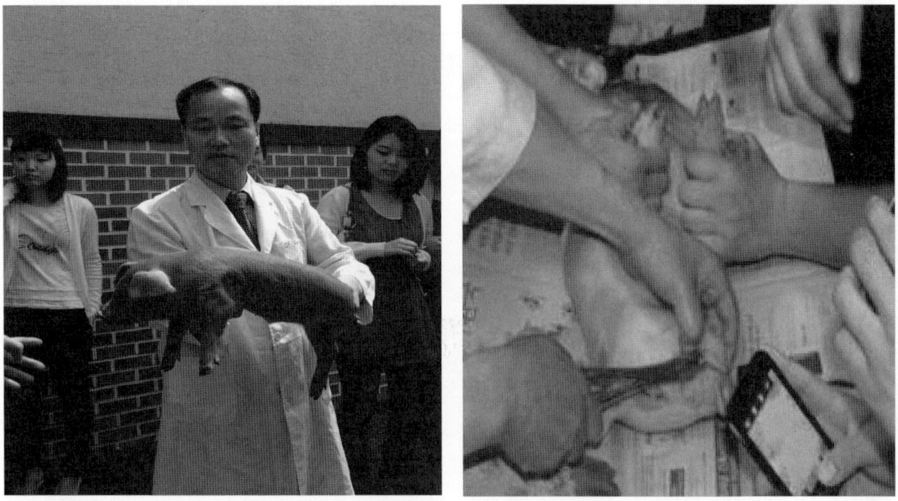

[그림 6-4] 침치 절단

② 단미

단미(斷尾, docking)는 꼬리자르기로 종돈을 제외한 비육돈은 제거하여 주는 것이 여러 가지 장점을 가지고 있다. 분만 즉시 침치절단과 함께 단미도 실시하여 주는 것이 관리상 편리하다. 이러한 단미는 시판되는 단미기(斷尾機)를 이용하거나 절단기(切斷機)를 사용하면 쉽게 제거할 수 있으며, 그냥 사육하면 다두사육하는 비육돈방 내에서 꼬리를 잘라먹거나 출혈부위에서 피를 빨아먹는 악습이 생겨 결국 위축돈(萎縮豚)으로 되어 폐사하는 경우도 있다. 즉 카니발리즘(cannibalism)을 일으키는 주요 원인이 되고 있다.

③ 철분주사

돼지는 철분(Fe)이 부족하기 쉬운 동물이다. 자돈 1두가 1일 철분 요구량은 약 7㎎인데, 포유중 1일 섭취 가능한 철분함량은 1㎎ 수준 밖에 안 된다. 돼지의 빈혈증(貧血症, anemia)을 예방하기 위해서는 반드시 외부로부터 공급해주어야 한다.

일반적으로 3일령 전후 1회 주사 때는 1㎖ 철분제(철분 100㎎), 그리고 10~14일령에 2회 주사(철분 100㎎), 1㎖ 철분제를 대퇴부 또는 목 부위에 근육주사하면 예방이 된다. 시중에는 여러 회사의 돼지용 철분제가 시판되고 있어 쉽게 구입이 가능하다.

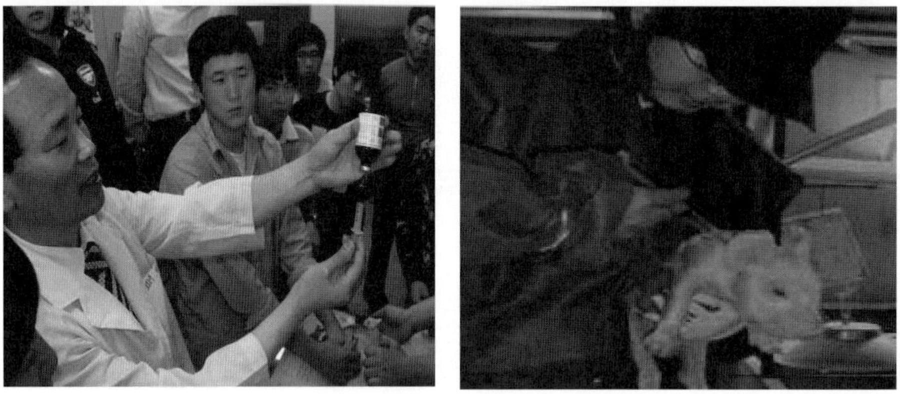

[그림 6-5] 철분주사 장면

④ 거세

거세(去勢, castration)는 수컷돼지에서 정소를 제거하여 웅성생식기의 기능을 상실케 하는 것을 말한다. 준비물로는 거세기구 세트, 탈지면, 소독약, 지혈제 등이 필요하다.

[시 기]

거세시기는 농장이나 나라마다 차이가 있다. 과거에는 3~4주령 때 많이 실시되었고, 최근에는 보통 생후 3~5일령이 적합하나 적어도 7일내에 실시하는 것이 바람직한 것으로 나타났다. 그러나 어떤 농장에서는 1~2주령 때 외과적(外科的)으로 정소를 적출하여 거세하는 경우도 있다.

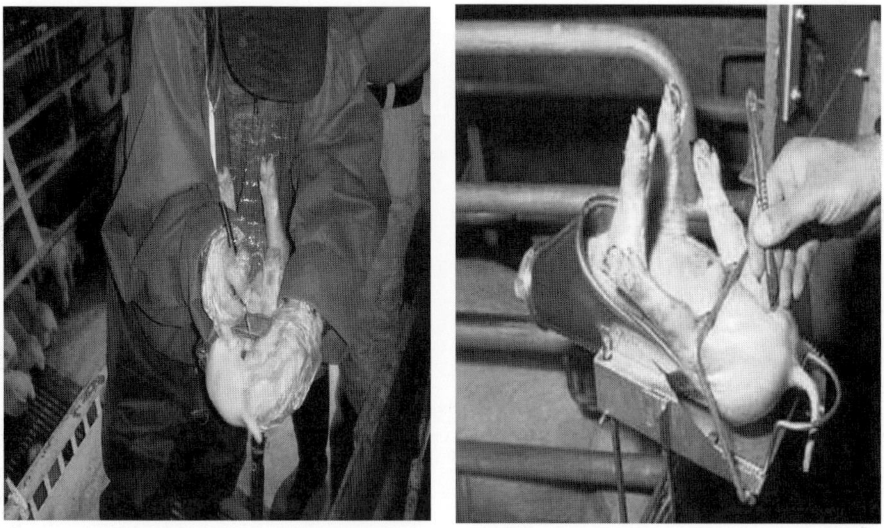

[그림 6-6] 돼지의 거세 장면

[효 과]

거세를 하면 여러 가지 장점이 있는 것으로 조사되었다. 첫째는 웅취(雄臭)가 제거되어 육질(肉質, meat quality)을 양호하게 만들어주며, 둘째는 투쟁심이 적어져 다두사육(多頭飼育)이 가능해지는 등의 효과를 거둘 수 있기 때문에 돼지는 반드시 거세하여 비육하고 있다. 그밖에도 증체효과에 관해서는 유의한 차이가 없는 것으로 조사되고 있다.

⑤ 개체표시

개체표시(個體標示, identification)는 방법에 따라 큰 차이가 있다. 귀 끝을 절단하여 번호를 붙여 개체를 표기하는 방법(剪耳器 이용)이 있고, 알루미늄이나 고무판과 같은 이표(耳標, ear tag)를 붙여 개체번호·생년월일을 표기하는 방법 등 다양하다. 그리고 나라마다 사용하는 종돈관리 번호도 서로 다르나, 편리한 방법을 사용하면 된다.

그밖에 자돈설사증, 압사방지, 예방주사 관리 등도 최근에는 중요한 포유자돈의 관리에 포함시켜야 할 것이다.

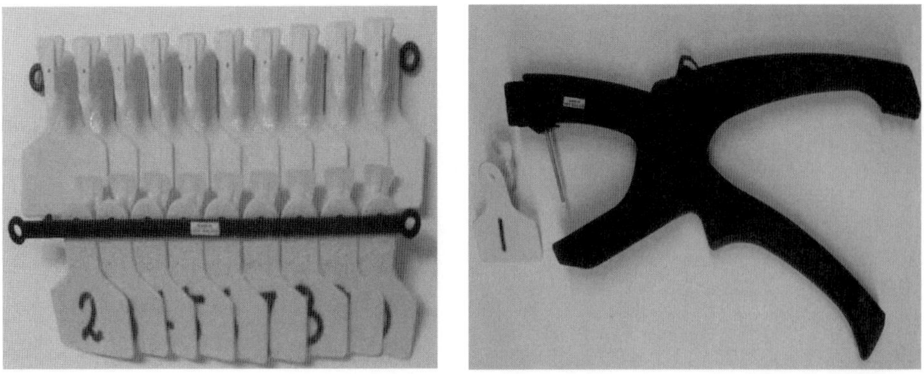

[그림 6-7] 플라스틱 이표(좌)와 장착기(우)

2. 이유자돈의 관리

(1) 이유시기

이유(離乳, weaning)는 모체로부터 젖을 떼는 것으로 이유시기는 자돈의 포유기간과 같다고 볼 수 있다. 새끼돼지를 어미의 젖을 먹이지 않고 사료만으로 기르게 되는 것을 말한다. 새끼돼지의 측면에서 보면 태어난 지 4주령에 체중 약 7.5kg 정도일 때가 좋지만, 최근에는 농장의 경제성을 우선하여 새끼돼지의 일령이 3주령일 때 체중 6kg 정도에 이유를 하고 있다.

젖을 떼는 시기의 결정은 농장의 분만사 돈방 수, 농장의 주간 관리, 작업일정, 어미돼지의 상태, 이유 후 번식성적, 자돈의 체중, 위생 상태 등 농장의 사정에 따라 경영인이 결정하게 된다.

요즈음은 무창돈사의 보급과 분만사, 자돈방 설치 등의 사육 환경개선으로 이유시기를 점점 앞당기고 있다. 생후 3주 이전에 이유하는 것을 조기이유(早期離乳, early weaning)라고 하며, 보통 18일에 이유를 한다. 이유일령을 앞당길수록 사료급여, 위생관리 등에 고도의 기술을 필요로 한다. 모돈으로부터 조기이유는 몇 가지의 장점을 가지고 있다.

첫째는, 번식횟수를 더 늘려 모돈의 생산성(母豚生産性)을 향상시킬 수 있다. 우리나라 평균 모돈의 회전율은 2.0~2.4회 정도인데, 2.4회 이상은 우수한 농장으로 평가되고 있다.

둘째는, 포유 중 어미돼지의 질병 발생이나 모돈의 비유량이 부족할 때도 갓 난 새끼돼지를 기를 수 있다.

셋째는, 모돈과 자돈간에 옮겨지는 질병과 기생충 감염으로부터의 감염을 줄일 수 있을 뿐만 아니라, 자돈설사와 피부병 등을 예방할 수 있다.

넷째는, 비유모돈의 사료를 절약할 수 있고, 번식과 육성에 필요한 돈방과 기구사용의 효율성을 극대화 할 수 있다.

포유자돈의 적정 이유시기는 돼지 품종, 성장, 환경 등 종합적으로 고려해야 하나, 보통 우리나라에서는 25일 전후가 되는 것으로 조사되었다. 그러나 권장하는 이유일령은 21일령이 표준화되었다. 과거에는 5주령, 6주령에 이유되어 왔으나, 최근에는 농장마다 다소 차이는 있지만 22~26일령에 이유하고 있는 실정이다.

(2) 이유방법

이유일을 앞두면 포유중 입질사료를 급여하기 시작한다. 입질사료(starter)는 단백질, 광물질 등의 영양소가 비교적 풍부한 사료로 만들어지며, 보통 분만 5~7일령에 프리스타터(pre-starter)를 급여하기 시작하여 위(胃) 발달과 소화기능을 촉진토록 해야 한다. 그리고 약 10~14일령이

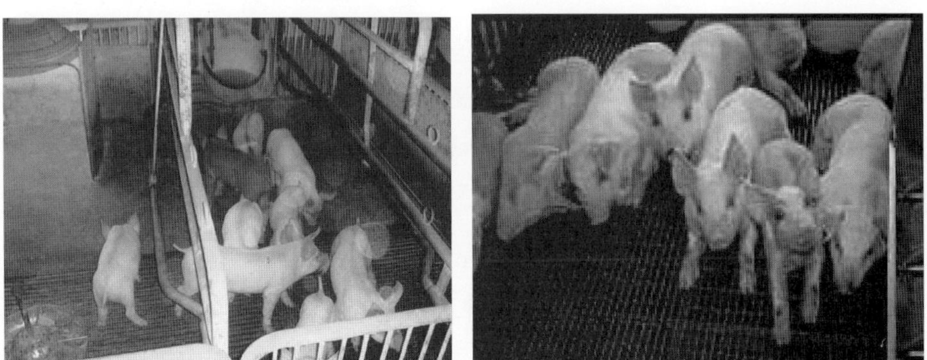

[그림 6-8] 이유 자돈의 관리

되면서는 스타터(starter)를 급여하여 이유 후 사료에 적응토록 급여해야 한다. 그 후 관리는 농장 육성돈 사육 프로그램에 따라 이동하여 사육한다.

새끼돼지를 잘 기르려면 분만 직후부터 어미돼지의 젖이 잘 나오도록 사양관리를 잘 해야 하며, 젖을 뗄 때 건강한 새끼를 얻어야 한다. 포유하는 중에도 새끼 따로 먹이기(creep feeding) 시기에 균형 잡힌 사료를 주어야 하며, 분만 전부터 건조하고, 따뜻하며 청결하게 해서 건강한 새끼를 얻는 것이 중요하다. 즉, 태아에서 포유기에 사양관리를 잘못하면 왜소한 새끼돼지가 생기고 좋은 사료를 주어도 경제적인 성장과 비육이 안 된다.

새끼돼지는 젖을 뗄 때부터 목표 체중을 정하여 관리하는 것이 중요하다. 새끼돼지는 태어나서부터 체중이 30kg이 될 때까지의 시기로 여러 기관이나 기능이 발달하는 시기이기도 하다.

<표 6-5> 자돈의 주령별 표준체중 및 증체량

나이(주령)	생 시	1	2	3	4	10
표준체중(kg)	1.3~1.4	2.5~2.8	3.8~4.0	5.5~6.0	7.0~7.5	27.0~28.0
증체량(g)	-	170~175	185~190	225~235	240~250	-

* 소금은 0.25~0.50% 범위 내에서 급여해야 한다.

젖을 떼고 사료만으로 살아가게 되는 새끼돼지의 스트레스를 줄이는 방법은 좋은 환경을 제공해 주고, 남은 사료는 부패하기 쉽기 때문에 1일 이상 지나지 않도록 해주어 설사를 예방하는 것이 중요하다. 젖을 뗀 후 생소한 환경에 놓였을 때 새끼돼지의 과식은 성장 정체와 설사로 인한 폐사의 원인이 된다. 건강한 새끼돼지를 고르는 것이 새끼돼지 육성의 첫걸음이며, 또한 양돈 성공의 지름길이다.

자돈은 개체의 품종 및 유전학적 고유의 특징을 가지고 있어야 하며, 산자수, 포유두수 등과 같은 혈통능력이 우수해야 하며, 종돈이나 비육돈으로서 발육상태가 양호하고 활발해야 한다. 그리고 몸 구성면에서 전구·중구·후구의 이행이 부드럽게 구성되어진 체형 등을 가진 개체를 선발하여 사육해야 한다.

이유사료(離乳飼料)는 단백질, 회분, 비타민의 공급에 중점을 둔다. 이유자돈의 간단한 사료배합 비율은 <표 6-6>과 같다. 이유사료 배합에서 특히 주의할 사항은 포유 때는 유당분해 능력이 이유 때보다는 뛰어나지만 이유 직후는 배합사료의 주원료인 옥수수, 대두박, 밀기울 등에 함유하고 있는 탄수화물, 단백질, 지방 등을 분해할 수 있는 능력이 떨어져 무제한 급여로 소화장해를 일으키지 않도록 많은 관심을 갖고 관리해야 한다.

<표 6-6> 이유자돈의 사료배합 비율

(단위: %)

구 분	예 1	예 2	예 3	예 4
고구마(건조)	20	20	-	10
옥수수(분말)	-	30	20	20
밀기울	20	10	30	30
보릿겨	20	-	30	-
보리(분말)	20	-	10	20
대두박	5	20	10	10
분유	-	20	-	-
어분	15	-	-	10
단백질(%)	23.0	23.0	23.0	23.0

이유자돈사에서는 입식당일 자돈의 선별과 사료선택에 초점을 맞추고, 입식 7일 이후에서 출하까지는 개체의 이상유무돈을 식별하고 소독관리를 철저히 하며, 특히 입식 40일은 예방접종에 주안점을 두고 관리해야 한다.

<표 6-7> 이유자돈사 관리 프로그램

구 분	세부관찰 및 관리사항
❍ 입식당일	• 암·수 구별/ 체중별 선별/ 후보자돈 선별 • 사료급여는 선별 종료후(2~4시간) 0.5kg 급여 • 소독실시 및 현황판 부착
❍ 입식1일~6일	• 전날급여사료 잔류량 확인 표시(유/무) • 사료섭취량이 양호한 돈방은 소량을 3회/1일 이상 급여 • 잔류량의 돈방은 수거하고 소량의 입질사료 5회/1일 이상 급여 • 미입질 돈군은 강제입질 실시(3회/1일) • 소독실시(2회/1일) • 전체적으로 돈군을 선별 재정비(2차) • 허약자돈 및 환돈 격리 사육
❍ 입식7일~출하	• 사료급여는 3회/1일 이상 급여하고, 청소는 2회/1일 이상 실시 • 환돈 및 허약돈은 매일 선별하여 격리사육 (항생제를 첨가하여 급여) • 소독은 2회/1일 이상 실시한다.
❍ 입식 40일	• HE, 구제역 접종(2명 1조로 둔부에 접종) • HE 2ml, 구제역 2ml 접종(1회용주사기, 20G 1/4인치)

주) 1. 급이기 안은 곰팡이 제거를 위하여 매일 급이기 안 청소 실시, 워터컵 확인 및 청소
2. 사료는 1일 3회 이상 급여하고, 제한 급여하는 것이 잔존사료를 없게 한다.
3. 돈방청소, 자동급이기 청소 등을 실시(돈방은 미세먼지 제거, 바닥은 가성소다(200:1) 살포 및 수세, 수세후 단졸 소독.

연 습 문 제

1. 돼지의 생시체중은 평균 얼마인가?

① 0.8~1.0kg ② 1.0~1.2kg ③ 1.3~1.4kg ④ 1.4~1.6kg

2. 돼지의 평균 이유체중(21일령기준)은 얼마인가?

① 4.5~5.0kg ② 5.0~5.5kg ③ 5.5~6.0kg ④ 6.0~6.5kg

3. 분만자돈의 경우 분만일에서 1주까지의 적정온도는 얼마인가?

① 30~32℃ ② 28~30℃ ③ 25~28℃ ④ 20~25℃

4. 자돈이 출생시 침치(針齒)는 모두 몇 개인가?

① 4개 ② 6개 ③ 8개 ④ 10개

5. 분만자돈에서 꼬리 자르기(斷尾)의 궁극적 목적은 무엇인가?

① 카니발리즘 예방 ② 증체율 향상
③ 육질 개선 ④ 사료효율 개선

6. 자돈은 철분제를 보충해줘야 한다. 제1회 때의 주사 시기와 주사량은 얼마인가?

① 생후 3일령 200mg ② 생후 3일령 100mg
③ 생후 7일령 200mg ④ 생후 10일령 100mg

7. 신생돈에 초유를 먹이는 목적이라고 볼 수 없는 것은?

① 태변의 배변기능을 위해서 초유를 먹인다.
② 면역기능으로 질병예방을 목적으로 초유를 먹인다.
③ 고른 영양소의 섭취를 위해서 초유를 먹인다.
④ 빈혈증의 예방을 목적으로 초유를 먹인다.

정답 ☞ 1-③ 2-③ 3-① 4-③ 5-① 6-② 7-④

8. 돼지의 보통 조기 이유일령은 약 얼마인가?

① 10~14일령 ② 14~16일령 ③ 18~21일령 ④ 21~24일령

9. 포유자돈에 프리스타터(pre-starter)를 급여하는 시기는 언제인가?

① 3~5일령 ② 5~7일령 ③ 8~12일령 ④ 12~14일령

10. 자돈 거세의 주된 목적을 두 가지만 열거하시오.

11. 분만자돈에서 위탁포유(委託哺乳)를 할 때 기술적 포유방법을 설명 하시오.

12. 포유자돈의 특수관리 항목을 모두 열거하시오.

13. 포유자돈의 이유방법을 설명하시오.

14. 포유자돈의 폐사원인을 들고, 그 대책을 세워보시오.

정답 ☞ 8-③ 9-②

제 7 장 돼지의 영양과 사양표준

돼지는 잡식성(雜食性)을 즐기는 대표적 동물이다. 따라서 농후사료를 주로 급여하여 사육함으로 경영비가 많이 소요되는 단점을 가지고 있으나, 관리상 통합관리가 가능하여 기술집약적 사육으로 생산성을 극대화할 수 있다. 따라서 돼지 사료 중의 영양소를 이해하는 것은 무엇보다도 중요하다고 볼 수 있다.

돼지의 영양소 중 보통 5대 영양소(단백질·지방·탄수화물·비타민·무기물)를 살펴보기로 한다. 수분(水分, moisture)도 없어서는 안 될 중요한 기능을 하고 있어서 때로는 6대 영양소에 포함시키기도 한다.

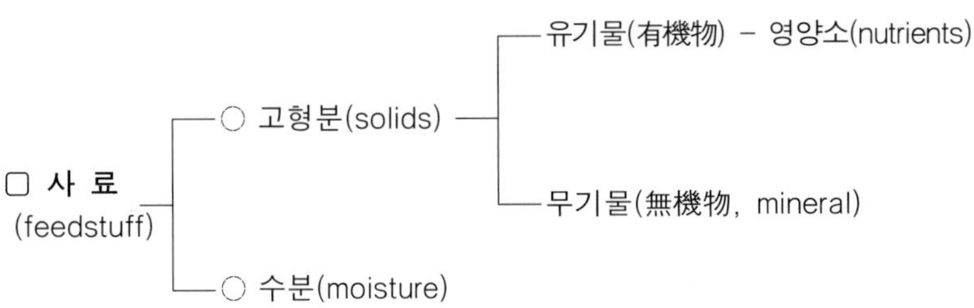

1. 돼지의 영양소

(1) 단백질

단백질(蛋白質, protein)은 C·H·O·N·S 등으로 구성되어 있는 대표적 영양소(營養素, nutrients)이다. 돼지의 몸을 형성하는 근육, 장기, 혈액, 피모 등의 구성성분이 되며, 그 분해 최종산물은 아미노산(amino acid)로 사료 중에서도 가장 중요하고, 그 값도 매우 높기 때문에 배합할 때 사료단가가 높아진다. 이러한 단백질은 동물성단백질과 식물성단백질로 구분되며, 돼지사료의 동물성단백질은 어분이나 육골분 등이 많이 이용되고, 식물성단백질은 대두박(大豆粕)이나 임자박, 유채박 등이 많이 이용되고 있다. 그리고 단백질의 질은 최종산물인 필수 아미노산 구성으로 결정되며, 여기에는 10종이 있으며, 필수(必須)와 비필수(非必須) 아미노산은 <표 7-1>과 같다. 특히 필수아미노산(essential amino acid)은 성장, 번식, 임신, 비유 등에 꼭 필요한 영양소이다.

<표 7-1> 아미노산의 종류

필수 아미노산		비필수 아미노산	
Arginine	Methionine	Alanine	Glutamine
Histidine	Phenylalanine	Asparagine	Glycine
Isoleucine	Threonine	Asparatic acid	Proline
Leucine	Tryptophan	Cystine	Serine
Lysine	Valine	Glutamic acid	Tyrosine

단백질은 특히 중요한 기능을 하고 있다. 돼지의 성장과 유지를 비롯한 번식, 비유, 태아 발육 등 생리기능과 체조직 성장에 없어서는 안 될 중요한 역할을 하며, 부족하면 성장부진은 물론 산자수 및 번식능력 저하를 초래하게 되고, 면역성이 떨어져 질병유발 가능성도 높게 된다. 따라서 단백질은 일시적으로 많이 급여하지 말고, 돼지의 성장과 발달과정에 따라 적절한 외부로부터의 공급이 절대적으로 필요한 영양소이다.

(2) 지 방

지방(脂肪, fat)은 동물의 에너지를 공급해주는 최대의 영양소이다. 단백질이나 탄수화물은 1g당 4.1~4.2㎉의 에너지를 발생하지만, 지방은 1g에 9.4㎉의 열량을 발생하게 되며, 다른 영양소의 약 2.25배가 높은 에너지를 공급해 준다. 이러한 지방은 단순지방과 복합지방으로 분류되며, 지방산은 포화지방산과 불포화지방산으로 구성되어 있다. 포화지방산은 단일결합하고 있는 저급지방산이며, 불포화지방산(不飽和脂肪酸, unsaturated fatty acid)은 이중결합으로 구성되고, 보통 고급지방산으로 이루어져 있다. 탄소수가 보통 18개 이상이 많다.

이러한 고급지방산 중 3개를 일컬어 필수지방산(必須脂肪酸, essential fatty acid)으로 부른다. 즉, 리놀산(linoleic acid, C_2), 리놀렌산(linolenic acid, C_3), 아라키돈산(arachidonic acid, C_4) 등이 필수지방산이다.

돼지에서 지방함량이 부족하게 되면 탈모증, 피부염(병), 성장부진, 세포발달부진, 피부노화촉진, 피부 거칠음, 증체부진, 사료효율 저조 등 성장과 체조직 구성에 막대한 영향을 미치게 된다. 특히 필수지방산은 사료로부터 공급하여 균형된 성장과 정상발육이 되도록 사료공급에 각별한 관리가 요구된다.

(3) 탄수화물

탄수화물(炭水化物, carbohydrates)은 비교적 식물성 사료에 많이 함유하고 있으며, C·H·O로 구성된 유기화합물이다. 이 탄수화물은 주로 1g에 4.3㎉를 발생하는 에너지원으로서 기능을 하고 있다. 탄수화물은 대개 전분질과 조섬유로 구분되고 있다. 전분질은 가용무질소물(可溶無窒素物)로 옥수수, 보리, 밀, 수수 등과 같은 곡류사료와 감자, 고구마, 타피오카와 같은 근괴사료(根塊飼料)가 대표적인 전분질(澱粉質) 사료이다. 섬유질사료는 목초류나 배추, 무와 같은 채소류인데, 돼지사료로서는 잘 이용되지 못하는 실정이다. 이러한 곡류사료는 여러 소화기관을 거쳐 최종적으로 분해되어 포도당(glucose)으로 흡수되어 이용된다. 이러한 탄수화물 사료는 성장 중 에너지원으로써 중요한 기능도 하지만 배변기능, 신진대사, 근육조직 형성 등 또 다른 기능도 하여 돼지비육과 상당한 관련성이 깊은 영양소의 역할을 하는 것으로 보고하고 있다.

(4) 비타민

비타민(vitamin)은 에너지로서 기능은 없지만 성장과 영양소 활성에 중요한 기능을 하는 것으로 보고되고 있다. 대부분의 비타민은 동물체내에서 합성되지 않거나 불충분하여 체외로부터 섭취하지 않으면 안 된다.

이 영양소의 요구량은 비교적 적지만 영양소마다 서로 다른 중요한 기능을 한다. 이러한 비타민은 지용성 비타민 A, D, E, K와 수용성 비타민 B군, C 등으로 구분된다.

① 비타민 A

비타민 A는 사료 중에 비타민 A를 공급해주거나 전구물질인 카로틴(carotene)으로 배합하여 공급해 줄 수도 있다. 이러한 카로틴은 두과목초, 황색옥수수 등에 많이 함유되어 있으며, 돼지에서 결핍되면 성장 중에 보행장애가 생기며, 어미는 후구마비가 생긴다. 그리고 야맹증(夜盲症) 현상이 초래되기도 쉽다.

임신돈은 기형자돈이 출산되기 쉽고, 번식모돈은 수태율 저하, 재발정 지연 등과 같은 번식능력의 저조 등 성장과 번식에 직접적 영향을 미치는 것으로 보고되고 있다.

② 비타민 D

돼지에서도 비타민 D는 골격대사와 치아발달에 중요한 기능을 한다. 동물체에 햇볕을 쬐게 되면 표피(表皮)에서 비타민 D가 합성된다. 비타민 D는 소장에서 칼슘과 인의 흡수율을 증진시키고, 뼈(骨)의 형성에 직접적으로 관여하게 되는데, 일정한 빛(日光)을 받으면 큰 문제는 없을 정도이나, 특히 돼지는 방목이 아닌 축사 내에서 사육됨으로 외부사료에 D공급원을 급여해 주어야 한다. 돼지에서 비타민 D가 결핍되면 구루병(佝僂病), 골연증(骨軟症), 골격부종증(骨格浮腫症) 등이 발생되기 쉬우며, 때로는 골격이 연약하여 쉽게 골절(骨折)현상을 초래하기도 쉽다.

이 공급원으로는 태양건초, 간유, 어유 등에 많이 함유되어 있다.

③ 비타민 E

비타민 E는 토코페롤(tocopherol)로 항산화물질로 알려져 있다. 이 비타민은 항불임성 비타민으로도 알려져 돼지번식에 관여하며, 생리와 면역 기능을 한다.

이 비타민은 셀레늄(Se)과 밀접한 관계가 있어서 비타민 요구량은 사료 내의 셀레늄 수준에 영향을 받으며, 셀레늄의 부족시에는 결국 비타민 E 요구량이 증가하는 것으로 보고되고 있다. 비육돈과 육성돈에 ARC와 NRC에서 비타민 E 요구량은 7.7 IU/kg과 11 IU/kg으로 NRC표준이 비교적 높게 설정되어 있다.

이 비타민의 결핍증으로는 돼지에서 급성폐렴, 백근병(白筋病, white muscles) 등이 생기고, 임신돈은 수정란 사망, 불임증과 같은 번식이상이 발생하기 쉽다.

④ 비타민 K

비타민 K는 혈액응고(血液凝固)에 관여하는 필수물질이다. 특히 프로트롬빈(prothrombin) 등의 합성에 중요한 물질로 알려져 있으며, 장내 미생물에 의해서 비타민 K는 합성이 가능하고, 사료 내에 어느 정도 까지는 함유되어 있다. 돼지에서도 비타민 K 결핍현상이 자주 일어나는 것으로 보고되고 있으며, 그 증상으로는 장내 출혈, 위궤양성 출혈증 등으로 응고장해가 발생한다.

⑤ 비타민 B_2

비타민 B_2는 리보플라빈(riboflavin)으로 단백질, 지방, 탄수화물 대사에 중요한 기능을 한다. 옥수수나 대두박 같은 곡류사료에는 비타민 B_2 함량이 비교적 낮아 공급에 관심을 두어야 한다. 성돈에서 부족하면 식욕이 떨어지고, 피부염증과 성장저하 등이 초래되며, 번식돈은 수태율 저하, 조산, 사산율 증가 등을 가져올 수 있다.

이 공급원으로는 알팔파분말, 효모, 어분, 육골분, 유가공 부산물 등에 함유되어 있다.

⑥ 비타민 B_{12}

비타민 B_{12}는 코발라민(cobalamin)으로 이 분자 속에 코발트(Co)가 함유되어 있다. 동물성 사료에는 비교적 많은 것으로 조사되었으나, 식물성 사료에는 적기 때문에 돼지의 경우는 부족하기 쉬운 비타민이다. 그 주요 결핍증으로는 식욕저하, 성장 중에는 성장률 감소, 빈혈증, 피부염, 피모불량 등을 가져올 수 있으며, 임신돈은 생시체중에 관여하는 비타민이다. 그 요구량은 육성돈과 비육돈에서 각각 10 μg/kg과 5.0 μg/kg으로 설정되어 있다(NRC).

그밖에 티아민, 판토텐산, 콜린, 나이아신, 바이오틴 등도 중요한 비타민 B군에 속한다. 특히 바이오틴(Biotin)은 어분, 간, 효모, 우유 등에 많이 포함되어 있지만 옥수수, 밀기울 등의 곡류에는 부족하다. 돼지의 경우 결핍되면 피부건조, 가피형성, 피부균열, 제관부에 균열이 생기는 증상을 보인다.

돼지에서 곡류사료에 부족되는 비타민은 합성비타민의 첨가로 보충할 수 있다.

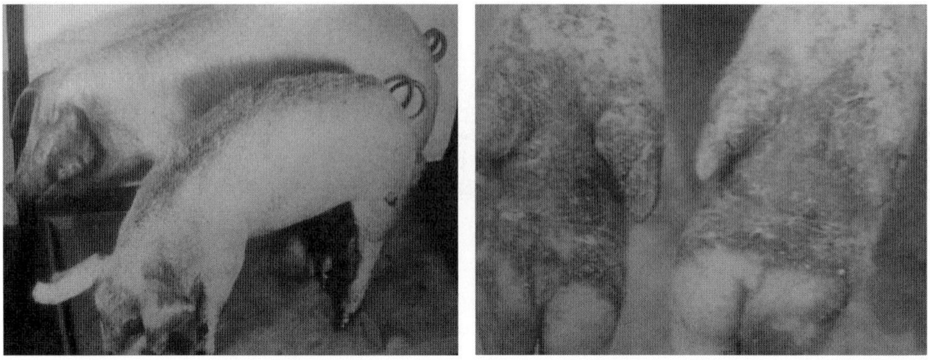

[그림 7-1] 바이오틴결핍증의 안면 · 두부 · 다리 흑갈색 가피형성(좌)와 발바닥의 균열(우)

(5) 무기물

무기물(無機物)은 광물질(鑛物質, mineral)이라고도 하며, 생체 내에서 골격대사, 산·염기조절, 소화기능 등 중요한 기능을 한다.

양돈에서 필요한 무기물은 다량원소(Ca, P, Na, Cl, Mg)와 미량원소(Fe, Zn, I, Se, Mn)로 분류되며, 필수 무기물이다. 그 밖에도 돼지에서

Cu, Mo, F 등도 없어서는 안 될 무기물로 알려져 있다. 동물체 체내에서 무기물은 3~5%를 차지하며, 이 중 칼슘과 인은 70~75%를 구성하고 있어 무엇보다도 중요한 기능을 하고 있다.

① 칼슘과 인

칼슘(Ca)과 인(P)은 체내의 골격과 치아형성에 관여하게 된다. 칼슘은 체내에 약 50%, 그리고 인은 25%를 구성하여 전체의 약 70~75%를 차지하고 있다. 돼지에서 칼슘과 인이 부족하면 후구마비(後軀痲痺)나 구루병(佝僂病)에 걸리기 쉬우며, 무기물 중 가장 중요한 역할을 한다고 볼 수 있다. 일반적으로 곡류사료에는 칼슘이 부족하기 쉽고, 인의 함량은 풍부한 것이 특징이다. 특히 돼지사료에는 각별한 주의가 요구되며, 그 비율(比率)도 대단히 중요하여 비유기나 임신기에는 약간 칼슘의 비율 높여 1.5~2:1 정도면 충분하고, 보통 때에는 1.1~1.5:1의 비율이면 적당하다.

<표 7-2> 칼슘과 인의 보충사료의 성분

구 분	골 분	제2 인산칼슘	탈불인광석	석회석	패 분
Ca(%)	30.0	26.0	25.0	36.0	35.0
P (%)	14.0	20.0	15.0	–	–

② 식염과 요오드

식염(食鹽, NaCl)은 소화기능을 돕고, 산·염기를 조절하는 중요한 기능을 하고 있다. 특히 나트륨은 신경조직의 기능을 유지하며, 염소는 위벽으로부터 분비되는 위산(胃酸, HCl)의 중요 성분이기도 하다. 돼지에서 식염(NaCl)이 부족하면 식욕이 떨어지고 타액분비량이 감소되어 소화불량과 함께 증체량(성장률)이 저하되는 것으로 보고되고 있다. 특히 모돈이 비유기에 비유량을 감소시켜 포유자돈의 성장에도 영향을 미치게 된다. 일반적으로 소금의 첨가량(요구량)은 비육돈이나 육성돈, 번식돈이 동일하게 0.25~0.5%를 급여하면 되나, 너무 급여하면 소금중독증이 일어나는 것으로도 알려져 있다.

요오드(Iodine)는 갑상선(thyroid) 호르몬의 합성에 이용되며, 임신돈의 경우 요오드가 결핍되면, 무모증(無毛症) 자돈이 생길 수 있으며, 허약한 자돈이나 사산(死産)을 일으키는 경우도 발생할 수 있다. 그리고 이 결핍으로 갑상선종(甲狀腺腫, goiter)이 생길 수 있다.

③ 철분과 구리

철분(鐵分, Fe)와 구리(Cu)는 혈액 내의 헤모글로빈(hemoglobin) 합성에 중요한 기능을 하며, 혈액 내에서 혈액조성분 구성에 큰 역할을 한다. 돼지에서 무기물 결핍증 중 철분 부족의 경우가 대단히 많기 때문에 자돈의 경우는 철분주사로 근육주사하여 보충하여 주며, 성돈의 경우 방목으로 토양 중에서 약간의 부족분을 보충할 수 있다.

돼지의 경우, 이 광물질이 부족하면 빈혈증(貧血症)이 걸리기 쉽고, 성장에도 지장을 초래하는 것으로 보고되고 있다.

④ 아연과 셀레늄

아연(Zn)은 돼지 체내에서 조직생리, 유지, 성장 등에 필요한 영양소이며, 일반적으로 곡류사료에는 아연의 함량이 낮고 육분과 육골분 등에도 비교적 낮아 배합시에 각별한 관리가 요구된다.

아연(Zn)과 셀레늄(Se)은 세포조직이나 막(膜)을 보호하며, 세포가 재생하는데 중요한 기능을 하며, 역시 사료 내에 함량이 낮은 것이 특징이다.

돼지에서 아연이 부족하면, 피부부전각화증(皮膚不全角化症, keratosis)이 발생하고 식욕이 저하된다. 그리고 셀레늄의 부족하면 근육위축병, 급폐사, 번식장애 등이 초래되기 쉽다.

(6) 수 분

수분(水分, water)은 에너지나 활성물질이라고 볼 수는 없으나, 영양소를 운반하고, 산·염기를 조절하면서 세포내의 수분과 혈액조성, 체온조절, 배설 등에 기여하고 있다. 체내에 수분이 10% 감소되면 생리적으로 이상현상이 초래되고, 20%가 감소되면 생명을 잃게 된다.

출생시는 몸체의 65~85%, 그리고 성숙시는 45~60%가 수분인데 성숙하면서 체수분은 감소되고, 체지방은 증가되는 것으로 나타나고 있다. 수분은 혈액내는 90~95%, 기타조직에는 70~90%를 차지한다. 그리고 돼지는 체중과 계절에 따라 음수량(飮水量)에 많은 차이가 있다(표 7-3).

<표 7-3> 계절별 돼지의 음수량

(기준: 90㎏)

구 분	체중대비 비율(%)	음수량(L/일)	비 고
- 여름	20~25	18~22	❍ 포유모돈은 1일 평균 25~35㎏의 물을 섭취한다.
- 봄·가을	15~17	13~15	
- 겨울	10~12	9~11	

* 음수량은 사료섭취량에 따라 많은 차이가 있으며, 여름에는 사료섭취량의 5배 정도이다.

일반적으로 가축에서 음수하기 적당한 수온(水溫)은 10~15℃이며, 중성 또는 약알칼리성이 가장 좋다. 그리고 유해물질(비소, 납, 아연, 불소 등은 중독성분)이 없는 깨끗한 음수조건을 갖추어야 한다.

2. 돼지의 사양표준

사양표준(飼養標準, feeding standard)은 돼지가 성장하고, 임신, 비유 등을 하는데, 과부족이 없도록 필요한 양을 급여하도록 일정하게 정해놓은 기준표를 말한다. 즉 과학적이며 합리적인 사양이 되도록 영양수준을 표준화한 것이다. 이러한 사양표준에는 미국의 NRC(National Research Council) 사양표준, 일본 사양표준(JAC), 영국 사양표준(ARC) 등이 있으며, 그밖에도 독일, 한국 등이 있는데 한국의 사양표준은 미국 NRC 사양표준을 가장 많이 이용하고 있다. 최근에는 우리나라에서도 사양표준(KRC)이 2012년에 개정되었다.

(1) 자돈·육성돈 및 비육돈의 사양표준

돼지의 체중별 에너지와 아미노산·무기질·비타민 요구량 및 1일 아미노산·무기질 요구량 등이 표시되어 있다(표 7-4). 사료 1kg당 대사에너지(ME)는 7~45kg때는 3,350kcal, 그리고 45~120kg 때는 3,300kcal로 설정되었으며, 사료섭취량은 7~11일령 475g에서 85~120일령 2,673g까지 제시되었다. 그리고 체중이 가벼운 자돈일수록 단백질함량은 높게 되어 있다. 자돈이나 육성비육돈에서 많이 이용되는 사료배합은 NRC 사양표준에 준하여 영양소 요구량을 결정하고 있다. 이 사양표준은 무엇보다도 옥수수와 대두박 원료를 중심으로 사료 배합비를 작성한 것이다. 여기에서 옥수수의 단백질 함량은 약 7.8%이고, 대두박의 단백질은 약 44.4%를 함유하고 있다.

<표 7-4> 자돈 육성돈 비육돈의 사료내 총 아미노산·무기질·비타민 요구량[a] 및 1일 아미노산·무기질 요구량

체 중 (kg)	7~11	11~25	25~45	45~65	65~85	85~120
평균체중(kg)	9	18	35	55	75	100
DE 함량(kcal/kg)	3,490	3,490	3,454	3,402	3,402	3,402
ME 함량(kcal/kg)	3,350	3,350	3,350	3,300	3,300	3,300
NE 함량(kcal/kg)	2,412	2,412	2,513	2,475	2,475	2,475
사료섭취량(g/일)	475	906	1 ,442	1,952	2,278	2,673
아미노산요구량(%)[b]	※ ( ) 안은 1일 아미노산 요구량(g/일)을 표시한 것임.					
라이신	1.56(7.41)	1.39(12.60)	1.22(17.62)	1.01(19.81)	0.91(20.71)	0.76(20.38)
메치오닌	0.47(2.22)	0.42(3.78)	0.37(5.29)	0.30(5.94)	0.27(6.21)	0.23(6.11)
메치오닌+시스틴	0.94(4.45)	0.83(7.56)	0.73(10.57)	0.61(11.88)	0.55(12.43)	0.46(12.23)
트레오닌	1.01(4.82)	0.90(8.19)	0.79(11.46)	0.66(12.87)	0.59(13.46)	0.50(13.25)
트립토판	0.28(1.33)	0.25(2.27)	0.22(3.17)	0.18(3.56)	0.16(3.73)	0.14(3.67)
이소류신	0.94(4.45)	0.83(7.56)	0.73(10.57)	0.61(11.88)	0.55(12.43)	0.46(12.23)
류신	1.56(7.41)	1.39(12.60)	1.22(17.62)	1.01(19.81)	0.91(20.71)	0.76(20.38)
발린	1.09(5.19)	0.97(8.82)	0.86(12.34)	0.71(13.86)	0.64(14.50)	0.53(14.26)
페닐알라닌	0.78(3.70)	0.70(6.30)	0.61(8.81)	0.51(9.90)	0.45(10.36)	0.38(10.19)
페닐알라닌+타이로신	1.48(7.04)	1.32(11.97)	1.16(16.74)	0.96(18.81)	0.86(19.68)	0.72(19.36)
히스티딘	0.50(2.37)	0.45(4.03)	0.39(5.64)	0.32(6.34)	0.29(6.63)	0.24(6.52)
알지닌	0.65(3.11)	0.58(5.29)	0.51(7.40)	0.43(8.32)	0.38(8.70)	0.32(8.56)
무기질요구량 (%,mg)	※ ( ) 안은 1일 무기질 요구량(g/일)을 표시한 것임.					
칼슘(%)[c]	0.78(3.71)	0.68(6.16)	0.59(8.51)	0.53(10.35)	0.49(11.16)	0.45(12.03)
총인(%)[c]	0.64(3.04)	0.58(5.25)	0.51(7.35)	0.46(8.98)	0.43(9.79)	0.40(10.69)
유효인(%)[c]	0.39(1.85)	0.30(2.72	0.23(3.32)	0.19(3.71)	0.17(3.87)	0.15(4.01)
나트륨(%)	0.34(1.62)	0.28(2.54)	0.10(1.47)	0.10(1.98)	0.10(2.34)	0.10(2.69)
염소(%)	0.42(1.98)	0.33(2.95)	0.08(1.15)	0.08(1.56)	0.08(1.84)	0.08(2.13)
마그네슘(%)	0.04(0.20)	0.04(0.36)	0.04(0.58)	0.04(0.78)	0.04(0.94)	0.04(1.06)
칼륨(%)	0.28(1.35)	0.26(2.34)	0.23(3.37)	0.20(3.86)	0.18(4.19)	0.17(4.53)
구리(mg/kg)[d]	5.72(2.72)	5.04(4.56)	4.15(5.99)	3.51(6.86)	3.28(7.46)	3.01(8.06)
요오드(mg/kg)	0.15(0.07)	0.14(0.13)	0.14(0.20)	0.14(0.27)	0.14(0.32)	0.14(0.37)
철(mg/kg)	103.13(49.02)	99.07(89.72)	63.05(90.90)	50.25(98.09)	45.23(103.03)	40.39(107.99)
망간(mg/kg)	3.66(1.74)	3.05(2.76)	2.00(2.88)	2.00(3.91)	2.02(4.61)	1.99(5.32)
셀레늄(mg/kg)	0.29(0.14)	0.25(0.23)	0.19(0.28)	0.17(0.33)	0.16(0.36)	0.15(0.39)
아연(mg/kg)[d]	93.98(114.67)	80.86(73.23)	58.87(84.88)	53.58(104.60)	51.87(118.14)	49.29(131.77)
비타민요구량 (%,mg)						
비타민 A(IU/kg)	2,062.95	1,769.86	1,300.17	1,301.11	1,315.80	1,293.22
비타민 D_3(IU/kg)	217.74	199.76	149.98	150.13	151.83	149.22
비타민 E(IU/kg)	14.22	11.30	11.00	11.01	11.13	10.94
비타민 K(IU/kg)	0.53	0.50	0.50	0.50	0.50	0.50
바이오틴(mg/kg)	0.06	0.04	0.05	0.05	0.05	0.05
콜린(g/kg)	0.48	0.40	0.30	0.30	0.30	0.30
폴라신(mg/kg)	0.32	0.30	0.30	0.30	0.30	0.30
유효나이아신(mg/kg)	30.95	29.73	30.00	30.03	30.36	29.84
판토텐산(mg/kg)	10.31	8.91	7.89	7.36	7.21	6.92
리보플라빈(mg/kg)	3.45	2.94	2.44	2.18	2.09	1.97
티아민(mg/kg)	1.16	0.97	1.00	1.00	1.01	1.00
비타민 B_6(mg/kg)	5.39	3.29	1.00	1.00	1.01	0.99
비타민 B_{12}(μg/kg)	17.48	14.95	9.44	6.78	5.69	4.75

[a] 체중 25~125kg에서 1일 340g의 살코기 축적능력(Pd=133)을 가진 거세돈과 암퇘지를 1:1비율로 사육하는 조건임.

[b] 체중 7~25kg에서 라이신 요구량은 시험성적을 기준으로 하였고, 다른 아미노산 요구량은 라이신에 대한 비율을 적용하였으며, 체중 25~125kg에서는 성장모델로 추정하였음.

[c] 체중 50~120kg의 후보 종모돈과 종빈돈에 대해서는 칼슘, 인 및 유효인을 0.05~0.1% 증대하여야 함.

[d] 구리와 아연은 유효요구량을 제시한 수치임.

(2) 임신돈 및 포유모돈의 사양

임신돈의 1산차와 교배시 140kg일 때, 가소화에너지는 3,285㎉/kg, 그리고 대사에너지는 3,200㎉/kg으로 설정되었으며, 1일 사료섭취량은 1,992g을 시작으로 6산차 때는 2,202g을 섭취하게 된다(표 7-5).

포유모돈은 가소화에너지(DE)는 3,380㎉/kg과 대사에너지(ME)는 3,300㎉/kg으로 표준화되었으며, 사료십취량은 1산차(165kg) 때는 4,979g에서 5,158g까지 모돈의 체중감량을 감안하여 급여하도록, 2산차이상(230kg이상)때도 5,525g에서 5,709g이 표준이다(표 7-6).

<표 7-5> 임신돈의 사료 내 총 아미노산 요구량[a]

산차	1	2	3	4	5	6
수정시 체중(kg)	140	180	210	230	240	25
임신중 증체량(kg)	50	45	37	27	25	21
산자수(예상)	11	12	12	12	12	12
DE 함량 (㎉/kg)	3,285	3,285	3,285	3,285	3,285	3,285
ME 함량 (㎉/kg)	3,200	3,200	3,200	3,200	3,200	3,200
NE 함량 (㎉/kg)	2,411	2,411	2,411	2,411	2,411	2,411
사료섭취량 (g/일)	1,992	2,072	2,118	2,142	2,182	2,202
아미노산요구량(%)						
라이신	0.62	0.57	0.47	0.32	0.28	0.22
메치오닌	0.17	0.16	0.13	0.09	0.08	0.06
메치오닌+시스틴	0.40	0.37	0.31	0.21	0.18	0.14
트레오닌	0.44	0.41	0.34	0.23	0.20	0.16
트립토판	0.12	0.11	0.09	0.06	0.06	0.04
이소류신	0.40	0.37	0.31	0.21	0.18	0.14
류신	0.62	0.57	0.47	0.32	0.28	0.22
발린	0.46	0.43	0.36	0.24	0.21	0.17
페닐알라닌	0.37	0.34	0.28	0.19	0.17	0.13
페닐알라닌+타이로신	0.62	0.57	0.47	0.32	0.28	0.22
히스티딘	0.19	0.17	0.14	0.09	0.08	0.07
알지닌	0.00	0.00	0.00	0.00	0.00	0.00

[a] 1일 ME 섭취량, 사료섭취량 및 아미노산 요구량은 임신모델로 추정한 것임.
[b] 증체량은 모돈 조직과 임신 산물을 포함한 것임.

<표 7-6> 포유돈의 사료 내 총 아미노산 요구량[a]

산차	1	1	1	2+	2+	2+
분만후 체중(kg)[b]	165	165	165	230	230	230
모돈의 체중감량(kg)[c]	2	-8	-18	4	-6	-16
자돈의복당일일증체량(g)[c]	1,800	2,200	2,600	1,800	2,200	2,600
DE 함량 (kcal/kg)	3,380	3,380	3,380	3,380	3,380	3,380
ME 함량 (kcal/kg)	3,300	3,300	3,300	3,300	3,300	3,300
NE 함량 (kcal/kg)	2,518	2,518	2,518	2,518	2,518	2,518
사료섭취량 (g/일)	4,979	5,069	5,158	5,525	5,617	5,709
아미노산요구량(%)						
라이신	0.85	0.87	0.90	0.80	0.82	0.84
메치오닌	0.26	0.26	0.27	0.24	0.25	0.25
메치오닌+시스틴	0.51	0.52	0.54	0.48	0.49	0.50
트레오닌	0.55	0.57	0.58	0.52	0.53	0.54
트립토판	0.16	0.17	0.17	0.15	0.16	0.16
이소류신	0.51	0.52	0.54	0.48	0.49	0.50
류신	0.98	1.00	1.03	0.92	0.94	0.96
발린	0.72	0.74	0.76	0.68	0.69	0.71
페닐알라닌	0.51	0.52	0.54	0.48	0.49	0.50
페닐알라닌+타이로신	0.98	1.00	1.03	0.92	0.94	0.96
히스티딘	0.36	0.37	0.38	0.33	0.34	0.35
알지닌	0.57	0.59	0.60	0.53	0.55	0.56

[a] 1일 ME 섭취량, 사료섭취량 및 아미노산 요구량은 포유모델로 추정한 것임.
[b] 2+산차의 분만후 체중은 4산차를 기준으로 함. 분만후 체중은 분만전 체중(임신돈 수정시 체중)+임신중 증체량-임신산물(약 25, 27kg).
[c] 복당 산자수 10두와 21일간 포유를 가정한 것임.

<표 7-7> 임신돈과 포유돈의 사료 내 무기질 요구량[a] 및 비타민 요구량

구 분	임 신 돈		포 유 돈		
DE 함량 (kcal/kg)	3,285		3,380		
ME 함량 (kcal/kg)	3,200		3,300		
NE 함량 (kcal/kg)	2,441		2,518		
무기질요구량 (% 또는 mg)	임신돈	포유돈	비타민요구량 (% 또는 mg)	임신돈	포유돈
칼슘(%)	0.75	0.75	비타민 A(IU)	4,000.00	2,000.00
총인(%)	0.60	0.60	비타민 D_3(IU)	800.00	800.00
유효인(%)	0.35	0.35	비타민 E(IU)	44.00	44.00
나트륨(%)	0.15	0.20	비타민 K(IU)	0.50	0.50
염소(%)	0.12	0.16	바이오틴(mg)	0.20	0.20
마그네슘(%)	0.06	0.06	콜린(g)	1.25	1.00
칼륨(%)	0.20	0.20	폴라신(mg)	1.30	1.30
구리(mgkg)[c]	10.00	20.00	유효나이아신(mg/kg)	10.00	10.00
요오드(mg/kg)	0.14	0.14	판토텐산(mg/kg)	12.00	12.00
철(mg/kg)	80.00	80.00	리보플라빈(mg/kg)	3.75	3.75
망간(mg/kg)	25.00	25.00	티아민(mg/kg)	1.00	1.00
셀레늄(mg/kg)	0.15	0.15	비타민 B_6(mg/kg)	1.00	1.00
아연(mg/kg)[c]	100.00	100.00	비타민 B_{12}(μg/kg)	15.00	15.00

[a] 구리와 아연은 유효요구량을 제시한 수치임.

(3) 종모돈의 사양표준

웅돈(雄豚)의 사료내 1일 아미노산과 무기질 및 비타민 요구량은 <표 7-8>과 같다. 가소화에너지(DE, ㎉/kg)는 3,350㎉/kg와 대사에너지(ME)는 3,250㎉/kg으로 설정되어 있으며, 1일 사료섭취량은 2.0kg을 표준으로 하고 있다.

<표 7-8> 웅돈의 사료 내 1일 아미노산[a]과 무기질 및 비타민 요구량

DE 함량 (㎉/kg)		3,350	
ME 함량 (㎉/kg)		3,250	
NE 함량 (㎉/kg)		2,433	
사료섭취량(g/일)		2,000	
○1일 아미노산 요구량		사료 내 요구량(%)	1일 요구량(g/일)
라이신		0.60	12.00
메치오닌		0.11	2.20
메치오닌 + 시스틴		0.31	6.20
트레오닌		0.28	5.60
트립토판		0.23	4.60
이소류신		0.37	7.40
류신		0.39	7.80
발린		0.34	6.80
페닐알라닌		0.42	8.40
페닐알라닌 + 타이로신		0.70	14.00
히스티딘		0.18	3.60
알지닌		0.25	5.00
○무기질 요구량	칼슘[b]	0.75%	15.00g
	총인[b]	0.33%	6.60g
	유효인[b]	0.31%	6.20g
	나트륨	0.15%	3.00g
	염소	0.12%	2.40g
	마그네슘	0.04%	0.80g
	칼슘	0.20%	4.00g
	구리	5.00㎎	10.00㎎
	요오드	0.14㎎	0.28㎎
	철	80.00㎎	160.00㎎
	망간	20.00㎎	40.00㎎
	셀레늄	0.30㎎	0.60㎎
	아연	50.00㎎	100.00㎎
○비타민 요구량	비타민 A	4,000 IU	8,000 IU
	비타민 D_3	200 IU	400 IU
	비타민 E	44 IU	88 IU
	비타민 K	0.50㎎	1.00㎎
	바이오틴	0.20㎎	0.40㎎
	콜린	1.25g	2.50g
	폴라신	1.30㎎	2.60㎎
	유효나이아신	10.00㎎	20.00㎎
	판토텐산	12.00㎎	24.00㎎
	리보플라빈	3.75㎎	7.50㎎
	티아민	1.00㎎	2.00㎎
	비타민 B_6	1.00㎎	2.00㎎
	비타민 B_{12}	15.00㎍	30.00㎍

[a] NRC(2012)

[b] 한국돼지사양표준(2007)

<표 7-9>는 육성돈, 종돈 및 비육돈의 사료배합과 급여량을 표시한 것이다. 자돈 2개월령은 0.2~0.5kg을 급여하며, 성돈의 경우 2.1~2.6kg, 임신돈은 3.9~4.0kg, 종돈은 2.0~3.0kg, 그리고 비육돈은 약 4.0kg을 각각 급여하되, 영양상태에 따라 사료를 증감하여 급여하는 것이 바람직하다. 이러한 사료배합은 NRC사양표준에 준하여 사료자원을 선택하게 되는데, 영양소요구량에 따라 원료사료의 공급조건, 단가, 기호성 등을 고려하여 배합비가 결정되게 된다.

<표 7-9> 육성돈, 종돈 및 비육돈의 사료배합과 급여량

(단위: kg)

사료배합 \ 구분		2월령	12월령	임신돈	모 돈	종 돈	비육돈
체 중		6.8~13	14~150	150이상	150이상	150이상	100
사료종류 및 배합비율 (%)	쌀 겨	30	30	30	30	40	0.75
	밀기울	20	17	20	25	15	-
	보릿겨	5	20	20	12	30	0.8
	호 밀	10	10	10	10	5	1.5 (보리)
	옥수수	15	10	10	15	5	0.45
	콩깻묵	10	10	7	5	3	0.2
	어 분	10	3	3	3	2	0.3 (분유)
기타	소금(%)	사료의 0.5%					
	물(L,kg)	4	10~20	20	20	20	10~20
	청초(kg)	0.4~0.5	0.8~1.0	0.8~1.0	0.8~1.0	0.5~0.8	0.5~1.0
배합사료 급여량		0.2~0.5	2.1~2.6	3.9~4.0	3.5~5.5	2.0~3.0	3.5~4.0

* 상기는 돼지의 단계별 사료배합비율과 1일 1두당 사료급여량(kg)을 표시한 것임.

연 습 문 제

1. 다음은 돼지사료의 영양소에 관한 설명 중 틀린 것은?

① 단백질과 탄수화물은 유기영양소로 에너지원이다.
② 단백질, 지방, 탄수화물은 C·H·O 등으로 구성되어 있다.
③ 지방은 가장 큰 열량 영양소로 1g당 9.4㎉의 열량을 갖는다.
④ 무기영양소 중 Ca과 P은 동물체의 50% 이상을 차지한다.

2. 돼지의 사료 무기물 중 철분과 구리의 주된 기능은 무엇인가?

① 골격대사와 피모형성 ② 치아형성과 성장발달
③ 헤모글로빈 형성과 빈혈증 예방 ④ 구루병 예방과 유즙합성

3. 돼지가 방목중 토양에서 섭취할 수 있는 영양소는?

① Ca ② P ③ I ④ Fe

4. 사료를 배합할 때 육성돈의 성장기에 Ca과 P의 적정 비율은 얼마인가?

① 1.0 : 1 ② 1.2 : 1 ③ 1.8 : 1 ④ 2.0 : 1

5. 돼지에서 요오드(I)의 결핍으로 유발하기 쉬운 증상은?

① 무모증과 갑상선증 ② 피부염과 각기병
③ 빈혈증과 후구마비 ④ 식욕부진과 신경경련

6. 다음은 돼지의 각 비타민 결핍증을 열거하였다. 틀린 것은?

① 비타민 A - 후구마비 ② 비타민 D - 골연증
③ 비타민 E - 불임증 ④ 바이오틴 - 구루병

7. 돼지에서 비타민 B_{12}에 관한 설명 중 틀린 것은?

① 항 빈혈인자로 알려져 있다.
② 성장중 결핍되면 성장저하와 피부병 등이 나타난다.
③ 임신돈은 생시체중과 산자수에 관여한다.
④ 건초, 밀기울 등에 많이 함유되어 있다.

8. 돼지에서 물의 중요성이나 기능을 설명한 것 중 틀린 것은?

① 산·염기를 조절한다. ② 영양소를 운반한다.
③ 에너지를 공급한다. ④ 체온을 조절한다.

정답 ☞ 1-④ 2-③ 3-④ 4-② 5-① 6-④ 7-④ 8-③

9. 돼지 120kg일 때, 여름철 1두당 음수량은 얼마인가?

① 18~20kg ② 24~30kg ③ 30~36kg ④ 36~42kg

[힌트] 여름철 돼지는 체중의 20~25%를 음수한다(24~30kg).

10. 무기물 중 아연(Zn)과 셀레늄(Se)의 주요 기능은 무엇인가?

① 구루병이나 피부병을 예방하는 기능을 한다.
② 생리활성화물질로 소화액 분비를 촉진한다.
③ 에너지대사의 균형을 유지한다.
④ 세포의 조직이나 막을 보호한다.

11. NRC 사양표준이란 무엇이며, 양돈 사양표준상에 나타나는 특이사항을 설명하시오.

12. 돼지에서 필요한 주요 비타민을 들고, 결핍증상을 설명하시오.

13. 돼지에서 단백질사료의 중요성에 대하여 설명하시오.

14. 돼지의 무기물 중 Ca과 P의 중요성과 배합비율을 설명하시오.

정답 ☞ 9-② 10-④

제 8 장 비육돈의 관리

1. 비육돈사에 따른 사육방식

시장 출하체중에 도달하였을 때 도축하여 식육생산을 이용할 목적으로 사육하는 돼지를 비육돈(肥育豚)이라고 한다. 비육돈의 사육은 슬러리(slurry) 또는 반슬러리 돈사에서 주로 사육하며, 톱밥발효상 사육 및 케이지 사육 방식으로 나누어 볼 수 있다.

(1) 슬러리 돈사

가장 일반적인 사육 방식으로 전체 또는 부분 슬롯(slot)을 한 것이 일반적이다. 자돈일 때는 플라스틱 베드(plastic bed)를 주로 이용한다.

[그림 8-1] 슬러리 돈사내부

(2) 발효상 돈사

이 돈사는 돈사바닥에 일정한 두께의 톱밥이나 왕겨를 채우고 호기성 발효미생물을 투입, 발효시킨 톱밥이나 왕겨 발효상 위에 돼지를 사육하는 것이다. 발효상(醱酵床)의 관리가 힘들고 계절별 생산성의 편차는 심하지만, 저렴한 시설비와 더불어 분뇨를 동시에 처리하여 우수한 유기질비료(肥料)로 이용할 수 있는 장점이 있다.

[그림 8-2] 발효상(톱밥) 돈사의 육성돈

① **완전 발효상 돈사**

바닥에서 60~100cm의 톱밥 또는 왕겨를 깔고 사육기간 중 발효를 위해 톱밥을 뒤집어 주거나 보충하며 수분조절을 위해 환풍(換風)을 시켜준다. 돼지는 청결성이 있어 한 곳에만 분뇨하는 습성 때문에 자주 뒤집기와 더불어 돈분을 흩어뿌려 주어야 한다.

② **반 발효상 돈사**

바닥에서 30~40cm의 톱밥을 깔고 사육기간 중 완전발효상과 같은 방식으로 발효상을 관리하고 출하후 전체 발효톱밥을 교체하고 바닥청소와 함께 소독하며 All in All out 시스템으로 관리해야 한다.

2. 비육돈의 영양과 비육

돼지 사료에는 라이신과 트레오닌이 부족하기 쉽고, 트립토판, 메치오닌 및 아이소류신은 비교적 적다. 지방은 에너지 공급과 몸 안에서 합성할 수 없는 필수지방산인 리놀레산, 리놀렌산 및 아라키돈산을 공급하기 위한 사료이다. 이들은 불포화지방산(不飽和脂肪酸, unsaturated fatty acid)으로 사료 중에 많이 함유할수록 좋다.

육성·비육돈에 대한 지방 사료 공급은 필수 지방산의 공급보다는 에너지원으로서의 가치를 더 중요하게 여긴다. 탄수화물은 사료 중에 가장 많이 들어있는 것으로서 돼지의 에너지원으로 이용된다. 특히 곡류사료나 배합사료에서 가장 값싸고 저렴한 에너지사료가 될 수 있다. 비타민은 영양소의 대사에 필수적인 성분으로 배합사료가 보급되면서 사료에 첨가해 주고 있다. 지용성 비타민 A, D, E, K는 몸 안의 지방에서 축적됨으로 쉽게 결핍되지 않으나, 너무 많이 주면 장애가 발생하므로 주의해야 한다. 그리고 필요한 무기물 사료는 칼슘·인·나트륨·염소·구리·철·마그네슘·유황·아연·망간·요오드 등이며, 칼슘과 인은 체내 무기물 중 75% 이상을 차지하고 있을 뿐만 아니라, 골격형성(骨格形成)과 같은 골격대사(骨格代謝)에 중요한 기능을 한다.

비타민 A와 D는 1930년대에 발견되면서부터 곡류사료에 첨가하여 주었으며, 1953년에는 항생물질(antibiotics)이 개발되어 사료에 첨가하여 급여 시험한 결과에서 성장률과 90kg도달일령 등에 양호한 성적(成績)을 나타낸 것으로 보고되어 왔다. 그러나 비타민 복합제, 생균제, 기타첨가제 등 사료첨가 사양시험으로 성장과 육질 등의 결과를 놓고 이들 첨가제의 지속적 사용여부에 관심을 모으고 있다.

우리나라에서는 110kg 전후의 돼지를 출하하지만 시장 출하체중은 양돈장에 따라서 시장 상황에 따라서 달라질 수도 있다. 돼지는 다른 어떤 포유동물보다 빠른 성장을 하는 장점이 있다.

<표 8-1> 포유동물의 생시체중과 성숙 체중 간의 비교

구 분	사 람	쥐	코끼리	돼 지
비율(배)	20	30	40	300

비육돈을 사육할 때는 단계별 사양으로 다음 사항에 초점을 맞춰야 한다.

돼지의 성장은 단시일 내에 시장출하 체중에 도달할 수 있도록 성장률(成長率)이 우수해야 하며, 도체에는 정육량(精肉量)이 많고, 지방층이 적절해야 하고, 사료효율성(飼料效率性)이 뛰어나고, 질병에 강한 개체군을 비육대상 육돈으로 사육해야 한다. 이러한 돼지가 도살 후 우수한 도체등급을 받아 농가의 소득을 향상시킬 수 있다.

(1) 영양수준과 비육

비육돈의 발육과 체조직의 발달은 사료의 영양수준과 상관성을 가지고 있다. 비육 전 기간 동안 단계별 영양수준이 비육돈의 육질과 성장에 많은 영향을 미친다. 성장초기에 고단백 고열량, 비육기에 고단백 고열량(①**고고형**)인 경우 발육속도는 빠르지만 도체에 지방이 많이 축적되어 소비자의 선호도가 떨어지며, 모두 저단백 저열량(②**저저형**) 사양은 비육기간이 너무 오래 소요되며, 사료효율이 불량해진다. 육성기보다 비육후기에 고단백 고열량(③**저고형**) 사양은 지방의 도체에 지방이 너무 축적되어 도체의 품질을 저하시킨다.

성장단계별로 적정사료를 급여하는 것은 돼지고기의 품질개선 측면뿐만 아니라 합리적인 경영에도 도움이 된다. 대부분의 양돈 농가가 속성비육을 목적으로 육성돈 사료를 출하할 때까지 급여하여 단기간에 돼지를 출하한다면 사료비의 낭비는 물론, 육질이 떨어지고 PSE 돈육 출현율이 높아진다. 일반적으로 생체중 30~60kg인 육성기까지는 영양수준을 높게 하고(고영양), 이후 비육기에는 영양수준을 낮게(저영양) 사양하는(④**고저형**) 경우가 가장 효과적이다. 이 고저형 사양(high and low level feeding)은 성장기에 사료섭취량이 적을 때 고영양 사료를 급여하므로 경제적으로 유리하고 비육후기에 사료섭취량이 많을 때 탄수화물사료를 많이 급여하면 도체품질면에서도 양호한 경향 이었다는 연구 보고가 있다. 특히, 사료의 에너지 함량이 높아지면 단위 체중당 사료섭취량이 감소하고 돼지의 성장률은 커지나 지방축적량의 증가로 적육도(積肉度)가 감소되는 것으로 알려져 있다.

다음은 여러 가지 사료 종류에 따른 비육돈의 사료배합 예를 4가지 들었다. 비육돈의 사료는 성장과 함께 비육에 초점을 맞춰 배합해야 하며, NRC사양표준에 따른 영양소 요구량을 결정하고, 배합비를 맞추고, 이러한 사료원료는 육질향상도 고려되어야 한다.

<표 8-2> 비육돈의 사료 배합(예)

(단위: %)

사료의 종류	예 1	예 2	예 3	예 4
감자와 고구마	10	40	10	40
쌀 겨	40	20	30	20
보 리	-	-	10	-
밀 기 울	20	20	20	20
쇄 미	20	-	-	-
대 두 박	-	10	10	-
임 박	-	10	10	10
어 분	10	-	-	5
분 유	-	-	10	5
단백질수준(%)	13.0	13.0	13.0	13.0

* 비육돈은 80~120kg 때의 사료배합과 단백질 수준임.

(2) 비육돈의 발육과 사양

비육돈은 주로 자돈기(仔豚期), 육성기(育成期) 및 비육기(肥育期)로 나누지만, 때로는 육성기와 비육기로 구분하기도 한다. 비육돈의 자돈기는 여러 기관이나 기능이 발달하는 중요한 시기이고, 육성기는 주로 뼈나 근육의 기초적인 발달이 이루어지는 시기이며, 비육기는 늘어난 근섬유 사이에 지방이 축적되는 시기이다. 이때는 지나친 고에너지사료로 근육내 지방이 축적되는 것을 지양할 필요가 있으며, 도체품질(屠體品質)로서 연도, 육색과 지방색 변화에 각별한 관리가 요구되는 시기이다. 그리고 돈체(豚體)부위별 발달과정을 보면, 처음에는 두부와 4지 중심으로 발육하고, 그 후에는 중구·후구 순으로 성장·발육하며, 또다시 허리 쪽으로 발달되어 근육이 발달하여 비육하게 되는 것으로 보고되어 있다.

<표 8-3> 비육돈의 발육과정

시 기	근육변화	체중변화(kg)	비 고(사료)
❍ 자돈기 (육성기)	-근섬유가 갈라진다. -근섬유가 굵어진다.	6~30미만	단백질사료
❍ 육성기 (비육전기)	-근육량이 증가한다. -근섬유 자체가 굵어진다.	30~60미만	단백질 + 에너지사료
❍ 비육기 (비육후기)	-근육내 지방이 축적된다.	60이상	탄수화물사료(제한사양)

비육돈은 생체중 30~60kg까지는 발육속도를 빠르게 하기 위하여 무제한 급여를 해도 과비(過肥)의 가능성은 적다. 이 시기 이후부터는 제한급여와 적정사양에 따라 관리하면 지방의 축적이 적어져서 도체의 품질을 향상시킬 수 있다. 제한급여의 경우 일당증체량의 저하와 시장출하 일령이 늦어지고 인건비가 증가되기 때문에 전 비육기간 동안 제한과 무제한 급여를 선택하여 급여하거나, 비육후기 때 적정 사양프로그램을 적용하여 사육하면 우량한 비육돈을 육성하여 우량한 개체로 출하할 수 있다.

<표 8-4> 비육돈의 체중별 1일 표준 사료급여량

(단위: kg)

구 분	2개월	3개월	4개월	5개월	6개월	7개월	8개월	비고
-표준체중	15~25	30~40	45~55	65~75	85~95	100~120	120~140	-
-사료급여량	0.7~2.0	1.2~1.5	1.7~2.0	2.2~2.5	2.5~2.8	2.8~3.0	3.0~3.5	-

* 표준체중별 사료급여량을 표시하였으나, BCS상태에 따라 가감하여 급여할 수 있다.

비육돈의 효과적 육성방법으로는 몇 가지 비슷한 방법이 있으나, 양돈농가에서는 단계별이나 기별사양을 매우 중요시하여 관리하고 있다.

첫째는, 비육 1단계로 육성기(育成期)라고 할 수 있는데, 이때는 돼지의 몸 조직이 발달하는 시기이므로 성장과 체중증가에 필요한 단백질, 지방질, 탄수화물 등 단백질 사료와 에너지사료 급여에 중점을 두고 사양해야 한다. 둘째는, 비육 2단계로 비육전기(肥育前期) 또는 중기라고 부르며, 돼지의 성장과 함께 사료효율 개선에 주안점을 두고 관리해야 하며, 셋째는, 비육 3단계로 비육후기(肥育後期)에 해당됨으로 도체품질과 육질 개선이나 향상에 관여하는 사양법으로 관리해야 하는데, 특히 값비싼 단백질사료는 피하고 탄수화물사료에 역점을 두고 급여해야 한다.

<표 8-5> 비육기간의 구분변화

1979년 사양표준	체중(kg)	1988년 사양표준	체중(kg)	1998년 사양표준	체중(kg)
육 성 기	20~ 25	육 성 기	20~ 50	육 성 기	20~ 50
비육전기	35~ 60	비 육 기 (전기+후기)	50~110	비육전기	50~ 80
비육후기	60~100		-	비육후기	80~120

* 보통 5~20kg미만을 자돈기(仔豚期)로 구분하기도 한다.

[그림 8-3] 육성기(좌)와 비육기(우)

돼지의 체중별 화학적 조성분을 보면, 어린돼지일수록 수분(水分)과 단백질함량(蛋白質含量)이 높고, 체중이 증가할수록 지방함량(脂肪含量)이 월등히 높은 것으로 나타나고 있다.

비육돈은 쾌적한 환경을 유지시켜 주는 것이 1일 평균 증체량을 늘리는 길이다. 더위와 추위는 사료섭취량과 발육에 크게 영향을 끼치는데, 더우면 식욕이 떨어지고 추우면 사료섭취량은 증가하게 된다. 비육돈사의 적정온도는 15~18℃로 돈사의 기온이 5~10℃인 경우에는 10~20%의 사료를 더 많이 섭취하여 에너지를 보충해 주어야 한다.

<표 8-6> 돼지의 체중별 화학적 조성분

(단위: %)

생체중(kg)	수 분	단백질	지 방	무기물	비고(kcal/100g)
❍ 15~ 20	67.5	17.5	11.7	3.3	211
❍ 20~ 40	62.0	16.6	17.9	3.4	261
❍ 40~ 60	54.6	15.6	26.7	3.0	344
❍ 60~ 80	47.8	13.5	36.0	2.6	416
❍ 80~100	41.6	12.6	43.5	2.2	481
❍ 100~120	35.0	10.9	52.2	1.9	553

* 여러 연구자의 결과를 평균한 값임.

<표 8-7> 비육돈방의 적정 사육온도

구 분	이유돈사 (30kg)	비육육성돈사 I (30~50kg)	비육육성돈사 II (50~100kg)	비육성돈사 (100kg)
온도(℃)	25~28	20~25	18~20	15~18

비육된 돼지가 약 110kg이 되면 출하하게 되는데, 도체등급 결과에 따라 지육 kg당 가격이 결정된다. 이러한 돼지도체등급은 1^+, 1, 2등급과 등외 등급으로 구별되는데, 우선 외관상 특징을 파악하고(비육상태, 삼겹살상태, 지방부착상태), 육색도(肉色度), 지방색(脂肪色), 지방침착도(脂肪沈着度), 조직감(탄력성, 彈力性) 등을 조사하여 판정한다. 이때 육색도와 지방색은 No.1~No.7까지의 범위의 값을 취한다. 육색도는 No.3~No.5가 양호한 개체(1^+, 1)이며, 너무 흰색에 가깝거나 진한 적색에 가까우면 좋은 평가를 받지 못한다. 그리고 지방색은 No.2와 3까지는 우량한 도체평가(1^+등급)를 받고 있다. 또한 지방침착도(근내지방도)는 마지막 늑골부와 첫째 요추 사이의 등심을 절단하여 단면적이나 근내지방도를 측정하게 되는데, 지방침착도(marbling score, No.1~5)가 많을수록 높은 평가를 받고 있다. 1^+등급은 No.4와 No.5의 지방침착도가 있어야 하며, 1등급은 No.2와 3이 많은 경향이 있다. 그리고 2등급은 지방침착도가 No.1에 해당된다고 볼 수 있다.

<표 8-8> 돼지 출하 도살체중의 연도별 변화

(단위: ㎏)

연 도	1990	1992	1994	1996	1998	2000	2005	2010	2015
생체중	90	93	96	100	104	105	108	110	115

(3) 일당증체량과 사료요구율

일당증체량과 사료섭취량은 돼지의 성장과 효율을 측정하는 중요한 요소들이다.

돼지의 비육에 일당증체량(日當增體量, daily gain)과 사료요구율(飼料要求率, feed conversion)은 모두 수익성과 직결되는 것으로 이들 두 형질 간에는 고도의 상관관계(相關關係)가 있는 것으로 보고되어 있다. 비육돈의 일당 사료섭취량과 일당증체량은 모두 체중이 증가되면 많아지는 경향이 있으나, 각 시기별로 사료섭취량의 증가에 따라서 반드시 정비례하여 일당증체량이 증가하는 것은 아니다. 비육 말기로 갈수록 돼지는 비경제적인 증체를 하게 되어 사료효율을 저하시킨다.

비육돈에서 사료요구율은 일정기간의 사료섭취량을 증체량으로 나누어 계산하는데(사료섭취량/체중증가량), 사료요구율이 낮을수록 경제적이며 유리한 결과를 가져온다. 이러한 성향을 파악하고 분석하는데 중요한 도구로 쓰임에 따라 사료요구율 계수를 비교하게 된다. 보통 우리나라의 양돈 사료요구율은 2.50~3.00범위의 값을 갖는데, 품종 또는 교배조합별로 다소 차이가 있다.

<표 8-9> 돼지 순종품종별 일당증체량과 사료요구율 비교

구 분	Landrace	Yorkshire	Duroc	Hampshire	평 균
- 일당증체량(㎏)	0.87	0.88	0.92	0.85	0.88
- 사료요구율	2.68	2.65	2.60	2.80	2.68

주) 1. 공인능력검정소의 종모돈 능력검정(90㎏) 성적의 평균값이다.
2. 일당증체량과 사료요구율은 품종간 모두 유의적 차이($p<0.05$)를 보였다.

(4) 사료와 육질

육질(肉質, meat quality)에 좌우되는 요인으로는 여러 유전자, 환경 등이 작용하는가 하면 사료 종류나 급여 방법에 따라서도 많은 차이가 있는 것으로 보고되고 있다. 또한 사료의 종류에 따라 지방취(脂肪臭)나 풍미(風味, flavour)에 영향을 미치므로 양질의 고기를 생산하려면 품종선택에서 사료급여까지 각별한 사양관리가 요구된다.

<표 8-10> 경지방 사료와 연지방 사료의 분류

구 분	사 료 명
- 경지사료 (硬脂飼料)	보리, 밀, 호밀, 연맥, 고구마, 감자, 면실박, 야자박, 잔반, 사탕수수, 탈지유, 보릿겨
- 연지사료 (軟脂飼料)	아마인박, 어분, 어분박, 낙화생박, 누에번데기, 대두박, 탈지강, 쌀겨, 채종박, 옥수수

* 지방질사료는 사료내 지방이 15%이상 함유한 것을 말함.

특히 사료에 대두박, 쌀겨, 어분박 등의 배합비를 높이거나 지나친 유지첨가 등으로 성장과 비육 중 칼로리가 너무 높아 급속 비육효과시 많이 나타나는 현상으로 연지돈육(軟脂豚肉)이 생산된다. 연지방고기를 생산하게 되면 용해점(溶解點)이 낮아서 저장용이나 가공용으로 생산할 때는 출하전 4~8주전부터 경지방 사료를 급여하여 사육하는 것이 바람직하다. 일반적으로 연지방을 생산하는 고기는 불포화지방산(unsaturated fatty acid)이 많이 함유되어 고급지방산으로 취급하나 너무 지나치면 굽거나 씹을 때 조직감이 떨어지는 경향을 보이고 있다. 지방산 중 불포화지방산은 필수지방산이 많이 포함되어 있으며, 특히 올레인산(oleic acid, $C_{18:1}$)은 불포화지방산으로 맛(taste) 또는 풍미(flavour)를 결정하는 중요한 지방산으로 알려져 있다.

<표 8-11> 배합사료 원료별 증체와 육질평가

구 분	옥수수	보리	밀	단백질 함량
- 일당증체량(g)	752	731	730	◦ 옥수수 10~12% ◦ 보리 11~13% ◦ 밀 13~15%
- 사료요구율	2.98	3.30	3.00	
- 지방융점(℃)	36.8	38.8	38.2	
- 경도(㎏/1.27㎠)	27.2	34.0	31.0	
- 도체 외관선호도(1~3점)	1.99	2.01	2.00	
- 관능검사(1~3점)	1.93	2.03	-	

* 선호도, 관능검사 등은 낮은 것 1점에서 높은 것 3점까지 부여하여 평가한 점수임.

비육돈 후기 사료급여 결과의 상기 표에 따르면 보리위주의 배합사료(配合飼料)는 옥수수 위주의 배합사료로 급여한 사료보다 증체량이나 사료요구율 등에서는 모두 감소하는 성적을 보였으나, 경도(조직감)면에서는 다소 높아 단단한 고기를 생산하는 것으로 보고되고 있다. 그리고 도체외관이나 관능검사에서는 옥수수 급여구보다 보리 급여구에서 다소 양호한 성적을 보여 양돈사료 배합에는 보리 등과 같은 맥류위주의 배합이 되도록 하여야 할 것이다.

돼지는 사육자가 제공하는 사료만 섭취해야 하기 때문에 배합사료의 원료 사료의 종류, 영양수준, 급여방법 등에 따라 몸 조성에 영향을 받는다. 특히 도체외관에서 지방부착 상태와 지방색 및 지방 부착정도에 따라 도체등급(屠體等級)은 달라진다.

<표 8-12> 지방색과 사료원료에 따른 육질평가

지 방 색	융점(℃)	원료사료 종류	육질평가
1. 굳은 백색지방	45~50	보리(맥류), 밀기울, 고구마, 감자, 목초, 전분, 근채류	우수 품질돈육
2. 중간 황백색지방	30~35	탈지미강, 옥수수, 콩, 콩깻묵	보통 품질돈육
3. 연한 황색지방	20~30	쌀겨, 어분, 유채박, 생선	보통이하 품질돈육

우수 등급을 받기 위해서는 목초류, 근초류나 고구마류 및 밀기울, 보릿겨 등 강피류 원료사료는 조섬유의 함량이 많아 체내에서 지방의 축적을 줄이고 지방도 굳고 백색이면서 융점이 높은 경지방(硬脂肪) 돼지고기의 생산에 필수적이다.

<표 8-13> 라이신 및 루신의 수준별 근내지방도 비교

구 분 \ 라이신 / 루 신	0.5%				0.7%			
	1%	2%	3%	평균	1%	2%	3%	평균
- 근내지방도(5)	2.7	3.7	4.0	3.47	2.5	1.8	1.8	2.03
- 개시체중(kg)	73.5	73.5	73.1	73.40	73.0	72.9	73.4	73.10
- 증체량(kg)	1.07	1.20	1.20	1.16	1.16	1.21	1.15	1.17
- 경도(kg/1.27㎠)	2.3	2.5	2.7	2.50	1.8	2.0	2.2	2.00

<표 8-14> 재래돼지의 성별 육질특성 비교

구 분	수 컷	암 컷	평 균	유의수준
① 등지방두께(㎜)	20.10±4.79	20.69±2.97	20.98±4.31	없음
② 육색도(1-7)	3.64±0.98	3.54±1.06	3.61±1.00	없음
③ Hunter L*(명도)	38.26±3.83	37.87±3.75	38.14±3.80	없음
a*(적색도)	4.72±1.66	4.59±1.64	4.68±1.65	없음
b*(황색도)	6.10±1.18	5.91±1.25	6.04±1.21	없음
④ 근내지방도 (Marbling score 1-5)	3.29±1.29	3.50±1.35	3.36±1.31	있음(p<0.05)
⑤ pH u	5.62±0.14	5.58±0.11	5.61±0.13	있음(p<0.05)

주) ① 비육돈의 등지방두께는 평균 1.5~2.5㎝ 수준을 나타내고 있다.
② 육색도(visual colour)는 짙은 적색은 7에서 백색은 1의 값이다.
③ Hunter L*값(CIE값)은 명도 값으로 비육돈 평균 4.0~6.0 범위 값이다.
a*값은 적색도 값으로 비육돈 평균 3.0~12.0 범위 값이다.
b*값은 황색도 값으로 비육돈 평균 3.0~10.0 범위 값이다.
④ 근내지방도(marbling score)는 미국, 일본, 우리나라 모두 5등급으로 축산물품질관리원 육색도 표준에 따라 많으면 5점, 적으면 1점을 부여한 값이다.
⑤ 산도(pH)는 도살후 1시간(pH_1), 24시간(pH_{24}), 그리고 최종산도(pHu) 등으로 표시하고, 그 값은 5.50~6.60 정도이다.

비육할 때 또 하나의 중요한 것은 아미노산 수준이라고 할 수 있다. 아미노산 영양소 수준에 따라 근내지방도(筋內脂肪度)에 영향을 미치는 것으로 조사되었다. 그리고 「라이신은 낮고 루신은 높은 처리구」가 돈육의 근내지방도가 높은 것으로 나타났는데, 이와 같이 아미노산 중 라이신과 루신은 양돈영양소로서 중요한 근육내 지방축적(脂肪蓄積)에 관여하는 것으로 보고되고 있다.

연 습 문 제

1. 비육돈을 사육할 때, 비육목표라고 볼 수 없는 것은?
   ① 성장률이 뛰어나서 출하일령이 단축되어야 한다.
   ② 돼지의 등지방층이 얇을수록 좋다.
   ③ 정육내 지방색이 백색일수록 우수하다.
   ④ 등심의 근내지방 축적이 많을수록 양호하다.

2. 비육돈의 성장기에 저영양소와 비육기에 고영양소로 사양할 때 나타나는 특징 중 올바른 것은?
   ① 비육기간이 너무 길어진다.　　② 고기의 품질이 양호해진다.
   ③ 지방축적이 높아진다.　　④ 사료비가 경제적이다.

3. 비육돈의 육성기(育成期)는 보통 체중을 얼마로 구분하는가?
   ① 20~30kg　② 30~60kg　③ 50~70kg　④ 60~90kg

4. 육성기 때 올바른 비육방법은 무엇인가?
   ① 단백질사료 수준을 낮춰 급여한다.
   ② 에너지사료 수준을 높여 급여한다.
   ③ 에너지보다는 단백질 수준을 높여 급여한다.
   ④ 지방질과 탄수화물 사료를 많이 급여한다.

5. 돈육 중 경지방을 생산하는 사료가 아닌 것은?
   ① 보리와 밀　　② 호밀과 고구마
   ③ 보릿겨와 면실박　　④ 야자박과 어분

6. 다음 사료 중 단백질함량이 가장 높은 것은?
   ① 옥수수　② 보리　③ 밀　④ 대두박

7. 비육돈방(성돈)의 적정 사육온도는 얼마인가?
   ① 22~24℃　② 20~22℃　③ 18~20℃　④ 15~18℃

8. 황색지방육을 생산하는 사료끼리 짝지어진 것은?
   ① 쌀겨와 감자　② 쌀겨와 어분　③ 어분과 보릿겨　④ 옥수수와 전분

9. 비육돈의 올바른 단계별 사양방법을 설명하시오.
10. 지방산 사료에서 포화지방산과 불포화지방산의 특징을 비교 설명하시오.
11. 경지방 고기와 연지방 고기의 차잇점은 무엇인가?
12. 일당증체량과 사료요구율의 올바른 정의와 활용법을 설명하시오.
13. 우리나라 비육돈의 출하일령, 출하체중, 일당증체량, 사료요구율은 각각 얼마 정도인가?

정답 ☞ 1-② 2-③ 3-① 4-③ 5-④ 6-④ 7-④ 8-②

제 9 장 번식돈의 관리

1. 번식돈사에 따른 사육방식

번식돈(繁殖豚)의 사육방식은 사육 돈사에 따라 군사육과 개별사육으로 크게 두 가지로 나뉜다. 그리고 번식돈의 성장이나 관리방법 등에 따라 번식육성돈, 발정돈, 임신대기돈, 임신돈, 분만돈 등 다양한 방법에 따라 번식돈을 관리하고 있다.

(1) 군사육

후보돈 및 이유 어미돼지에 대하여 실시하는 방법으로 비육돈의 군사육(群飼育)과 같이 부분적인 슬롯(slot)방식이 주류를 이루지만 농장의 상황에 따라 흙바닥에서 사육하거나 방목(放牧)과 방사(放飼)를 하기도 한다. 이때 관리는 동일성격의 돼지를 관리하기 때문에 편리성이 도모되고, 방사와 방목을 통하여 돼지에게 부족한 미량원소(철, 구리, 아연 등)를 토양으로부터 섭취할 수 있는 이로운 점을 얻을 수 있다.

(2) 개별 사육

임신한 어미돼지의 사육 방식으로 1개의 스톨에 1마리의 임신돈을 수용하여 개체관리(個體管理)하며 사육한다. 이 스톨사육은 분만 모돈관리의 효율성과 자돈관리의 편리성을 도모하는데 효과적이다. 특히 개별사육은 임신돈이나 임신확인돈, 종돈 등 개체관리(個體管理)에 역점을 두고 관리하기 때문에 관찰이 용이하고, 세심한 개체의 특성을 파악하기에는 매우 좋은 장점을 가지고 있으나 공간확보, 건축상 비용 등이 경제적 문제점으로 지적할 수 있다. 이러한 문제점을 보완하여 사육하는 방법으로 군사육보다는 작은 규모로 2두에서 5두미만의 임신돈 또는 수정돈을 관리하는 경우도 있다.

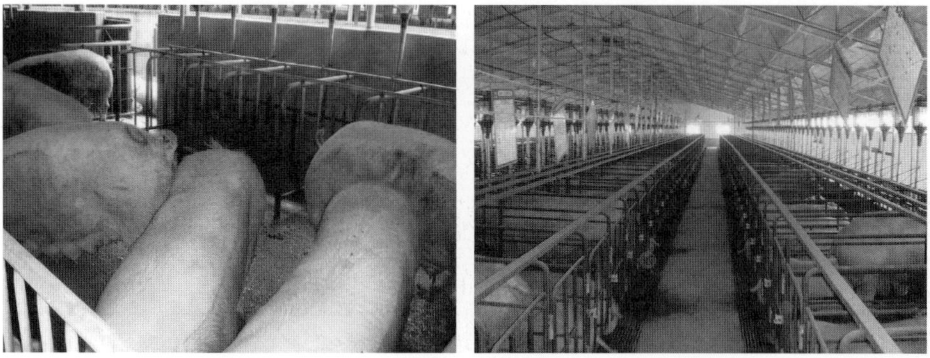

[그림 9-1] 군 사육(좌)과 개별 사육(우)

2. 번식돈의 성장과 영양

임신기간 중인 번식돈의 영양(營養)과 관리(管理)는 산자수, 자돈의 생시체중과 육성률 등에 커다란 영향을 주기 때문에 매우 중요하며, 무엇보다도 질적으로 균형된 사료를 주는 것이 필요하다. 임신돈 초기로서 교배 후 3일간은 수정란의 생존율을 높이기 위하여 사료는 비교적 적게 2kg정도 급여하는 것이 바람직한 것으로 조사되었다. 또한 임신 전반기 60~80일 간은 번식돈의 생활사 중에서 가장 긴 일종의 휴양기(休養期)라고 할 수 있으므로 경제적인 사료로 사육하는 것도 필요하다.

임신기간 중 모돈의 체중은 임신 2개월부터 급격히 증가하게 되며, 따라서 영양소요구량도 증가하게 된다. 따라서 임신 후 처음 80일 간을 임신 전기, 그 후 분만까지 35일간을 임신 후기로 구분하여 번식돈을 사양하는 것이 편리하다. 임신 전기에는 태아가 아직 크지 않기 때문에 모돈의 경제적인 사양이 가능하다. 번식돈은 각 단계별로 요구되는 각종 영양소를 충분히 공급할 수 있도록 사양표준이 제정되었으며, 각종 영양소의 과부족이 없도록 급여해야 한다. 특히, 성장 초기에는 체성장, 번식기관 등 번식과 관련된 조직발달을 위하여 단백질 공급에 유의하여 관리해야 한다.

<표 9-1> 번식 및 비유에 필요한 단백질 및 에너지요구량[1)]

구 분	단백질(건물중 %)	대사에너지(ME, kcal/kg건물)
유 지	13	3,300
성 장	20(15.5~26.0)	3,350~3,300
번식(임신)	12(12.0~12.9)	3,200
비유(포유)	17(16.3~19.2)	3,300

주) 1. NRC 사양표준 중 번식 및 비유에 필요한 영양소 요구량
2. 성장단계별 단백질수준은 5~10kg때는 24%, 80~100kg때는 13%로 하고 있다.

농장의 적정 산차구성(産次構成)은 매우 중요한 경영관리이다. 모돈의 번식능력 향상을 위해서는 3산차에서 5산차 보유 모돈에 달려있다고 볼 수 있다. 따라서 가급적 3~5산차 모돈을 많이 사육하고, 1산차 모돈 비율은 18~22% 수준을 유지하며, 낮은 산차의 모돈은 가급적 도태율을 낮추는 것이 바람직하다. 그리고 모돈 갱신율은 보통 30~40% 범위 내에서 조절하는 것이 좋다.

<표 9-2> 모돈의 적정 산차구성

(단위: 두, %)

구 분	1산	2산	3산	4산	5산	6산	7산	8산 이상	계
모돈수	95	78	83	52	75	57	32	28	500
비 율	19.0	15.6	16.6	10.4	15.0	11.4	6.4	5.6	100
적정비율	18~22	16~20	15~19	14~17	13~16	10~15	10% 이내		-

* 모돈 500두 양돈장의 적정 산차구성의 예를 표시한 것임.

3. 번식돈의 관리

후보돈(候補豚)은 정상적인 임신돈 관리단계로 이동하기 위해서는 크게 두 가지 사항을 잘 관리해야 한다.

첫째는, 도입계획을 먼저 세워야 한다. 모돈 갱신율은 연간 약 30~40%(월 3~5%선)를 이상적으로 보고 있으나, 농장 간에 다소 차이가 있다. 후보돈의 도입계획은 최소 6개월 전에 세워져야 하고, 가급적 연간 단위로 일정한 동일농장에서 도입하는 것이 바람직하다.

둘째는, 90kg의 후보돈을 입식한다. 후보종돈은 90kg 정도 되면 약 150일령이 된다. 이때 입식을 하게 되는데 군사돈방 수세(水洗)는 물론 소독도 철저히 해야 한다. 입식시에는 개체도 철저히 소독시켜야 하고, 후보돈사로 격리 수용시켜야 한다. 그리고, ① 군사돈방 수세 및 소독(消毒) 실시, ② 급수시설 점검, ③ 후보돈 개체소독, ④ 후보 돈사로 격리수용, ⑤ 이표확인 및 부착, ⑥ 이동당일 사료절식과 급수, ⑦ 현황 전산입력 등을 확인하고 관리해야 한다.

☞ 후보돈 상시 사육두수는 모돈수의 10~15%가 적정하다.

(1) 종부 전 사양관리

젖을 뗀 어미돼지는 빠른 발정재귀(發情再歸)를 위하여 강정사양(flushing)을 해야 한다. 강정사양을 위하여 1일 사료 급여량을 보통보다 10% 증량하고, 영양제나 보조 첨가사료를 급여하여 모돈의 발정을 촉진하고 영양상태를 양호하게 회복시켜야 한다. 이러한 양호한 상태를 유지시켜야 배란율이 높아지고, 발정 재귀일이 단축되기 때문이다. 이와 같이 모돈의 몸 상태를 파악하여 모돈의 생산성을 알기 위해서는 여러 가지 척도 중에서 모돈의 체지방을 측정하여 번식능력을 측정하는 보디 컨디션 스코어링(body condition scoring, BCS)이 평가법으로 쓰인다. 이것은 유럽에서 많이 이용되는데, 모돈의 체지방 침착 상태를 모돈의 후구 관골돌기를 엄지손가락으로 촉진하여 1~5점(5등급)으로 측정 분류하여 평가하는 일종의 모돈 관리기법(管理技法)이라고 할 수 있다.

모돈 골반 부위의 관골돌기를 엄지손가락으로 1초 만에 촉진되면 1점, 2초 만에 촉진되면 2점, 3초 만에 촉진되면 3점 등의 방법으로 각각 평점을 구분하는 평가법으로 [3점] 전후의 점수를 얻으면 모돈으로서 번식기능이 양호하다고 보는 영양상태 평가법이다.

<표 9-3> 보디 컨디션(BCS)에 따른 이유모돈의 체평점과 번식장애 관련성

평 점 (평가)	골반상태	후구영양상태	등지방두께 (㎜)	번식장애 진단
1 (야윔:불량)	골반이 꼬리뼈까지 심하게 움푹 들어감	매우 야윈 상태	15.0	유발한다
2 (보통)	움푹 들어간 골반부위가 다소 적음	야윈 상태	16.0	유발가능성이 높다
3 (양호)	골반부위가 움푹 파이게 보이지 않으며, 살이 붙어있음	양호한 상태	18.0	유발가능성이 없다(정상번식)
4 (비만)	골반부위에 적당히 살이 붙어 있음	살쪄 비만상태	21.0	유발가능성이 높다
5 (과비:불량)	골반전체가 뚱뚱히 비만되어 있음	매우 살찐 비만상태	25.0	유발한다

주) 1. 보디컨디션스코어링(body condition scoring; BCS)은 이유모돈에서 골반부위의 관골돌기를 엄지손가락으로 1초만에 촉진되면 1점부터 5초만에 촉진되면 5점으로 평가하는 방법이다.
2. 모돈의 BCS는 「3±0.5」 점은 정상적 범위로 번식이상이 없을 것으로 평가한다.

<표 9-4> 종부사 관리 프로그램

<table>
<tr><th>구 분</th><th>내용(대상)</th><th colspan="9">구체적 관리사항</th></tr>
<tr><td rowspan="3">○ 핵심관리
(사료급여)</td><td>• 후보돈</td><td colspan="9">- 사료 2.0kg/1일·1회 급여하되 체중에 따라 증감
- 내·외구충제 투여
- 백신프로그램 적용함</td></tr>
<tr><td>• 이유모돈</td><td colspan="9">- 경산돈은 포유돈사료를 7일간 무제한 급여함
(단, 1산차모돈은 10일간 무제한급여)
- 발정이상돈은 격리 관리함(단, 임신돈사료로 제한급여)
(BCS 2.5=2.5kg, BCS 3.0=2.0kg을 기준하여 증감)</td></tr>
<tr><td>• 이상돈</td><td colspan="9">- 무발정 및 문제돈(도태 여부를 결정한다)</td></tr>
<tr><td rowspan="4">○ 종부후
관 리</td><td>• 당일</td><td colspan="9">- 모돈상태와 발정상태 확인하여 지연돈 및 인공수정 곤란돈은 자연교배를 유도한다.</td></tr>
<tr><td>• 2~90일</td><td colspan="9">- BCS에 따라 사료조절(순종 F_1=BCS 3.0기준, 잡종= 3.2기준)
- 사료조절은 매주 1회 이상 실시한다.</td></tr>
<tr><td>• 91~109일</td><td colspan="9">- 태아 성장기를 고려(순종과 F_1=BCS 3.5기준, 잡종=3.2기준)
- 사료조절은 매주 1회 이상 실시한다.</td></tr>
<tr><td>• 분만5일전</td><td colspan="9">- 분만 5일 전부터 감량하고 예정일은 절식한다.</td></tr>
<tr><td rowspan="2">○ 구 충</td><td>• 외부구충</td><td colspan="9">- 제조액(물 100L+벤젠 250ml+강옥도 4병+알파킬 100ml)
- 세바실, 벤젠+강옥도, 네구본, 이보멕 접종 등</td></tr>
<tr><td>• 내부구충</td><td colspan="9">- 린탈, 이버멕틴, 이보멕 접종 등</td></tr>
<tr><td rowspan="2">○ 모돈백신</td><td>• 75일령</td><td>80
일령</td><td>85
일령</td><td>90
일령</td><td>95
일령</td><td>100
일령</td><td>75
일령</td><td>-</td><td>-</td><td>-</td></tr>
<tr><td>• AR 1차</td><td>T/R
1차</td><td>PED
1차</td><td>AR
2차</td><td>T/R
2차</td><td>PED
2차</td><td>내·외
구충제</td><td>-</td><td>-</td><td>-</td></tr>
<tr><td rowspan="2">○ 후보돈
백 신</td><td>• 150일령</td><td>170
일령</td><td>170
일령</td><td>180
일령</td><td>190
일령</td><td>200
일령</td><td>205
일령</td><td>210
일령</td><td>215
일령</td><td>220
일령</td></tr>
<tr><td>• HE 1차</td><td>HE
2차</td><td>구충</td><td>구제
역</td><td>PED
1차</td><td>PPV
1차</td><td>AR
1차</td><td>AR
2차</td><td>PED
2차</td><td>PPV
2차</td></tr>
</table>

주) 1. 계절백신 ① HE 2ml 접종(매년 3, 6, 10월 웅돈)
② 일본뇌염 1.5ml 접종(매년 4월초, 5월초 모돈, 웅돈, 후보돈)
③ PED는 농장 상황에 따라 실시함.
2. 팀장의 역할
① 휴무자 대체관리, 전산 및 직원 사양관리 교육, 축사관리, 1일 2회이상 순회 관찰, 환돈발생 치료와 대책, 사료확인 등을 조사후 문제점 처리
② 건물과 화재 안전성 정기 및 수시 점검.

(2) 임신기의 사양관리

임신돈의 초기관리는 안전성 유지로 착상률(着床率)을 높이고, 교배일령별로 배치하고, 21일을 전후하여 재발정(再發情, reheating)을 확인해

야 한다. 임신초기에 태아사망률은 25~30%로 임신 전(全)기간 동안의 태아사망률이 50%이상이 되며, 이런 때는 재발정이 좀 늦은 24일령 후에 오는데, 이것은 종부 후 4~12일 이내에 수정란이나 배아가 자궁 내에 흡수 또는 사멸되기 때문으로 사료된다. 특히 종부 후 4주령까지는 수정된 난자가 자궁에 착상하는 시기이므로 모돈에게 스트레스를 최소화하고 안정이 절대적으로 필요한 시기이다. 그리고 교배 후 착상일 전에는 과대한 사료급여로 모돈의 과비(過肥)가 생겨 태아생존율이 저하되고, 산자수가 감소하는 경향을 보인다. 그리고 비만으로 분만장애, 자돈체중미달 등을 가져올 수 있으므로 과도한 영양관리는 피하고 탄수화물사료나 녹사료를 급여하여주는 등 적절한 제한사양(制限飼養)이 요구되는 시기이다.

임신중기관리는 종부 후 30일 이후에는 초음파진단기로 임신여부를 진단하여 불임개체를 찾아내야 하며, 수정 후 3회 이상 재발정이 계속되는 개체는 도태처리하는 것이 경제적으로 유리하다. 이후 사료 급여량 조절과 함께 방목장이나 운동장에서 합사(合飼) 또는 군사(群飼)로 운동을 충분히 시켜야 한다. 그리고 말기관리는 개체별 영양상태에 따라 사료급여량을 조절해야 하고, 분만 2주 전에는 내·외부 구충제를 투여한 후 분만 5~7일 전에는 분만사로 이동시켜야 한다.

사료는 체중 150kg의 초산돈 2.5~3.0kg 정도, 경산돈 2.5~2.8kg 정도의 사료를 개체 상태에 따라 급여하며, 임신사의 적정온도인 15~18℃를 유지해 준다. 임신 후반기에는 분만 2~3일 전부터 2~2.5kg으로 감량 급여하여 복부의 팽대감을 줄이고 체지방의 축적을 피하여 난산(難産)을 예방할 뿐만 아니라 모돈의 연산성을 향상 시킬 수 있다. 임신돈 사료의 단백질 함량은 약 12%에 맞춰 사양하고, 과비(過肥)되지 않도록 제한급여(制限給餌)하는 것이 좋다.

모돈의 영양상태 측정은 각 단계별로 적정한 사양관리를 하기 위해서 실시하며, 이때 모돈의 영양상태에 따라 사료급여량이 조절되는데, 임신단계별 영양상태 평가에 따라 사료급여량도 조절되어야 한다. 체평점이 3.0이면 표준 2.3kg의 사료를 급여하며, 체평점의 높낮이에 따라서 사료

급여량을 조절하여 준다.

<표 9-5> 임신돈의 체평점에 따른 사료급여량(예)

단 계	평 점			비 고
	2.5	3.0	3.5	
급여량(kg)	2.4	2.3	2.0	개체에 따라 증감

주) 1. 임신4주령시 영양상태에 따른 체평점을 측정한다.
2. 체평점이 3.5상태이면 분만 3일전부터 평소 급여량보다 매일 0.5kg 감량 급여한다.
단, 3.5이상 넘으면, 분만 1주전부터 평소 급여량보다 매일 0.5kg 감량 급여한다.
(최대 사료급여량은 2.0kg 이내로 제한사양)

임신돈은 크게 3단계로 나누어 중점관리하는데, 임신초기에는 수태성공률, 중기에는 재발정과 사료량, 그리고 말기에는 개체관리와 분만사 입실관리 등으로 볼 수 있다.

<표 9-6> 임신돈의 중점 관리사항

초기(교배일~30일)	중기(30~80일)	말기(80~107일)
- 안정유지로 착상률 확보	- 2차 재발정확인 및 조치	- 개체별 사료급여량 조절
- 스톨사 청소 및 점검	- 사료급여량 조절	- 허약돈 개체관리
- 교배 일령별로 배치	- 이상돈 확인 및 조회	- 분만 2주전 내·외 구충
- 18~24일째 재발정 확인	- 체 평점관리	- 분만사 입실준비(7일 전)

최근 연구자들의 보고에 따르면, 등지방두께는 차기 임신 후 많은 영향을 미치는 것 보다는 지방축적(脂肪蓄積)이 낮으면 번식효율이 저조해지는 것으로 보고되고 있다(Grill, 2007).

<표 9-7> 분만직전 모돈의 등지방두께가 생산성에 미치는 영향

분만직전 등지방두께(mm)	포유기간중 사료섭취량(kg)	포유기간중 등지방감소(mm)	차기 실산자수(두)
- 17 이하	6.0	1.9	11.8
- 17~21	5.9	3.0	12.1
- 21 이상	5.7	4.6	11.1

<표 9-8> 분만사 관리 프로그램

구 분	세부관리 사항 및 내용
❍ 임신돈 입식당일	• 약욕 및 내·외 구충 • 사료 절식(0.3~0.4㎏ 급여)
❍ 입식 1일~분만5일전	• 초산 ± 3.0㎏, 경산 ± 4.0㎏을 기준하여 증감한다.
❍ 분만 5일전~분만1일	• 사료량을 감량하여 분만당일 절식
❍ 분만 1~6일	• 1일 1㎏씩 증량(모돈 BCS에 따라 증감)
❍ 분만당일 및 1일	• 겐타마이신 0.5㎖, 가나비강 경구투여, 이각, 제대, 단미, 절치, 옥시토신, 자궁세척(베타딘) 등. • 체중 선별 및 양자관리
❍ 분만 2~5일	• 3일째 철분제 보충주사(1차) • 거세(3일째) • 양자관리(2차 가능)
❍ 분만 7일	• 입질사료(pre-starter) 급여 • 10일 전·후 철분제(2차)
❍ 분만 15일	• 모돈 HE·PPV 접종

주) 1. 이유전 모돈은 FMD 주사 실시
2. 설사자돈과 모돈은 비슷한 일령으로 교체포유(3, 4, 5산)함.

(3) 비유기의 사양관리

비유기(泌乳期, lactation period)는 포유기(哺乳期)로서 어미돼지는 새끼를 분만한 후에는 매일 많은 양의 젖을 분비하게 되므로 포유기간 중에는 가장 많은 영양소를 공급해 주어야 한다. 포유기간 중 모돈에 대한 사양이 적절하지 못하면 비유량이 감소될 뿐만 아니라 젖의 성분이 불량해져 포유자돈의 발육에 많은 지장을 초래하게 된다. 이때의 사료급여량은 체중, 산차, 포유 자돈수 등을 고려하여 결정해야하며, 모돈은 과비(過肥)되지 않도록 사양해야 한다. 어미돼지에게 분만 3일 전부터 사료에 유지(油脂)를 첨가해 주면 효과가 있다.

포유기간 중의 어미돼지 관리는 이유 후 재발정에도 영향을 미치고 차기 산자수에도 영향을 줌으로 사양관리에 각별한 주의가 필요하다. 일반적으로 분만하여 이유시까지는 평균 사료량을 5.8~6.2㎏ 급여하여 산자수 증가, 발정재귀일 단축 등의 효과를 기대할 뿐만 아니라 비유량 증가로 포유자돈도 충실하게 자랄 수 있다.

<표 9-9> 포유모돈의 체중별 1일 사료급여량(㎏)

구 분	150㎏	170㎏	190㎏	205㎏	225㎏
- 초산돈	5.9	6.2	6.4	-	-
- 경산돈	5.6	5.7	5.9	6.1	6.3

* 모돈당 자돈 10마리를 포유할 때의 1일 사료급여량으로 나타낸 것이다.

포유중인 어미돈사의 최적 온도는 15~20℃이나 분만사는 새끼돼지 때문에 20~24℃ 정도를 유지시켜 준다. 25℃ 이상 온도가 올라가면 호흡이 빨라지고 식욕이 떨어지며 재발정 일수가 길어지고 수태율이 떨어지므로 적정한 온도로 관리해야 한다.

[그림 9-2] 급이시설

⑷ 종모돈의 사양관리

번식용 웅돈(雄豚, ♂)을 관리하려면 구입부터 종부까지 잘 이루어져야 예상했던 정액채취나 자돈(雌豚, ♀) 교배에 효율적으로 이용할 수 있다. 종모돈(種牡豚)은 번식적령기가 되면 정액사정량이 체중증가와 함께 점차 많아지게 되면서 평균 400㎖ 정도에 이른다. 우수 종모돈은 수태지로서 이상이 없고, 번식능력을 최대로 발휘하도록 사양관리(飼養管理)가 잘되어야 성적욕구와 그 활동이 유지되도록 해야 한다.

① 사료급여

종모돈의 사료급여량(飼料給與量)은 연령, 환경, 체중, 영양상태, 품종, 체중 등에 따라 다소 차이는 있지만, 적량의 사료섭취량은 수컷의 성장과 유지에 절대적으로 필요하다. 정액량이나 성활동을 위해서 사료의 증량급여는 바람직하지 않은 것으로 나타나고 있는데, 특히 종모돈은 과식(過食)이나 과비(過肥) 상태가 되지 않도록 사료급여나 운동 등으로 조절하여 관리해야 한다. 사료급여량의 증량은 과비나 후구마비 등을 초래하기 쉽지만 감량 급여는 정자의 운동성, 정자수, 기형률 등에는 유의한 큰 차이가 없는 것으로 보고되고 있다. 따라서 종모돈에게 체중조절을 위한 사료섭취량을 제한하여도 수정능력에는 큰 영향을 미치지 않는 것으로 나타나고 있다. 그리고 여름철 고온(高溫)에 의한 스트레스의 영향을 받지 않도록 조석(朝夕)으로 정액을 채취하거나, 교배시키는 등 건강관리에도 각별한 주의가 요구되고 있다.

종모돈의 사양관리중 무엇보다 중요한 것은 종부중일 때는 총대사에너지 3,210㎉/kg과 단백질 12% 수준의 사료를 섭취해야 하며(NRC 사양표준), 성장 중 종모돈은 총대사에너지 3,255㎉/kg과 단백질 16% 수준으로 사료를 급여해야 한다. 우리나라 양돈장에서 권장되고 있는 사료섭취량은 다음 <표 9-10>과 같이 제시하고 있다.

<표 9-10> 종모돈의 체중별 사료급여 권장량

(단위: kg)

구 분	체 중 별					
	120	160	200	240	280	320
사료급여량	2.2	2.5	2.7	2.9	3.1	3.2

주) 1. 종모돈의 체중에 따른 1일 사료급여량(권장량)을 제시하였다.
2. 영양상태, 환경(사육방식, 온도 등) 등에 따라 급여량을 조절할 수 있다.

② 구입요령

종돈을 구입할 때 다음과 같은 구입요령(購入要領)을 숙지하여 준수하면 바람직하다.

<표 9-11> 종돈 구입 시 조사내용과 확인사항

조사내용	확 인 사 항
1. 농장상태	구입 종돈장의 위생상태가 양호하고, 안전성이 있어야 한다.
2. 유전능력	능력검정이나 농장검정을 실시하고, 그 능력결과를 보고 판단하는 것이 이상적이다. 물론 정액검사도 이상이 없어야 한다.
3. 외모심사	유전적 결함으로 정소이상, 순종등록상 실격여부 등을 심사하고, 가급적 어깨가 넓고 체심(體深)이 깊으면서 승가를 용이하게 할 수 있는 웅돈을 선발해야 한다.

③ 일반관리

수퇘지(種牡豚, boars)는 에너지와 단백질 수준에 적합한 사양(飼養)이 무엇보다도 중요하다. 그리고 적절한 운동으로 건강한 몸의 균형과 유지에 중점을 두어 관리해야 한다. 웅돈의 사양관리는 특별관리가 요구되지는 않지만 몇 가지 주안점을 두고 관리해야 한다.

첫째는, 제일 중요시 여기는 돈사 내 청결유지와 급수상태를 항상 점검해야 한다. 둘째는, 웅돈자체의 이상유무를 확인하고, 의심이 생기면 웅돈 가까이 가서 보행이나 상태를 세심히 관찰을 해야 한다. 셋째는, 정기적 정액검사를 실시하여 정액생산능력(정액량, 정자이상유무, 정자수 등)을 검사해야 한다.

연 습 문 제

1. 플러싱(flushing) 사양을 설명한 것 중 틀린 것은?

① 강정사양으로 에너지 수준을 높여 급여하는 것이다.
② 미경산돈 보다는 경산돈에서 효과적이다.
③ 포유기 전기부터 사료량을 증량 급여해야 한다.
④ 발정율과 배란율을 높일 수 있다.

2. 번식돈 임신기의 사료배합에서 단백질 수준은 얼마가 적당한가?

① 10% ② 12% ③ 15% ④ 18%

3. 비유돈(포유돈)의 적정 단백질의 배합수준은 약 얼마인가?

① 12% ② 15% ③ 18% ④ 20%

4. 강정사양이 가장 필요한 돼지는?

① 자돈 ② 육성돈 ③ 비육돈 ④ 이유모돈

5. 스톨사육의 장점은 무엇인가?

① 분만관리 효율성 ② 사료효율 증진
③ 증체량 향상 ④ 면역력 증가

6. 임신중인 번식돈의 영양과 관련이 비교적 적은 것은?

① 산자수 ② 육성률 ③ 생시체중 ④ 출하체중

7. 체평점 평가시 종빈돈의 적정 등지방두께(㎜)는 얼마인가?

① 21.0 ② 18.0 ③ 16.5 ④ 15.0

정답 ☞ 1-③ 2-② 3-② 4-④ 5-① 6-④ 7-②

8. 모돈에서 비유기의 사양관리에 관한 것 중 틀린 것은?

① 영양소 공급량이 많게 한다.
② 체중이나 포유자돈수에 따라 사료급여량을 조절한다.
③ 모돈의 사료급여량은 포유초기는 증량하고, 후기는 감량 급여한다.
④ 모돈의 평균 사료급여량은 5.8~6.2kg 정도이다.

9. 모돈 분만사의 최적온도는 얼마인가?

① 12~15℃　② 15~18℃　③ 18~20℃　④ 20~24℃

[힌트] 분만사는 새끼돼지의 체온유지를 위하여 약간 높은 20~24℃가 적정온도이며, 갓 태어난 자돈은 30~32℃가 적온이다.

10. 보디 컨디션 스코어링(body condition scoring; BCS) 판정방법과 번식장애 관련성을 설명하시오.

11. 돼지에서 임신기의 주요 사양관리를 설명하시오.

12. 비유모돈의 효율적 관리사항을 들고, 설명하시오.

13. 종모돈의 사료급여법을 설명하시오.

14. 양돈장에서 모돈의 1산차와 노산(7산차이상)의 산차구성은 얼마가 적정한가?

15. 종부전 특별사양관리에 관하여 서술하시오.

정답 ☞ 8-③　9-④

제 10 장 돈사시설과 분뇨처리

1. 돈사의 위치와 설계

돼지의 좋은 환경은 성장률(成長率) 향상뿐만 아니라 양질의 생산물(生産物)을 얻을 수 있게 된다. 돼지는 다른 동물에 비해 물의 섭취량이 상대적으로 많고 땀샘이 발달되지 않아 많은 양의 수분을 오줌으로 배출한다. 따라서 분뇨량(糞尿量)이 비교적 많아 분뇨시설(糞尿施設)도 중요한 부분이 되고 있다.

돈사(豚舍)의 위치는 ① 남향이나 동남향으로 채광과 통풍이 잘 되며, ② 북서쪽이 막혀 겨울철 찬바람을 막아주고 건조한 곳이어야 한다. 그리고 ③ 사료나 돼지관리에 편리하고, ④ 차량출입이 용이하도록 도로개설이 잘 된 곳이어야 한다.

돼지에게는 기온, 상대습도, 공기 흐름속도, 공기의 질 등의 기후적 환경요소와 빛, 소리, 사육밀도, 관리방법 등 비기후적인 환경요소가 있다.

돈사 내의 공기의 질을 평가하는 대상 요소는 산소, 온도, 습도(상대습도), 공기의 이동속도 및 샛바람, 유해성분, 공기에 의하여 운반되는 병원성 유기체 등이다. 이 들 요소 중에는 적정범위에 있어야 하는 것과 최소화 하여야 하는 것이 있다. 돈사 주변의 방풍(防風)이나 방서림(防暑林)을 심으면 더위나 강한 바람으로부터 보호를 받을 수 있는데, 꽃가루가 없는 양버즘나무가 바람직하다.

돈사는 겉으로만 보면 돼지를 가두어 사육하는 집이다. 그러나 벽과 지붕을 만들고 칸막이를 하여 돼지를 가두는 것만으로 돼지의 집이 다 되는 것은 아니다. 완전건물형 돈사는 바닥과 벽, 지붕으로 자연공간과 구분되는 공간을 만든 것이다. 돼지는 생명체이고 생명체는 바닥이라는 평면적

공간과 공기라는 물질로 채워진 입체적인 공간의 상태에 따라 건강과 생산활동에 절대적인 지배를 받는다.

[그림 10-1] 대규모 양돈장의 전경(좌)과 내부모습(우)

돈사는 바닥이 돼지의 활동을 제약해서도 안 되지만 입체공간이 생명활동을 그르쳐서도 안 된다.

[그림 10-2]는 돈사의 기준 외형과 명칭으로 돈사는 기초, 바닥, 벽, 지붕과 처마 등이 있다.

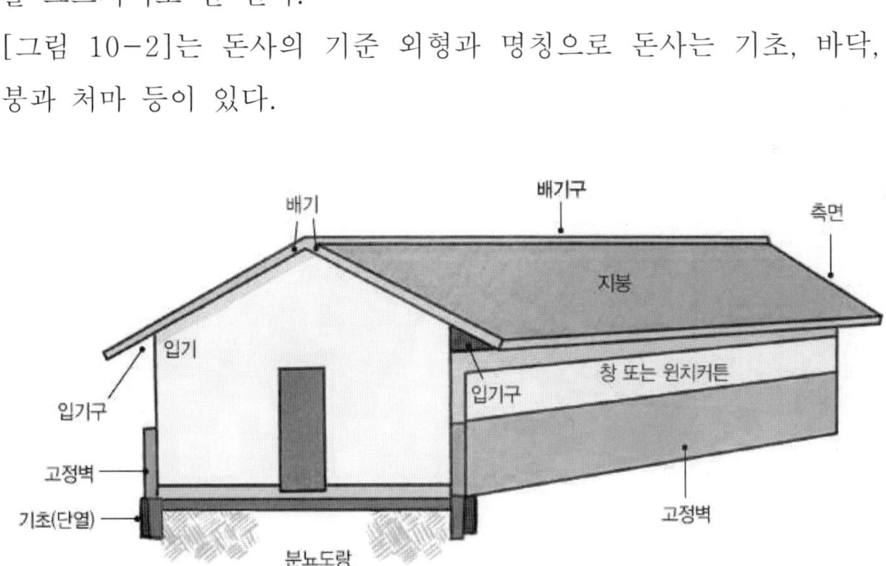

[그림 10-2] 돈사의 기준 외형과 명칭

그리고 돈방의 기준면적과 규모는 나라마다 다소의 차이가 있다. 아래

<표 10-1>은 축사표준설계도와 축산과학원에서 추천하는 돈방의 규격 기준이 표시되어 있다.

<표 10-1> 돈방의 규격 기준

<table>
<tr><th colspan="3" rowspan="2">구 분</th><th colspan="2">축사표준설계도</th><th colspan="2">미국의 추천면적</th><th colspan="2">국립축산과학원</th></tr>
<tr><th>규격(m)</th><th>면적(㎡/두)</th><th>규격(m)</th><th>면적(㎡/두)</th><th>규격(m)</th><th>면적(㎡/두)</th></tr>
<tr><td colspan="3">웅 돈</td><td></td><td>9.72</td><td></td><td>3.7~5.5</td><td>3.2×2.4</td><td>7.36</td></tr>
<tr><td rowspan="2">모돈</td><td>스톨</td><td>임신돈</td><td>2.2×0.65</td><td>1.43</td><td>2.13×0.6</td><td>1.3~2.2</td><td>2.2×0.65</td><td>4.43</td></tr>
<tr><td>군사</td><td>종부대기돈</td><td></td><td>3.1</td><td></td><td>2.2×3.7</td><td>3.2×4.0 (5두)</td><td>2.56</td></tr>
<tr><td colspan="3">후보돈(군사)</td><td></td><td>3.1</td><td></td><td>1.3~1.8</td><td>3.2×3.4 (6두)</td><td>1.82</td></tr>
<tr><td rowspan="2">분만돈방</td><td colspan="2">대기모돈</td><td rowspan="2">2.4×1.7 (내치수)</td><td rowspan="2">4.08</td><td rowspan="2"></td><td rowspan="2">2.7~4.4</td><td rowspan="2">2.4×1.6</td><td rowspan="2">3.84</td></tr>
<tr><td colspan="2">포유모돈</td></tr>
<tr><td colspan="3">자 돈 방</td><td></td><td>0.3</td><td></td><td>0.15~0.37</td><td>2.4×1.4 (11두)</td><td>0.3</td></tr>
<tr><td colspan="3">육성돈방</td><td></td><td>0.6</td><td></td><td>0.46~0.55</td><td>3.6×2.5 (15두)</td><td>0.6</td></tr>
<tr><td colspan="3">비육돈방</td><td></td><td>0.9</td><td></td><td>0.74</td><td>5×3 (15두)</td><td>1.0</td></tr>
</table>

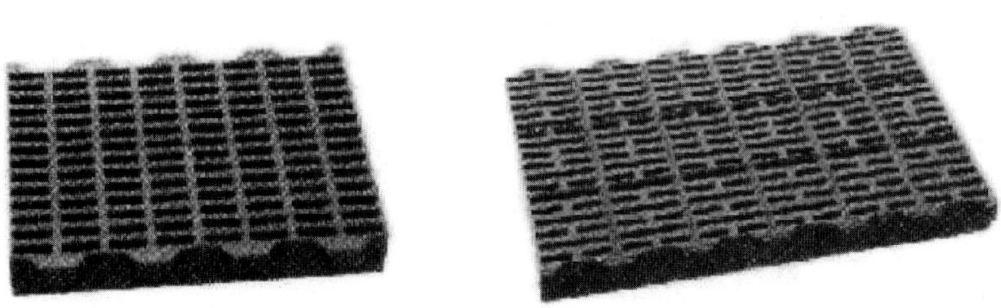

자돈용(a) 모돈용(b)

[그림 10-3] 돈사 바닥재

돈사내 바닥재는 [그림 10-3]과 같이 자돈용과 모돈용이 있다. 자돈용의 규격은 보통 400×600㎜이고, 모돈용은 400×1200㎜가 가장 많다.

슬랏 부분과 비슬랏 부분과의 면적비율은 상한 2:1이고, 하한은 3:1인데, 여러 가지 여건에 따라 가감할 수 있다. 이러한 바닥재는 돈분과 뇨가 함께 바닥으로 떨어지도록 설계되어 스크레이퍼(scraper)와 슬러리 시스템(slurry system)에서만 사용할 수 있다.

다음은 국립축산과학원에서 제시한 분만돈방, 성돈방, 육성비육돈방 등과 같은 돈방별 설계상 상세 설명과 주의사항을 설명하였다.

(1) 분만돈방의 설계

분만돈방(分娩豚房)은 분만(分娩)과 포유(哺乳)가 이루어지고 모돈과 자돈이 함께 생활하며 때로는 일정기간 이유자돈의 사육장소로도 이용되기도 하는 시설(施設)이다. 이곳은 모돈과 자돈이 요구하는 에너지환경이 다르기 때문에 한 돈방내에 자돈의 전용생활공간이 구분·설치되어야 한다.

자돈 보온구역 설치방법에는 전등을 이용하는 보온상자 설치방법, 바닥 온수 난방방법, 온풍 난방방법 등이 쓰인다. 자돈 보온구역 설치방법의 장단점을 비교하면 전등을 이용하는 보온 상자식은 설치 및 사용이 가장 용이하나 화재의 위험과 에너지 효율이 낮은 것이 단점이며, 바닥 온수(溫水) 난방식은 시설설치는 어려우나 난방 쾌적도(快適度)가 가장 좋으며 에너지효율도 좋다.

[그림 10-4] 분만돈방의 분만틀 내부구조

(2) 성돈방의 설계

임신돈(姙娠豚)은 분만예정일 일주일 전까지는 임신스톨에서 관리하는 방식을 많이 쓰고 있으며, 임신스톨 사육방식의 이용상 유의할 점은 작은 공간에서 돼지를 사육하기 때문에 균형된 사료를 급여하여야 하며, 다리의 기능이 저하된 돼지가 군사사육(群飼飼育)에 비하여 많이 발생하므로 예방에 철저를 기해야 한다. 또한 스톨은 통풍이 잘 되면서 옆의 돼지와 접촉이 되지 않도록 한다.

[그림 10-5] 임신돈방의 시공(좌)과 사육(우)

웅돈방(雄豚房)은 대부분 종부장소로 이용하기 때문에 충분한 면적을 주어야 하며, 운동장이 있는 경우 면적을 약간 적게 하기도 한다. 웅돈방과 웅돈방 간의 벽은 막힘벽으로 하며, 벽(壁)의 높이는 140㎝ 이상이 바람직하다. 또한 사육단계별 돈방에서 환경도 중요한데, 적정 환경요인은 습도가 50~60%, 암모니아 농도는 20ppm 이하, 이산화탄소 0.5% 이하, 그리고 유화수소는 10ppm 이하가 바람직하다.

(3) 육성돈과 비육돈방의 설계

육성돈방(育成豚房)은 이유자돈에서 비육돈방으로 옮기기 전까지의 돼지를 사육하는 돈방으로 이유부터 체중 20㎏까지를 사육하는 것으로 기준하는 예가 많으나, 40㎏까지를 육성기로 구분하기도 한다. 비육돈방은 육성기 이후의 돼지를 수용하는 돈방을 지칭한다. 소규모 양돈에서는 육성기돈방과 비육기돈방을 구분하지 않는 경우가 많으나 육성기와 비육기 에너지 요구에 상당한 차이가 있으므로 가능한 별개의 돈사로 구분하는 것이 유리하다.

[그림 10-6] 비육돈방의 내부

슬랏바닥 돈방에서 가로 대 세로의 비율은 1:2.5~1:3 까지를 추천하고 있다. 또한 슬랏바닥 돈방에서 콘크리트 바닥 대 슬랏의 비율은 2.4~2.6:1 이며, 경사도는 1/24~1/16 으로 하고, 슬랏바닥은 콘크리트 바닥보다 2.5~3.0㎝ 낮게 설치한다. 급수기(給水器)는 휴식장에서 가장 멀고 돈분 제거 통로에 가까운 곳에 위치하도록 하며, 급수기 설치시 돼지가 크면서 높이를 조절할 수 있는 급수기를 설치하는 것이 좋으며, 설치각도는 45도를 기준하여 설치하면 물의 낭비를 막아 오수량(汚水量)을 줄일 수 있으며, 사조(飼槽)는 통로측에 위치하도록 한다. 1개의 돈방은 1복단위로 수용해야 하고, 돈사내 통로는 사료이동수레(폭 70㎝)를 기준으로 1m 이상으로 해야 한다.

2. 돈사의 종류

돈사의 종류에는 운영방식에 따라 구분되어 돈사 내외로 이동하는가하면, 배열, 구조, 환기방식 등 다양한 방식에 따라 여러 가지가 있다. 다음은 우리나라에서 많이 이용되는 그 주요 몇 가지만 설명하여 본다.

(1) 사용목적에 따른 분류

돈사는 사용목적에 따라 분만 돈사, 육성 돈사, 비육 돈사, 임신 돈사, 종부용 수퇘지 돈사, 후보 돈사 등으로 구분할 수 있다. 이러한 돈사는 농장마다 다소 차이가 있으며, 통합하여 건축하기도 한다.

(2) 바닥 구조에 따른 분류

바닥 구조에 따라 콘크리트 평상식 돈사, 틈 바닥 돈사, 케이지 돈사 등으로 구분된다. 바닥구조는 돼지 성장과 발육에 중요하므로 축사구조에 맞게 적절한 선택이 요구된다.

(3) 돈사내 돈방 배열방식에 따른 분류

단렬식(單列式)과 복렬식(複列式)으로 나누어지는데, 단렬식은 구조가 단순하나 복렬식은 관리상 편리성이 있어 많이 이용되고 있다. 그밖에도

[그림 10-7] 번식돈사 관리(좌)와 복렬식 돈방(우)

이동유무에 따라 고정식 돈사와 이동식 돈사로 구분하기도 한다.

돈사의 건축(建築)은 경제성을 우선으로 한다. 또한 돼지의 생리와 습성을 고려한 돈사의 건축과 개체 및 돈군의 관리를 합리적으로 할 수 있도록 해야 한다. 그리고 환기방식에 따라 자연환기방식, 기계환기방식, 절충환기방식 등이 있는데, 환기도 돈사내에서 매우 중요한 기능을 하므로 각별한 관심을 갖고 설계하여야 할 것이다.

돼지가 정상적으로 활동하고 성장하려면 다음과 같은 돈사의 최적 환경을 갖추어야 출하시 우수한 도체등급을 받고 수익을 올릴 수 있다.

첫째는, 쾌적한 돈사 내부와 쾌적한 적정 온도를 유지해야 한다.

둘째는, 돼지의 기본적인 욕구충족을 위한 안락한 공간을 확보해야 한다.

셋째는, 스트레스가 되지 않는 적정 환기 시스템 등을 갖춰야 한다.

돈사의 바닥은 돼지가 돌아다니고, 먹이를 먹고, 물을 마시며, 자고 새끼를 낳는 등 신체를 지지하여 주는 활동 공간이다. 또한 배설장소이며, 배수(排水)와 배뇨(排尿)가 이루어지는 공간이며, 사람이 활동을 하는 작업 공간이다.

[그림 10-8] 사료 자동화 급이(좌)와 Slot 바닥(우)

돈사바닥은 1/48(깔짚 있을 때)~1/24(깔짚 없을 때)의 경사를 주어 오줌이 잘 흐르도록 한다. 벽(壁)은 사계절 직사광선 차단, 비 들이침 방지, 샛바람 방지, 맞바람 방지, 복사열 차단, 열 보전(전도열 차단), 저온기입기, 고온기 통풍 등의 역할을 한다. 벽면의 높이는 75cm 까지 벽돌이나 쇠파이프로 튼튼하게 하고, 종부용 수퇘지는 135cm 까지 한다.

지붕은 눈과 비와 직사광선을 가려주고, 바람막이, 열 보전, 내부 공기 흐름 유지(자연환기방식), 배기구(자연환기)의 역할을 한다. 지붕의 경사 기준은 자연환기방식의 경우 1/3(3:1)이다.

3. 부속시설과 기구

먹이통은 노동력 절약을 위하여 자동급이기(自動給餌器)를 많이 이용한다. 습식 급이기는 배분장소 근처에 설치하는 것이 좋다. 사료공급 시설의 자동화는 급여 방법에 따라서 제한 급여와 무제한 급여로 나눌 수 있다. 어미돼지 및 종모돈사는 제한급여, 새끼돼지 및 비육돈사는 무제한 급여하고 있다. 사료자동화 시설은 크게 오거방식과 디스크방식이 있다. 자동급수를 위해서 니플(nipples)과 물컵(water cup)을 설치할 때는 겨울철에 얼지 않도록 주의해야 하고, 돼지의 크기를 감안하여 위치를 정하여 시설한다. 디스크 방식은 와이어에 디스크(플라스틱 판)가 고정된 디스크 와이어에 의하여 지정된 곳에 사료를 이송하는 방식으로 설치가 간단하고 저렴한 것이 특징이다.

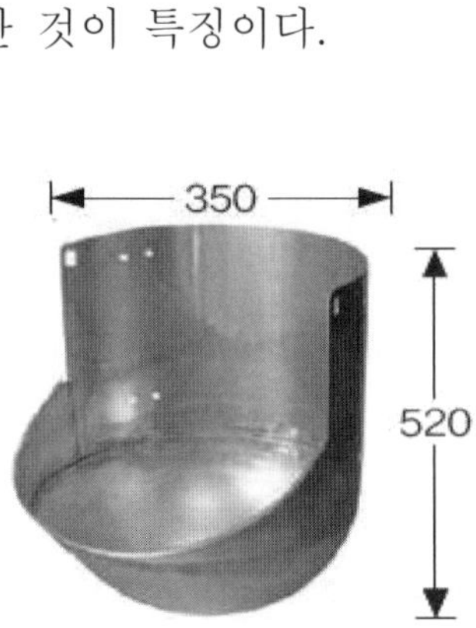

모돈 급이기(a)

물컵(b)

[그림 10-9] 돼지의 급여 및 급수시설

오거방식은 스프링처럼 생긴 오거의 회전에 의하여 사료를 이송하는 장치로서, 고장률이 현저히 낮고, 수명이 길며, 다양한 급이(給餌) 라인 배열로 적절한 급이 공간을 확보할 수 있다.

자동화 설비의 작동은 자동으로 하지만 관리도 자동으로 되는 것은 아니다. 민감한 자동화 설비일수록 주기적인 점검과 세심한 관리가 뒤따라야 한다.

그 밖에도 분뇨처리 시설을 갖춰야 한다. 이러한 시설은 분(糞)과 뇨(尿)를 함께 저장하는 혼합형 처리시설, 그리고 분과 뇨·오수를 저장하는 탱크가 마련되어야 효율적으로 돼지 분뇨를 처리하고 관리할 수 있다.

[그림 10-10] 이유자돈용 자동급이기와 플라스틱 바닥재

최근에 모돈(母豚)이나 비육돈(肥育豚)을 사육하는 양돈장의 건축은 2층으로 설계하여 분뇨의 효율적인 수거와 처리로 비용을 줄이고, 공간의 활용과 관리의 편리성 등을 도모할 수 있게 신축하는 농장도 많이 증가하고 있는 추세이다.

4. 돼지 분뇨의 성분과 발생량

돼지의 분뇨(糞尿)는 식물에게 유용한 비료 성분을 갖고 있어 버려지는 일이 없도록 해야 한다. 이러한 분뇨가 버려지면 환경 오염원(汚染源)이 되기 때문이다. 아래 <표 10-2>는 분뇨 속의 비료 성분을 나타낸 것이다.

<표 10-2> 돼지 분뇨의 비료 성분(체중 60㎏기준)

구 분	배설량 (kg/두/일)	비료 성분(%)			
		수분	N	P_2O_5	K_2O
분 (糞)	1.6	76.3	0.75~0.80	0.50	0.25~0.40
뇨 (尿)	2.6	98.1	0.83	0.07	0.20

돼지 육성돈의 마리당(체중 60kg 기준) 배설량(排泄量)은 분 1.6㎏/일, 뇨 2.6㎏/일 정도로 분(糞)의 수분은 76.3% 정도이고, 뇨(尿)의 수분은 98.1% 정도이다. 따라서, 1일 총배설량은 약 4.2㎏되며, 연간 약 1.5톤 이상 되는 셈이다. 그리고 비육돈 90㎏기준으로 연간 돈분은 0.8~1.0톤, 뇨는 1.1~1.2톤으로 총 2.0~2.2톤의 분뇨가 생산된다. 그리고 체중별 비육돈, 임신돈, 분만돈의 1일 분뇨 배설량은 다음 <표 10-3>과 같다.

<표 10-3> 돼지의 성장단계별 분뇨 발생량(체중 90㎏기준)

단 계	체중(kg)	배설량(kg/1일)			수분함량(%)	
		분	뇨	계	분	뇨
- 비육돈	90~100	2.20	3.25	5.45	75.0	98.0
- 임신돈	150~200	1.70	3.60	5.30	78.7	98.5
- 분만돈	200~250	3.25	4.25	7.50	80.6	99.4

* 돼지의 배설량은 계절, 사육환경 등에 따라 다소 차이가 발생할 수 있음.

5. 분뇨의 수거와 처리과정

돼지 분뇨(糞尿)를 효율적으로 처리하여 이용하려면 돈방 바닥의 형태에 따라 스크레이퍼(scraper) 방식과 슬러리(slurry) 방식 등 크게 2가지 중 농장여건에 맞게 설치하여 수거할 수 있다.

[그림 10-11] 가축분뇨처리의 물질순환도

[그림 10-12] 분뇨의 저장(좌)과 자원화 과정(우)

스크레이퍼(scraper)는 기계를 활용하여 수거하는 방법이고, 슬러리 방식(slurry system)은 부중력을 이용하여 돈방에서 1차적으로 모아 놓았다가 일정 기간이 지난 후 일시에 배출하여 슬러리 탱크 또는 고액분리후 고형분을 톱밥 등 부자재와 혼합하여 분뇨발효처리장으로 이송하는 것이다.

돼지의 분뇨를 처리하는 방법은 크게 3가지로 퇴비화, 액비화, 정화방류 등 여러 방법이 있다. 최근에는 분뇨를 수거하여 일정한 장소에 저장탱크를 설치하고, 저장탱크에서 혐기적 발효로 메탄가스(bio-gas)를 발생시켜 연료자원으로 활용하는 지역도 있다. 부숙 후 발생되는 슬러지는 반건조 또는 건조 후 퇴비로 이용할 수 있다.

돼지 분뇨처리시설의 선정도 매우 중요한데, 기본적으로 고려해야 할 사항은 다음과 같다.

① 입지와 기상조건과 인근지역의 사회적인 조건
② 퇴비의 생산과 이용계획
③ 수분조절용 부자재(톱밥이나 왕겨 등)의 확보
④ 시설 형태 및 기능(축사구조, 설계 등)
⑤ 투입되는 예산과 자금 능력(시설물 설치 예산 확보력)
⑥ 처리시설의 관리 능력(적절한 처리용량과 능력 고려)
⑦ 생산비 중 처리비용 등을 고려한 후 적정시설을 선정하여 설치한다.

<표 10-4> 퇴비화를 위한 수분조절재의 종류와 특성

구 분	특 성(장·단점)	수 분 (%)	수 분 흡수율(%)
❍ 톱 밥	통기성 효과가 매우 크며 수분 흡수성이 뛰어난 장점이 있으나 가격이 비싸고 분해가 비교적 안 되는 단점을 가지고 있다.	27.0	285.8
❍ 왕 겨	통기성 효과가 비교적 좋으나, 분해가 어렵고 가공경비가 소요된다는 단점이 있다.	13.7	183.3
❍ 발 효 퇴 비	통기성 효과와 미생물제 기능을 함께하나, 수분함량이 높으면 통기효과가 저하된다.	-	-

톱밥은 수분흡수율이 285.8%로 왕겨의 183.3%에 비하여 높기 때문에 퇴비더미 내 통기성을 높일 수 있어 가장 많이 이용되는 수분조절재이다. 이러한 톱밥은 비육돈 발효돈사에서 주로 많이 이용하고 있다.

[그림 10-13] 톱밥을 이용한 고형분의 처리(발효)과정

6. 배설물의 처리와 이용

돈사의 배설물(排泄物)은 돈분, 돈뇨, 그리고 오수 등이다. 이러한 배설물은 여러 과정을 통하여 새로운 물질로 만들어진다. 오수처리시설에는 고액분리기, 건조처리시설, 발효처리시설, 액상퇴비화시설 등이 있다. 결국 액비화 또는 퇴비화 하여 토양에 이용하는 것이 바람직하다.

[그림 10-14] 뇨와 오수처리시설

오수의 정화(a)　　정화수(b)

[그림 10-15] 오수 처리과정(a → b)

(1) 고액분리기

분뇨는 돼지에서 배출하는 분(糞)과 뇨(尿), 그리고 오수(汚水) 등으로 구성되었으며, 이것을 고형분(固形分)과 수분(水分)으로 각각 분리하여 고형분은 유기질비료, 수분은 액비나 정화 후 방류되도록 이용하는 시설이다.

(2) 건조처리 시설

경영규모가 작을 때는 태양열에 의한 자연건조(自然乾燥)를 하는 것이 경영에 유리하다. 규모가 클 때는 기계화 및 자동화를 하는데 시설비와 처리비용이 많이 든다. 그러나 돼지에서는 다른 가축에 비하여 액체분과 혼합된 배설물이 많기 때문에 처리에 어려움이 따른다.

(3) 발효처리 시설

돼지의 분뇨는 호기성(好氣性) 퇴비발효에 유리한 조건을 만들어 준다. 산소 공급과 적당한 수분(65~70%), 적당한 C/N비(10~13), 온도 및 산도를 최적의 상태로 유지해 준다. 특히 돈분의 수분조절 재료는 왕겨, 톱밥 등이 많이 이용되는데, 적당한 양의 수분조절재를 섞어주어 수분을 흡수시킨 뒤 트랙터나 에스컬레이터를 이용하여 혼합시켜 통기(通氣, aeration)를 좋게 하여 호기성 발효가 촉진되도록 해야 잘 부숙(腐熟)되어 양질의 비료

(肥料, composts)가 된다.

<표 10-5> 돈분 고체분의 발효퇴비화 과정

단 계	퇴 비 화 과 정 과 방 법
- 발효조 설치	축사 여건에 따라 지상식, 반지하식, 지하식 등으로 설치
- 재료투입	함수율 65% 조절(수분조절재)한 후 발효조로 이동
- 발효조건	재료투입(1~2일)후 저온발효 약 30~40℃, 고온발효 70~80℃ 상승 유도(3~4일)
- 교반횟수	1일 1~2회 교반, 수분량·온도 등을 고려하여 가감횟수 조절

(4) 액상퇴비화 시설

액상퇴비(液狀堆肥)는 넓은 경지면적의 확보가 필수적이므로 자연순환되도록 농지에 환원(還元)할 수 있게 논, 밭, 과수원과 같은 토지를 많이 확보해야 한다. 이러한 방법을 자연순환형 시스템이라고 부르고 있으며, 시설과 부지만 확보하면 관리상 편리한 점도 있다.

[그림 10-16] 액비 저장조

□ C/N비(Carbon-Nitrogen Ratio)와 적정값

C/N비는 탄질비(炭窒比)라고도 하며, 현탁유기물에 포함되어있는 질소중량에 대한 탄소중량의 비율을 의미하는데, 일반적으로 4~8 정도의 값을 나타낸다.

C/N값이 혐기성분해에서는 12~16, 호기성분해에서는 10~16정도에서 미생물의 활동이 가장 활발하다. 예를 들면, 어떤 유기물이 탄소가 52%, 질소가 5%라면, C:N = 52:5= 10.4:1이므로, 탄질비는 10.4가 된다.

보통 미생물의 탄질비는 5~15로 유기물의 분해는 탄질비가 미생물의 세포가 탄질비와 비슷해질 때까지 이루어진다. 그리고 탄질비가 작은 것은 큰 것에 비하여 빨리 부식된다.

그리고, 고액분리된 물질 중 액체분(液體分)은 오염농도를 측정하여 방류시킬 수 있는 방법 중에서 활성오니법(活性汚泥法)을 이용하는 경우도 많이 늘고 있는데, 폐수에 유기물이 많이 함유되어 생물학적 처리과정이 복잡하고 처리비용이 많이 드는 단점이 있다.

$$\text{폐수유기물} + O_2 \rightarrow CO_2 + H_2O + \text{Energy}$$

상기 반응식은 호기성 미생물이 분뇨액체 중 유기물(有機物)을 분해하는 과정을 나타낸 것으로 방류(放流)되는 액체는 BOD, COD 등 허용되는 조건을 맞춰야 한다.

연 습 문 제

1. 돈사의 신축시 위치를 열거한 것 중 올바르지 못한 것은?

   ① 남동향을 향하여 설계해야 한다.
   ② 바닥은 비교적 높아 배수성이 좋아야 한다.
   ③ 상·하수도 시설의 편리성을 고려해야 한다.
   ④ 북쪽으로 약간 경사지도록 설계해야 한다.

2. 비육성돈(100kg)사의 적정 온도는 얼마인가?

   ① 22~25℃　② 20~22℃　③ 15~18℃　④ 12~15℃

3. 톱밥발효돈사의 특징은 무엇인가?

   ① 유기물 발생은 돼지에 유익하다.　② 분뇨처리와 관리가 편리하다.
   ③ 돼지의 성장률을 증가시킬 수 있다.　④ 육질이 양호하다.

4. 슬러리(slurry) 시스템의 원리는 무엇인가?

   ① 분뇨의 발효속도를 증가시킨다.
   ② 분과 뇨의 축적과 부중력을 이용한 것이다.
   ③ 돼지의 성장을 도모한 것이다.
   ④ 분뇨의 양을 감소시키기 위한 수거법이다.

5. 돈분뇨중 고형분 처리시 퇴비화 원리를 설명한 것 중 틀린 것은?

   ① 유기물분해시 발열과 이산화탄소를 발생시킨다.
   ② 수분흡수제로 톱밥이나 왕겨 등을 이용하는 것이 좋다.
   ③ 공기배제로 혐기적 발효를 유발시키는 원리이다.
   ④ 통기(aeration)로 호기적 발효를 촉진시킨다.

6. 돈분의 수분조절재로 가장 효과적인 것은?

   ① 왕겨　② 볏짚　③ 톱밥　④ 왕겨 + 톱밥

7. 바이오연료(bio-gas) 생산원리와 이용법을 설명하시오.

8. 분뇨의 퇴비화와 액비화 방법을 설명하시오.

9. 가축분뇨의 장·단점(양면성)을 설명하시오.

정답 ☞ 1-④　2-③　3-②　4-②　5-③　6-③

제 11 장 돼지의 위생과 질병관리

1. 돼지의 위생관리

건강한 돼지는 축사 내에서 자라면서 잘 먹고 코끝(鼻鏡)이 촉촉이 젖어 있고 눈은 활력에 차 있다. 눈곱이 끼지 않고 꼬리는 말고 있으며 털에 윤기가 있다. 정상돼지의 체온은 새끼돼지는 38~39℃, 큰 돼지는 38.5℃ 정도로 새끼돼지가 약간 높은 경향이 있다. 호흡은 1분에 평균 10~20회, 그리고 맥박은 1분에 평균 60~80회가 정상이다. 아래 그림은 슬러리 시스템 돈방에서 자유롭게 사료를 섭취하고 활동하는 장면이다.

[그림 11-1] 건강한 돼지의 활동

그리고 가축관리에서 질병의 조기발견(早期發見)은 관리자의 매우 중요한 임무이다. ① 식욕의 변화 ② 동작상태 ③ 피부와 털의 변화 ④ 점막과 비경상태 ⑤ 침과 점액상태 ⑥ 분뇨상태 ⑦ 바이털사인 체크(vital sign check) 등은 관리자가 매일 수시로 관찰해야 큰 질병으로부터 벗어날 수 있다. 돼지의 경우 정상돈의 맥박수는 60~80회(회/분), 호흡수는 10~20회(회/분) 정도로 사람과 비슷한 경향을 가지고 있으며, 체온은 평균 38.5℃ 정도로 사람보다는 약간 높은 편이다.

<표 11-1> 가축별 정상 맥박 · 호흡수 및 체온

가축명	맥박수(회/분)	호흡수(회/분)	체 온(℃)
- 돼지	60 ~ 80	10 ~ 20	38.0 ~ 39.0
- 소	60 ~ 70	10 ~ 30	38.0 ~ 38.5
- 산양	70 ~ 130	12 ~ 30	38.0 ~ 39.0
- 면양	60 ~ 120	12 ~ 30	38.5 ~ 39.5
- 닭	250 ~300	20 ~ 22	40.5 ~ 42.0

* 사람은 정상체온 평균 36.5℃, 맥박 72회, 호흡 14~20회이며, 가축은 어릴수록 체온이 높고 맥박이나 호흡이 약간 빠른 경향이 있음.

최근 구제역(口蹄疫)의 전국적인 확산으로 수많은 양돈농가가 피해를 보았고, 구제역 발생지점 내 일정반경 내에 사육되고 있는 돼지는 땅에 매몰처리 되기도 하였다. 전염병(傳染病)은 치료에 앞서 예방이 중요하다는 것을 알면서도 번번이 실수하는 경향이 있다.

전염성 질병은 한번 발생하면 치명적인 피해를 줌으로 예방접종은 물론 철저한 위생과 발병 초기 적절한 대응 대책을 잘 세워 실천해야 한다.

가축전염병(家畜傳染病)은 전염병의 위험도, 피해정도, 전파속도 등을 고려하여 1, 2, 3종으로 분류하여 관리하고 있다. 특히 가축 및 축산업 등에 심각한 피해를 입히거나 우려되는 구제역 및 고병원성 인플루엔자의 경우 국가위기 관리 가축질병으로 분류하고 있다. 가축전염병 발생 방지로 축산농가의 경제적 손실 예방 및 경쟁력 강화와 가축전염병 조기근절에 노력해야 한다. 가축전염병 근절로 안전하고 위생적인 축산물 공급 기반을 구축하고 국민에게 신뢰받는 지속 가능한 축산업이 되도록 해야 한다. 돼지에게 발생하는 법정 제1·2종 가축전염병은 <표 11-2>와 같다.

<표 11-2> 돼지의 법정 제1 · 2종 가축전염병

제1종 가축전염병	제2종 가축전염병
① 구제역 ② 아프리카돼지열병 ③ 돼지열병 ④ 돼지수포병	① 브루셀라병 ② 돼지오제스키병 ③ 돼지일본뇌염 ④ 돼지테센병

<표 11-3> 중점관리대상 질병

구 분	대 상 질 병	
	제1종 가축전염병	제2종 가축진염병
❍ 소	구제역	탄저, 기종저, 브루셀라병, 결핵병
❍ 돼지	구제역, 돼지열병	돼지오제스키병, 브루셀라병
❍ 닭	뉴캐슬(Newcastle)병, 고병원성 조류인플루엔자	추백리, 가금티프스, 가금콜레라 저병원성 조류인플루엔자(3종)

가축전염병예방법에서 정한 가축질병 관리수준 등급부여 기준은 소·돼지·닭의 질병 중 <표 11-3>과 같이 중점관리대상 질병, <표 11-4>와 같이 예방접종대상 질병으로 구분할 수 있다. 특히, 돼지에서 전염병 예방법으로는 첫째는, 감염원 병원체를 제거하고, 둘째는, 감염경로를 차단해야 한다. 그리고 셋째로는 감염숙주를 제거하거나 저항력을 증진시켜야 한다.

<표 11-4> 돼지에서 예방접종대상 질병

구 분	대 상 질 병
❍ 돼지	구제역, 돼지열병, 돼지오제스키병, T/R(돼지전염성위장염(TGE)과 로타 바이러스), PED(유행성설사증), 돈단독, 파보바이러스, 대장균, PRRS(생식기 호흡기증후군), 일본뇌염 등

주) 1. 일본뇌염은 경산돈은 4~5월 2회 백신접종, 후보돈은 10월 백신접종을 한다.
2. 오제스키병은 농장여건(상재지 등)에 따라 백신접종을 한다.

또한 시설출입차량을 법으로 정하여 등록하도록 하였는데, 가축운반, 원유운반, 동물(의)약품운반, 사료운반, 가축분뇨운반, 왕겨운반, 퇴비운반, 진료, 인공수정, 컨설팅, 시료채취 및 방역, 기계수리 차량 등으로 축산관계시설에 출입하는 차량이다. 시설출입차량의 등록마크는 [그림 11-2]와 같다.

[그림 11-2] 시설출입차량 등록마크

등록마크의 표시사항으로 등록번호는 시설출입차량의 등록번호, 차량번호는 소유주가 신청한 해당 차량의 차량번호를 적는다. 질병예방을 위하여 축산 농가는 소독을 철저히 하도록 하였는데, 소독대상별 소독방법은 다음과 같다.

2. 소독방법과 소독설비

(1) 소독대상별 소독방법

① 축사의 바닥과 흙을 소독(消毒)할 때에는 바닥에 소독용 생석회(CaO)를 뿌리고 깊이 0.3미터 이상의 흙을 판 후 다시 생석회를 뿌리고 깨끗한 흙을 넣는다. 파낸 흙은 소독하여 매몰한다. 다만, 브루셀라병 및

가금콜레라의 경우에는 흙을 파지 않고 생석회·포르말린수·크레졸수 등 소독약제를 충분히 뿌린다.

② 가축전염병(家畜傳染病)에 걸렸거나 걸렸다고 믿을 만한 역학조사 또는 정밀검사결과나 임상증상이 있는 가축의 사체 또는 가축전염병의 병원체에 의하여 오염되었거나 오염되었다고 믿을 만한 역학조사나 정밀검사의 결과가 있는 물건을 운반하고자 할 때에는 승홍수·석탄산수·포르말린수·크레졸수 등 소독약액에 담근 천으로 병원체를 누출시킬 위험이 있는 눈·코·입·항문 그 밖의 부분을 잘 막아 오물의 누출을 방지하고, 동 소독약액에 담근 거적 등으로 전체를 감싸도록 한다.

③ 가축전염병에 걸렸거나 걸렸다고 믿을 만한 역학조사·정밀검사 결과나 임상증상이 있는 가축 또는 그 사체의 이동 중에 분뇨 그 밖의 오물을 누출시킨 때에는 승홍수·석탄산수·가성소다 그 밖의 소독약제 등으로 누출물 및 이에 오염된 장소를 충분히 소독한다.

④ 차량·선박·항공기 등의 운송수단과 수송용기 등은 다음의 방법에 따라 소독을 실시한다.

- 제1종 가축전염병이 발생한 장소에서 이동하는 차량 또는 동 지역에 출입하는 차량의 경우에는 운전석 등 차량 내부를 소독제로 소독한다.
- 가축·지정검역물 등을 운반하는 차량에 대하여는 차체의 오물을 제거하고 세차를 한 후 하부·측면·상부 및 적재함에 대한 소독을 실시하고, 그 밖의 차량에 대하여는 차량의 하부·측면·상부 및 적재함에 대하여 소독을 실시한다.
- 가축전염병에 걸렸거나 걸렸다고 믿을 만한 역학조사·정밀검사 결과나 임상증상이 있는 가축 또는 그 사체가 있던 선박·항공기에 대하여는 그 가축 또는 사체가 있었던 장소 및 그 주변장소에 대하여 소독제로 소독을 실시한다.

⑤ 차량의 외부, 바퀴 및 흙받이가 소독약으로 젖을 수 있도록 소독해야 하며, 소독조에는 차량의 바퀴나 사람의 장화가 잠길 수 있도록 소독약을 채워야 하고, 2~3일마다 소독약을 갈아주고 소독조 안의 오물을 수

시로 제거한다.

⑥ 소독약은 제품별로 특성이 있으므로 다른 소독약과 섞어서 사용하지 아니한다.

⑦ 소독약의 누출로 인한 수질오염이 발생하지 아니하도록 예방조치를 한다.

⑵ 소독설비 설치기준

가축전염병이 발생하거나 퍼지는 것을 막기 위하여 다음 각 항의 어느 하나에 해당하는 자는 소독설비를 갖추어야 한다.

① 가축사육시설(300㎡ 이하는 제외)을 갖추고 있는 가축의 소유자 등.
② 「축산물위생관리법」에 따른 도축장 및 집유장의 영업자.
③ 「사료관리법」에 따른 사료제조업자.
④ 「축산법」에 따른 가축시장·가축검정기관·종축장 등 가축이 모이는 시설, 부화장 또는 계란 집하장(集荷場)의 운영자.
⑤ 가축분뇨를 주원료로 하는 비료제조업자.

<표 11-5> 돼지 호흡기질병의 계절별 발생빈도

질 병 명	계 절				계
	봄	여름	가을	겨울	
❍ 위축성비염	++	+++	+	+++	++
❍ 파스튜렐라	++++	++	++	++++	+++
❍ 폐 렴	+++	+	++	++++	+++
❍ 흉막성 폐렴	++++	+++	++	+++	++++
❍ 유행성 폐렴	+++	+++	+	++	++

※ ++++: 매우 많이 발생, +: 낮은 발생 등으로 표기하였음.

돼지 호흡기 주요질병 중 계절별 발생정도는 나타난 바와 같이, 흉막성 폐렴은 4계절 모두 발생빈도가 높으며, 특히 봄철에 가장 높은 것으로 나타났다. 그러나 위축성비염이나 유행성폐렴은 비교적 낮게 발병하였다.

양돈장에서 많이 사용하고 있는 소독약품 종류와 소독방법을 소개하면 아래 <표 11-6>에 제시한 바와 같다.

<표 11-6> 양돈장의 주요 소독약품 종류와 소독방법

구 분	소독장소·대상	소독약품	소독방법과 요령
❍ 정기소독	분만자돈사 번식사 육성사	계면활성제 4급암모늄 포름알데히드	- 1일 1~2회 돈사에 살포 - 필요에 따라 주 3~4회 살포가능
❍ 발판소독	각 돈사입구	크레졸 + 디클로로벤젠	- 출입구 발판소독조 준비 (교환은 매일 1회)
❍ 훈연소독	각 돈사	포르말린 + 과망간산칼륨	- 넓은 소독판을 3m 간격으로 설치 (과망간산칼륨 175g에 포르말린 1L를 부어 gas를 발생시킴) - 돈사는 8시간 밀폐, 1일 개방후 입식
❍ 연막소독	돈사 울타리(하절기)	경유 연막용소독약	- 각 돈사, 울타리 및 사무실 주변 소독
❍ 차량소독	차량, 기구	4급암모늄제 가성소다 양성계면활성제	- 차량소독용 발판조는 2% 가성소다용액으로 만들어 놓고 주 1회 교체
❍ 출입자소독	현장출입구	4급암모늄제 계면활성제	- 안개분무장치에 50:1로 희석시킨 후 자동으로 5~10초간 살포함
❍ 방목장 및 기타	방목장, 폐사축매몰장	생석회	- 방목장은 생석회를 300~400g/3.3㎡ 살포 - 계류장 및 사무실 주변바닥에 생석회 살포

자돈사, 육성사, 번식사 등은 1일 1~2회 소독으로 정기적 소독관리가 요구되고 있으며, 방목장, 계류장 등에도 생석회 등을 살포하여 철저한 차단방역이 필요하다.

국제화 시대에 가축전염병 발생국 등을 여행하는 자가 유의해야 하는 사항은 가축전염병예방법 시행규칙 [별표 16]에 명시되어 있는데 다음과 같다.

<표 11-7> 가축전염병예방법 시행규칙 [별표 16]

- 구제역·조류인플루엔자 발생국가를 여행할 경우에는 축산농가, 가축시장 등의 방문을 금지하여 주시기 바랍니다.
- 해외여행에서 귀국한 후에는 5일간 가축 사육시설 출입을 삼가하여 주시기 바랍니다.
- 해외여행 중에 입었던 옷 등은 바로 세탁하여 주시고, 샤워 등 개인위생 관리에도 철저를 기하여 주시기 바랍니다.
- 여행지에서 판매하는 육류, 햄, 소시지 등 축산물을 가져오지 마시고, 부득이 가져온 경우에는 도착 공항 및 항구에 주재하는 농림축산검역본부(지역본부)에 신고하여 주시기 바랍니다.
- 축산농가(동거가족 포함), 축산농가 고용자(동거가족 포함), 수의사, 가축인공수정사, 가축방역사, 동물약품·사료판매자, 가축분뇨 수집·운반자, 가축시장 종사자, 원유 수집·운반자는 입국할 때 입국자 동물검역신고서를 제출하여야 하고, 검역관의 소독조치를 받아야 합니다.

※ 축산관계자가 입국 시 공항이나 항구에서 농림축산검역본부(지역본부) 검역관의 질문에 대하여 거짓으로 답변하거나 검역관의 검사·소독 등의 조치를 거부·방해 또는 기피한 경우 법 제57조 제1호에 따라 1년 이하의 징역이나 500만원 이하의 벌금에 처해집니다.

3. 돼지의 질병관리

(1) 구제역

구제역(口蹄疫, Foot and Mouth Disease; FMD)바이러스에 전염되는 전염성 높은 우제류(偶蹄類) 가축의 급성전염병(急性傳染病)으로 치사율은 비교적 낮다. 특별한 치료법이 없고 조직배양 백신을 이용한 예방법이 이용되고 있으며, 제1종 전염병으로 지정하여 관리하고 있다.

발굽이 2개인 소·돼지·양 등 우제류(偶蹄類) 동물의 입과 발굽 주변에 물집(수포)이 생기는 질병으로 치사율이 5~50%에 달하는 가축의 제1종

바이러스성 법정전염병이다. 구제역 바이러스(FMD virus)는 아주 작은 라이노 바이러스(Rhino-virus)로 전염성이 매우 강하여 접촉감염이나 차량, 보행자, 사료, 공기 등에 의해서 감염(感染)될 수 있으며, 무리에서 한 마리가 감염되면 나머지 가축 모두에게 급속하게 감염된다. 병원체(病原體)는 A형, O형, C형, SAT1형, SAT2형, SAT3형 등이 있으며, 이것은 혈청형으로 분류되고 있다.

증상은 일단 감염되면 40~41℃의 고열이 있고, 구강 내에 수포(水疱)가 생겨 거품 섞인 침을 많이 흘린다. 사료를 먹지 않고 잘 일어서지 못하며 통증을 수반하는 급성구내염과 제관(蹄冠)·지간(趾間)에 수포성 물집이 생긴다. 증세가 심해지면 보행이 어렵고 물집이 터져 궤양으로 진전되며 앓다가 죽기도 한다.

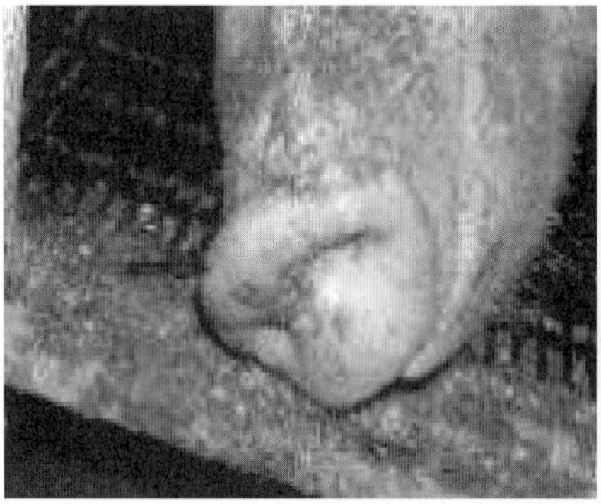
구강(좌)

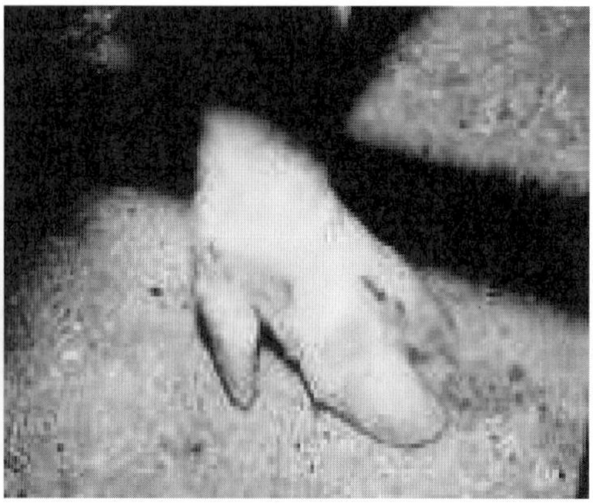
제간부(우)

[그림 11-3] 구제역 증상돼지

특별한 치료법은 없고, 만일 이 병이 발생하면 검역을 철저히 해야 하며, 감염된 돼지와 접촉된 모든 돼지를 도살처분하거나 매장한다. 구제역이 발생하는 나라에서는 조직배양 백신을 이용한 예방법이 이용되고 있다. 우리나라는 1934년에 처음 발생하였으며, 2000년 경기도 파주에서 발생한 구제역은 충청도 지역까지 확산되어 큰 피해를 입혔고, 2010년 경북 안동에서 발생한 구제역은 전국적으로 확산되었으며, 약 300만 마리의 가축이 매몰 처분되었다. 특히 이웃나라 대만에서는 1997년 3월 총 사육두수(1천만 정도)의 약 60% 이상을 매몰 처리하는 큰 재해를 입은 바도 있다. 국제수역사무국(OIE)에서는 가축전염병 가운데 가장 위험한 A급 바이러스로 지정하였다.

(2) 돼지 열병

전염성이 높은 급성(acute) 또는 만성(chronic)의 돼지 전염병이다. 이병률 및 폐사율이 높고 출혈성패혈증이 특징이다. 돼지콜레라 바이러스가 병원체이며, 접촉감염과 호흡기감염으로 전파되나 주로 경구감염으로 발병된다. 이 질병은 1970년대 이후 양돈농가에서 많이 발생하여 크게 피해를 입힌 바도 있어 제1종 법정전염병으로 관리하고 있다.

증세는 잠복기는 약 5~7일로 식욕이 감퇴되고, 41~42℃의 고열이 나며 점차 원기가 소실되고 보행이 힘들어지며 후구마비를 일으킨다. 심한 경우에는 아주 드러눕고 사지에 경련을 일으키고 폐사하며 결막염도 보인다. 중증인 때에는 안검(眼瞼)이 종창하며 위아래가 부착된다. 초기에는 변비를 보이나 후기에는 설사를 하며 설사변은 황색 또는 황록색으로 악취가 심하다. 병 말기에는 체표에 자주색이나 암적색으로 반점이 생기고, 심하면 혈변(血便)을 배설하면서 폐사하는 경우도 있다.

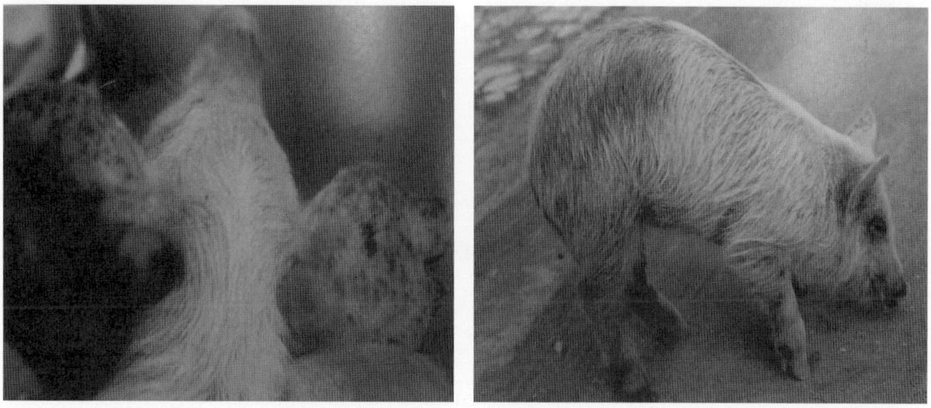

[그림 11-4] 돼지열병의 콧등 · 귀 적색반점(좌)과 후구마비(우)

효과적인 치료방법은 없고 예방이 최우선으로 적기에 생독백신을 주사한다. 예방백신은 새끼돼지의 경우 생후 40일령에 1차, 1개월 후 2차 접종하며, 어미돼지는 1년 1회 접종한다. 발병돼지는 도살 처분하고 돼지의 이동을 금지시킨다.

(3) 돼지 오제스키병

돼지 오제스키병(Aujeszky's disease)은 바이러스 감염에 의한 질병으로서 일본인 오제스키(Aujeszky)가 발견했으며, 우리나라는 제2종 전염병으로 정하였다. 자돈에서 체온의 상승과 함께 신경(신경장애, 경련 등) 및 호흡기(콧물, 재채기 등) 증상을 보이고 폐사(斃死)를 일으키는 경우도 있으며, 성돈에서는 불현성 감염이거나 임신중인 돼지는 유산과 사산을 일으키는 질병이다. 포유중인 새끼돼지는 열이 나고 변비, 떨림, 휘청거림 등 신경증세를 나타내며 발병 후 1~3일에 죽는 경우가 많고, 연중 발병한다.

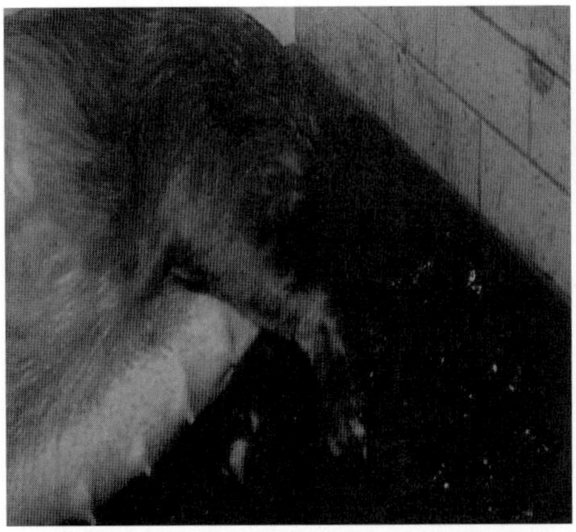

[그림 11-5] 오제스키병의 사산태아(좌)와 신생자돈의 경련(우)

일단 감염이 되면 치료가 어려워 무엇보다 예방이 중요하다. 전 세계적으로 분포하고 있으나, 우리나라에도 최근에 와서 발생하기 시작하고 있다. 국내에서는 1987년 경기도와 충남지역에서 처음 발병한 바 있다. 백신은 있으나 충분한 효과를 기대하기 어렵다. 일반적으로 상재지역은 매년 백신 접종을 하나, 그 외 지역은 선택적이다. 이 병의 확실한 대책은 항체를 검사하여 양성돼지를 도살 처분하는 것이다.

(4) 돼지 유행성설사와 전염성위장염

돼지의 소화기 질병의 하나로서 돼지 코로나바이러스(Corona-virus)에 의한 자돈의 급성(急性) 유행성설사(流行性泄瀉, Porcine Epidemic Diarrhea; PED)이다. 포유자돈의 경우 거의 100%에 가까운 치사율을 나타내며, 구토, 유행성 설사, 탈수 등을 나타낸다. 새끼돼지의 폐사율은 90%, 육성돈은 2~6% 정도이다. 11~4월 사이 겨울과 봄철에 많이 발생하며, 발병 후 8일 정도 지나면 성돈은 회복되는 경우도 많다. 치료를 위하여 전해질용액, 항균제, 비타민제 등의 투여가 권장되고 있지만 치료 효과는 크지 않다. 축사 내 바닥을 청결히 유지하고, 바이러스 소독제, 생석회 등으로 소독을 철저히 하며, 예방접종을 실시하는 것이 중요하다.

돼지의 전염성위장염(傳染性胃腸炎, Transmissible Gastroenteritis; TGE)은 PED와 같이 소화기내 바이러스성 설사증상으로 전파력이 높고 폐사율이 높은 것이 특징인데, 그 증상은 PED와 비슷하다.

TGE는 전파력이 매우 빠르고, 주로 동절기에 많이 발생하며, 어린 자돈에서 발생빈도가 높다. 특히 Virus성 설사라는 공통적 특징이 있다.

[그림 11-6] 전염성위장염의 자돈탈수증(좌)과 소장가스팽대(우)

<표 11-8> 돼지 TGE와 PED의 공통점과 차이점 비교

구 분	TGE	PED
❑ 공통점	❍ 특징 - 소화기내 Virus성 설사증 - 전파력이 매우 빠르고 폐사율이 높다 ❍ 치료와 예방 - 오염사료, 물, 분변 등의 차단 - 잠복기 돼지의 입식, 차량통행, 조류 설치류 등의 이동금지 - 모돈에 인공감염 실시하여 예방하고 치료하는 경우도 많다.	
❑ 전파력 및 발생시기	❍ 매우 빠르다 ❍ 가을 ~ 봄(주로 동절기)	❍ TGE보다는 늦다(약 7일) ❍ 연중 발생
❑ 증상	❍ 모돈의 무유증(약함) ❍ 구토(매우 심함), 설사(수양성)	❍ 모돈의 무유증(매우 강함) ❍ 구토(심함), 설사(수양성)
❑ 폐사율	❍ 포유자돈은 높다 ❍ 이유자돈은 매우 낮다	❍ 포유자돈은 높다 ❍ 이유자돈은 낮다

(5) 돼지 생식기호흡기 증후군

돼지 생식기호흡기 증후군(Porcine Reproductive Respiratory Syndrome, PRRS)은 모돈의 번식장애와 유·사산을 일으키고 자돈에게 위축성 호흡기 질환을 일으키는 바이러스성(Arterivirus) 제2종 법정전염병이다. 세균, 바이러스의 2차 감염에 의해 호흡기 증상이 악화되는 것이 특징이다. 이 질병의 증상은 모돈은 임신 후기에 유사산, 기형태아, 미이라 등이 발생하고, 자돈은 이유 전후에 폐사하기 쉽다(생식기 증후군). 그리고 식욕부진, 발열, 기침, 설사, 뇌막염, 폐렴, 성장률 저하 등이 따르고, 귀나 외음부 등에 청색증이 생길 때도 있다(호흡기 증후군). 특히, 이 병은 백신(vaccine)이나 방역에 의해 예방할 수 있다. 항체 음성과 양성검사 결과에 따라 선택적으로 접종을 실시한다.

(6) 일본뇌염

이 전염병은 사람과 동물에게 함께 발생하는 일본뇌염 바이러스(日本腦

炎, virus)에 의해서 전염되는 인수공통전염병(人獸共通傳染病)이며, 법정 제2종으로 지정한 전염병이다. 특히 사람의 경우, 어린이(5~15세)와 노약자에게 많이 걸리며, 돼지에서는 미경산돈에는 치료 후 큰 문제는 없으나 임신돈이나 후보 종모돈(boar)에서는 유산 또는 무정자증 등의 증상이 나타나곤 한다. 갓 태어난 자돈의 경우 뇌신경증상으로 떨림, 경련, 마비 등이 나타난다. 특히 이 병에 전염되면 번식이상 현상이 초래되고, 체온이 상승하고, 식욕이 저하되는 증상이 두드러지게 나타난다.

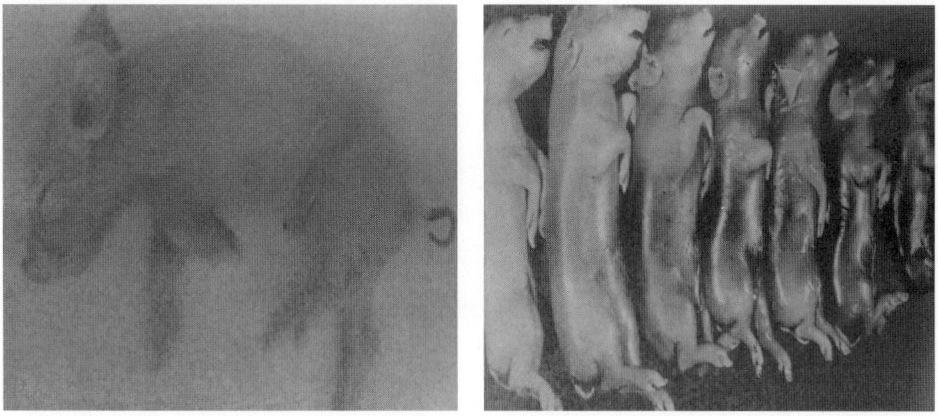

[그림 11-7] 일본뇌염의 분만자돈 신경증(좌)과 사산 미이라(우)

이 병의 예방법으로 특별한 것은 없으나, 8~9월경 큐렉스(Culex) 모기를 제거하거나, 모기장 설치 등으로 돼지를 보호해야 한다. 그리고 예방주사 실시로 예방에 각별한 관심을 쏟아야 한다. 경산돈은 4~5월에 2회 백신접종을 실시하고, 후보돈은 10월에 백신접종을 한다.

(7) 돈단독

이 돈단독(豚丹毒, swine erysipelas)은 육성돈이나 성돈에서 발생빈도가 높은 것으로 나타났다. 이 전염병은 세균성전염(細菌性傳染)으로 돈단독간균(豚丹毒桿菌)으로 전염되는 돼지의 전염병이다. 이 병의 증상은 급성패혈증형, 피부형, 그리고 만성형 등 3가지 형태가 있다.

급성일 때는 41~42℃의 체온으로 상승하고 식욕감퇴와 후구가 쇠약해지는 것이 특징이라고 할 수 있다. 피부형은 몸에 열이 나면서 40~41℃까지 상승하며 식욕이 떨어지고 피부반점과 부스럼이 생긴다. 특히 임신돈은 유산, 사산 등이 발생하는 경향이 많다.

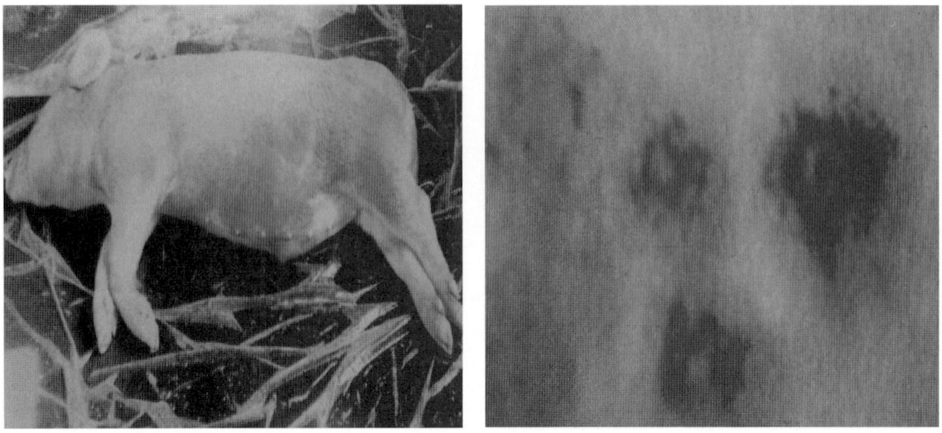

[그림 11-8] 돈단독, 급성패혈증형(좌)과 피부형(우)

그밖에도 대장균설사증, 돈적리, 위축성비염, 유행성폐렴 등 여러 질병들이 항상 산재해 있다.

[그림 11-9] 위축성비염의 비출혈(좌)와 부정교합(우)

연 습 문 제

1. 다음은 돼지의 질병 조기발견에 예찰되는 사항이 아닌 것은?
   ① 돼지분변은 가급적 수분함량이 높을수록 좋다.
   ② 피모는 윤기가 나고 털이 빠지지 않아야 한다.
   ③ 점막은 부드럽고 탄력성이 있어야 한다.
   ④ 정상 저작과 비경에 습윤을 유지해야 한다.

2. 정상돼지의 체온은 얼마인가?
   ① 36.5~37.5℃ ② 37.5~38.0℃ ③ 38.5~39.0℃ ④ 38.5~39.5℃

3. 전염병 예방 3대 원칙이 아닌 것은?
   ① 감염원의 병원체 제거 ② 감염경로 차단
   ③ 감염숙주의 저항력 증진 ④ 멸균과 소독 실시

4. 다음은 돼지의 구제역(FMD)에 관한 설명이다. 틀린 것은?
   ① 수포성 급성 바이러스 질병이라고 할 수 있다.
   ② 구강내 또는 제간, 제관부 등에 수포가 발생한다.
   ③ 폐사율은 타전염병보다 비교적 높다.
   ④ 잠복기는 2-5일 정도이고, 고열(40℃이상)이 생긴다.

5. 돼지열병과 단독에 관한 설명 중 틀린 사항은?
   ① 돼지열병은 전파력이 강하고 폐사율이 높다.
   ② 돼지열병과 단독의 공통 증상은 고열과 혈변, 피부반점 등이 생긴다.
   ③ 돼지열병은 바이러스, 그리고 단독은 세균(간균)으로 전염된다.
   ④ 두 전염병 모두 자돈이나 육성돈에서 많이 발병한다.

6. 다음 돼지 질병 중 인수공통전염병은?
   ① 돈열병 ②돈단독 ③ 폐렴 ④ 일본뇌염

7. 다음은 돼지 오제스키병의 증상이 아닌 것은?
   ① 발열과 식욕부진 ② 사산 및 유산
   ③ 구강염과 혈변 ④ 설사와 구토

8. 돼지의 생식기호흡기 전염병의 주요 증상을 설명하시오.

9. TGE와 PED 전염병의 공통점과 차이점을 비교 설명하시오.

10. 돼지 일본뇌염의 전염원과 주요 증상을 설명하시오.

정답 ☞ 1-① 2-③ 3-④ 4-③ 5-④ 6-④ 7-③

제 12 장 양돈경영과 생산물 이용

1. 양돈경영

(1) 경영과 소득

양돈장에서 수익증대(收益增大)를 위해서는 사육과정에서 많은 요인들이 작용된다고 볼 수 있다. 번식효율 개선, 육종계획, 사양관리, 질병방역관리 등 어느 것 하나 소홀히 다룰 분야는 없다. 이러한 양돈업은 1950~'70년대의 부업양돈(副業養豚)에서 21세기는 진업양돈(專業養豚) 또는 기업양돈(企業養豚) 형태로 경영하고 있는 실정이다. 우리나라의 돼지 총사육두수도 1천만두 시대에 평균 호당 사육두수도 2천두를 눈앞에 두고 있다. 돼지의 출하경로도 생산자가 축협 등을 통한 계통출하, 계열화 생산판매나 육가공 유통업체 등에 판매하는 경우도 많다. 이러한 경로의 판매조합이나 계열화조직(系列化組織)은 양돈경영에 많은 장점을 가지고 있다.

첫째는, 브랜드와 같은 특수성을 갖는 우량 돼지고기를 생산할 수 있는 시스템을 구축할 수 있다. 이것은 생산관리에서 공동출하까지 가능하다.

둘째는, 종돈의 공동관리(共同管理)와 이용이 가능하여 효율적인 양돈경영이 가능하다. 그리고 정액(精液)의 효율적인 이용과 정보의 공유가 가능한 점 등은 큰 장점으로 나타난다.

셋째는, 사료의 개발(開發) 및 보급(普及)이 쉽고 경제적으로 유리한 점을 많이 가지고 있다. 그밖에도 사료원료의 구입에도 경제적으로 유리하다.

넷째는, 전염병(傳染病)과 방역활동(防疫活動)을 공동관리할 수 있어 효과적으로 대처할 수 있는 장점이 있다. 그밖에도 기술보급, 공동출하, 공동분배 등 구성원의 복지향상과 장기적 발전구상에서 매우 많은 장점을 가지고 있다. 이러한 과정에서 발생한 수익(收益)은 합리적인 투자와 경영으로 양돈발전과 수익성 창출에 많은 경비가 소요되어야 할 것이다. 양돈관련 단체나 생산자는 함께 지속가능한 양돈경영 합리화(合理化)에 노력해야 할 것으로 생각된다.

<표 12-1> 비육돈 1두당 생산비 및 수익성

구 분	사 육 규 모				
	1,000두미만	1,000~1,999두	2,000~2,999두	3,000두이상	평 균
경영비	272,342	290,619	266,886	260,419	268,981
생산비	306,385	314,769	285,675	278,613	290,094
가축비	86,695	72,837	66,396	62,822	67,881
사료비	150,282	177,079	159,599	156,971	160,935
수도광열비	2,694	3,269	3,114	2,770	2,924
방역치료비	5,766	6,774	7,527	8,107	7,500
농구비	6,557	6,185	4,222	4,461	4,990
감가상각비	5,711	5,641	3,575	3,815	4,345
수리유지비	548	415	488	440	454
임차료	49	20	49	104	72
소농구비	249	109	110	102	119
영농시설비	6,086	5,542	4,789	5,066	5,221
감가상각비	4,179	4,265	3,224	3,857	3,869
수리유지비	1,213	1,104	1,565	1,126	1,203
임차료	694	173	0	83	149
제재료비	2,860	1,846	1,366	1,645	1,762
차입금이자	1,723	3,360	1,976	1,438	1,956
토지임차료	297	233	0	0	78
고용노동비	3,238	5,626	8,492	9,853	8,087
분뇨처리비	4,915	6,136	7,817	5,596	6,010
생산관리비	657	768	699	511	611
기타비용	808	1,022	939	1,229	1,096
자가노동비	18,442	9,593	4,467	2,338	5,808
자본용역비	14,459	13,940	13,705	15,205	14,618
토지용역비	1,142	617	617	651	687
부산물수입	236	58	50	50	70
조수입(A)	300,437	295,708	301,307	299,285	295,695
일반비(B)	308,886	325,064	299,715	294,904	300,096
비용합계(C)	347,463	352,071	320,812	315,503	323,645
소득(A-B)	-8,449	-29,356	1,592	4,381	-4,401
순수익(A-C)	-47,026	-56,363	-19,505	-16,218	-27,950

* 자료: 통계청, 농축산물생산비조사, 2014.

❑ 양돈 소득 = 양돈 조수입 - 경영비
❑ 양돈 순수익 = 양돈 조수입 - 생산비
[또는 소득 - (자가노력비+자본용역비+토지용역비)]

양돈에서 경영비목(經營費目)은 사료구입비, 가축비, 방역치료비, 수도광열비, 농기구수리비, 소농기구구입비, 잡비, 수정비, 고용노력비, 차입금이자, 기타 비용 등이며, 이 중에서 사료비와 가축비의 비목은 경영 비목에서 가장 큰 비중을 차지하고 있다.

[농가소득 계산의 예]

어떤 농상에서 돼지판매수입이 9천만원, 분뇨비료판매수입 5백만원을 1년간 조수입으로 얻었다(매출액). 이때 경영비가 5천만원 소요되었다면 이 농가의 소득은 연간 4,500만원이 된다. 그리고 소득률은 [축산소득/축산조수입×100]으로 계산하면, 4,500/9,500×100=47.37(%)가 된다.

<표 12-2> 돼지도체 중량과 등지방두께에 따른 1차 등급판정 기준(탕박기준)

등 급	인 력 판 정		기 계 판 정		
	도체중량(kg)	등지방두께(mm)	도체중량(kg)	등지방두께(mm)	수 율(%)
	이상-미만	이상-미만	이상-미만	이상	이상
1^{+} 등 급	83 ~ 93	17 ~ 25	83 ~ 93	14.0	56.0
1 등 급	80 ~ 83 83 ~ 93 83 ~ 93 93 ~ 98	15 ~ 28 15 ~ 17 25 ~ 28 15 ~ 28	80 ~ 98	12.0	54.0
2 등 급	1^{+}, 1등급에 속하지 않는 것				

* 상기 도체등급 판정은 2015년 1월 6일부터 적용된 기준임(개정).

축산물품질평가원에서 1^{+}등급을 받으려면 도체중량과 등지방두께(탕박기준;인력판정)는 각각 83~93kg 범위와 17~25mm에 포함된 도체이어야 한다. 보통 때 지육 1kg당 1^{+}등급과 1등급의 경락가격은 평균가격보다 각각 약 350원과 200원이 높은 것으로 조사되었다. 양돈농가에서는 동일한 조건과 사료비를 투입하고 품질이 양호한 판정으로 높은 도체등급을 받아야 경영수익(經營收益)을 올릴 수 있게 된다.

(2) 돼지 생산물

❑ 돼지도체-
- 돼지고기- 안심, 등심, 목심, 삼겹살, 뒷다리, 앞다리, 갈비, 사태 등, 그리고 가공육제품(햄, 베이컨, 소시지, 훈제품, 하몽 등)
- 부 산 물- 지방, 껍질, 내장, 비누, 가죽, 약품, 화장품, 혈분, 소시지, 케이싱, 골분, 콜라겐, 호르몬, 기타 원료 등.

돼지는 사육하여 약 110kg이 되면 출하하여 도체(屠體)하게 되는데, 이 도체는 크게 돼지고기(돈육)와 그 부산물로 나누어 대부분 인류가 필요한 식품으로 이용하고 있다. 돼지 도체분(屠體分)은 보통 2분체(척추 2등분)와 4분체(4지 중심)로 분할하고 발골(拔骨)하여 정육(精肉)으로 소비자의 요구에 따라 이용하게 된다.

(3) 양돈장 돈사별 관리표준

① 번식돈사의 1일 작업표준

<표 12-3> 번식돈사의 작업표준

구 분	오 전	오 후
번식 모돈	❍ 돼지관찰·환경조절 ❍ 발정확인·교배작업 ❍ 사료급여 ❍ 환돈치료 ❍ 임신스톨로의 이동	❍ 돈분제거, 돈방청소, 빈 돈방수세, 소독 ❍ 체평점 판정 ❍ 임신진단 ❍ 발정확인·교배작업 ❍ 사료급여·환경조절
웅돈	❍ 돼지관찰·환경조절 ❍ 발정확인·교배작업 ❍ 사료급여	❍ 돈분제거, 돈방청소 ❍ 환돈치료 ❍ 발정확인·교배작업(정액검사) ❍ 환경조절
후보 웅돈	❍ 돼지관찰·환경조절 ❍ 사료급여	❍ 돈분제거, 돈방청소 ❍ 환돈치료 ❍ 웅돈 교배훈련(7개월령 이후) ❍ 환경조절
후보 모돈	❍ 돼지관찰·환경조절 ❍ 발정촉진 ❍ 환돈치료 ❍ 사료급여 ❍ 초배기	❍ 돈분제거, 돈방청소 ❍ 발정촉진 ❍ 사료급여 ❍ 사료급여·환경조절 ❍ 초교배기

* 번식돈은 모돈, 종모돈, 후보웅돈, 후보모돈 등으로 구분하여 관리하되, 농장여건에 따라 통합하여 관리할 수 있다.

번식돈사는 <표 12-3>과 같이 번식모돈, 웅돈, 후보웅돈, 후보모돈으로 나누어 1일 작업표준을 정하였다.

② 분만돈사의 1일 작업표준

분만돈사의 작업은 아래 <표 12-4>와 같이 수유돈과 포유자돈으로 나누어 1일 작업표준을 정하였다.

<표 12-4> 분만돈사의 1일 작업표준

구 분	번식돈의 주요 작업내용	
	수유돈의 관리	포유자돈의 관리
오전	❍ 모돈 관찰 건강상태, 사료섭취상태 점검 ❍ 사료급여 ❍ 임신돈을 분만사로 이동 (부정기적) ❍ 분만일의 조절 프로스타그란딘, 옥시토신주사	❍ 자돈 관찰 건강상태, 사료섭취상태 점검 ❍ 사료급여 입붙이기, 사료급이기 수세, 사료 교체급여, 급수기 점검 ❍ 환경관리 보온기구 점검, 온도·환기 관리 ❍ 체중측정(부정기적) 생시, 이동시
오후	❍ 돈분제거, 돈방수세, 빈 돈방 소독 ❍ 환돈치료 ❍ 사료급여	❍ 환경관리 보온기구 점검 ❍ 돈분제거, 돈방수세 ❍ 환돈치료 ❍ 철분주사 ❍ 거세 ❍ 급이기 세척
수시	❍ 분만간호 - 분만이 있을 때	❍ 초생돈의 처치 - 분만이 있을 때

* 수유돈과 포유자돈은 분만돈사에서 동시 관리사항으로 서로 다른 작업내용이 상기 외에도 많은 관리가 필요하다.

③ 포유모돈의 주간관리

포유모돈의 주간관리는 아래 <표 12-5>와 같이 분만전 모돈, 분만예정 모돈, 분만 1주 후 모돈, 분만 2주 후 모돈, 분만 3주 후 모돈으로 나누어 제시하였다.

<표 12-5> 포유모돈의 주간관리

<table>
<tr><th>돈 군</th><th>주작업</th><th>월</th><th>화</th><th>수</th><th>목</th><th>금</th><th>토</th><th>일</th></tr>
<tr><td rowspan="2">❍ 분만전 모돈</td><td>정기</td><td></td><td colspan="3">돈체소독, 도입, 체평점 확인</td><td></td><td></td><td></td></tr>
<tr><td>매일</td><td colspan="7">모돈관찰, 사료급여, 돈분제거</td></tr>
<tr><td rowspan="2">❍ 분만 예정모돈</td><td>정기</td><td></td><td colspan="2">분만일조절, 준비</td><td></td><td></td><td></td><td></td></tr>
<tr><td>매일</td><td colspan="7">모돈관찰, 사료급여, 돈분제거</td></tr>
<tr><td rowspan="2">❍ 분만 1주 후 모돈</td><td>정기</td><td colspan="5">분만간호, 체평점 확인(분만 5일차)</td><td></td><td></td></tr>
<tr><td>매일</td><td colspan="7">모돈관찰, 사료급여, 돈분제거</td></tr>
<tr><td rowspan="2">❍ 분만 2주 후 모돈</td><td>정기</td><td></td><td></td><td></td><td></td><td></td><td></td><td></td></tr>
<tr><td>매일</td><td colspan="7">모돈관찰, 사료급여, 돈분제거</td></tr>
<tr><td rowspan="2">❍ 분만 3주 후 모돈</td><td>정기</td><td></td><td></td><td></td><td>체평점 확인, 이동</td><td></td><td></td><td></td></tr>
<tr><td>매일</td><td colspan="7">모돈관찰, 사료급여, 돈분제거</td></tr>
</table>

* 돈군별로 주간관리를 원칙으로 하고, 정기와 매일관리로 구분한다.

(4) 양돈장의 생산성과 경영진단

기록관리 없이는 생산성 향상으로 인한 지속적인 농가의 수익성 증대를 기대할 수 없다. 성공적인 양돈경영을 위해서는 반드시 생산기록이 필요하다. 우선 목표를 뚜렷이 정하고 실적을 분석하여 하나씩 개선해 나아감으로써 튼튼한 경영기반을 이룩하여 양돈농가의 성공으로 이끌어 갈 수 있다. 이러한 경영분석지표로 이용되고 있는 주요 항목은 주로 번식과 관련된 산자수, 수정능력, 모돈회전율 등이고, 증체와 관련된 체중이나 사료요구율 등도 매우 중요시 여기는 지표 항목이다.

<표 12-6> 양돈경영의 분석지표

주 요 항 목	지 표	비 고
1. 총출하두수 회전율 =총출하두수/상시사육두수 *상시사육두수=연사육두수/365일	1.7배	규격돈, 자돈, 도태판매돈 포함
2. 복당산자수 =총산자수/총분만복수	10.5~11두 이상	포유개시두수: 10두 이상
3. 복당육성률 =이유두수×100/산자수	90% 이상	최고의 목표: 95%
4. 모돈회전율 =분만복수/상시사육모돈두수	최저: 2.2회전 이상 최고: 2.4회전	최고목표: 2.5회전
5. 모돈두당 연간자돈/육성두수 =(2)×(3)×(4)	19.8두 이상	23.8두 이상
6. 모돈도태율 =(도태모돈두수/상시사육모돈 두수)×100	년 33%	30~40% 범위
7. 비육돈(110kg) 출하일령	165~175일	단축할수록 경제적
8. 비육돈사고율 =폐사두수×100/비육돈상시 사육두수	3%	3% 이내
9. 총 출하율(분만~출하)	86~88%	90% 이상
10. 지육률(도체율)	박피 67~70%	-
11. 재귀발정률	90% 이상	이유후 9일 이내 교배
12. 재발정률	10% 미만	5%이하 목표
13. 불임률	4% 미만	최소화 목표
14. 21일령 개체체중	5.5kg 이상	6.0kg 이상

① 양돈장의 생산성 분석

아래 <표 12-7>은 일반 양돈장의 번식과 이유에 관한 생산성 조사에 관한 결과이다.

<표 12-7> 일반 양돈장의 모돈규모별 생산성 분석결과

(단위: 두, 일, %)

구 분	분만율	총 산자수	포유개 시두수	이유 두수	이유 일령	모돈 회전율	육성률
❍ 소규모 모돈	77.20	11.16	10.48	8.89	27.26	2.17	87.13
❍ 중규모 모돈	78.65	11.01	9.93	9.34	23.79	2.32	94.70
❍ 대규모 모돈	79.92	10.98	10.28	9.35	26.41	2.23	91.69
평 균	78.80	11.04	10.22	9.23	25.77	2.25	91.48

주) 소규모 농장의 모돈사육두수는 평균 120두, 중규모는 300두, 대규모는 500두 기준으로 조사한 결과임.

일반양돈장의 평균분만율은 78.8%로 조사되었다. 모돈규모별 분만율은 유의한 차이없이 평균치와 비슷한 수준이었으나, 모돈규모가 클수록 분만율이 다소 높은 경향을 보였다. 이러한 결과는 김 등(2008)이 평균분만율이 88.65%로 보고한 결과보다 낮은 성적이었으며, 김과 유(2007)가 모돈 소, 중, 대규모 농장에서 각각 85.2%, 89.9% 및 77.9%로 보고한 결과와 소규모 농장에서는 다소 낮지만 대규모 농장에서는 비슷한 분만성적이다.

복당총산자수는 평균 11.0두로 비교적 양호한 것으로 조사되었다. 모돈규모별 간에는 유의한 차이는 없었으나, 소규모농장에서 11.16두로 모돈규모가 클수록 총산자수는 점점 적어지는 경향을 보였다. 이러한 결과는 김과 유(2007)가 평균산자수는 11.3이었고, 모돈규모에서는 중규모농장 집단에서 11.8두로 가장 양호한 산자능력을 보였다는 결과와 대체적으로 유사하였으나, 김 등(2008)이 모돈규모 2그룹 간에는 유의한 차이가 없다는 내용과는 다소 상이한 결과를 보이기도 한다.

평균포유개시두수는 10.22두인데, 모돈 농장규모별간에는 통계적으로 유의한 차이($p<0.05$)를 보였다. 모돈 소규모농장의 포유개시두수가 10.48두로 중규모 9.93두 보다는 높은 것으로 나타났다. 이러한 결과는 김과 유(2007)가 평균 10.28두로 보고한 것과 일치하였으며, 최(2012)가 소규모

10.07두와 대규모 10.49두로 유의한 차이 없이 대규모농장이 다소 높은 경향으로 보고한 결과와 서로 다른 결과를 보였다.

조사된 복당평균이유두수는 9.23두이다. 모돈사육규모별 간에는 통계적 유의차($p<0.05$)가 인정되었는데, 소규모농장에서 8.89두로 가장 낮은 성적이었으나 대규모농장에서는 9.35두로 모돈규모가 클수록 이유두수가 양호한 결과를 보였다. 이러한 결과는 김과 유(2007)가 평균이유두수 9.55두, 김(2006)의 9.52로 보고한 것보다는 다소 낮은 성적이었으나, 소규모와 대규모 농장에서 각각 9.36두와 9.50두로 보고한 김 등(2008)의 결과와는 대체적으로 유사한 이유성적이다.

복당평균이유일령은 25.77일로 모돈규모별 간에는 유의한 차이($p<0.05$)를 보였다. 소규모농장에서 27.26일로 가장 늦은 일령에 이유를 시키는 반면에 중규모농장에서는 23.79일로 이유일령이 가장 짧은 것으로 나타났다. 이러한 결과는 김(2006)의 양돈단지성적 22.10일보다 다소 늦은 일령이었으나, 김 등(2008)이 평균 25.72일, 그리고 소규모보다는 대규모 농장에서 유의하게($p<0.01$) 이유일령이 빠르다는 보고와 서로 비슷한 결과를 보였다. 이는 양돈경영 표준진단표 기준의 21일령 보다 모두 늦은 일령에 이유를 시키고 있었다.

평균 모돈회전율은 2.25회로 보통수준을 보였다. 모돈규모별간에는 유의한 차이($p<0.05$)를 보였는데, 소규모와 대규모 보다는 중규모농장 집단이 평균 2.32회로 가장 높은 모돈회전율을 보였다. 이러한 결과는 김(2006)의 선진양돈장 평균회전율 2.50회, 그리고 박 등(2001)이 양돈농장의 관리기술지표 2.40회보다는 다소 저조한 결과를 보였으나, 김 등(2008)이 평균모돈회전율은 2.24회, 그리고 소규모(2.19회) 보다는 대규모(2.29회)농장에서 유의한 차이를 보였다는 결과와 대체적으로 비슷한 성적을 보였다.

평균자돈육성률은 91.48%로 조사되었다. 모돈규모별 간에는 유의한 차이($p<0.05$)가 인정되었는데, 소규모(87.13%)와 대규모(91.69%)집단보다는 중규모집단에서 94.70%로 자돈육성률이 가장 양호한 성적을 보였

다. 이러한 결과는 김 등(2008)이 전체평균 85.84% 보다는 양호한 육성률을 보였으나, 김과 유(2007)가 평균육성률 93.08% 보다는 약간 낮은 성적으로 나타났으며, 모돈 3개 그룹별로는 규모가 클수록 유의하게($p<0.01$) 높은 육성률이었다는 결과와 비슷한 결과를 보였다. 이렇게 적정규모 농장집단에서 양호한 육성률을 보인 것은 포유시 효율적인 모돈과 자돈관리에 기인한 것으로 생각된다.

② 종합경영 평가와 진단

모돈 농장 3개 그룹의 규모별 기술경영관리의 진단과 평가는 [그림 12-1]과 같다.

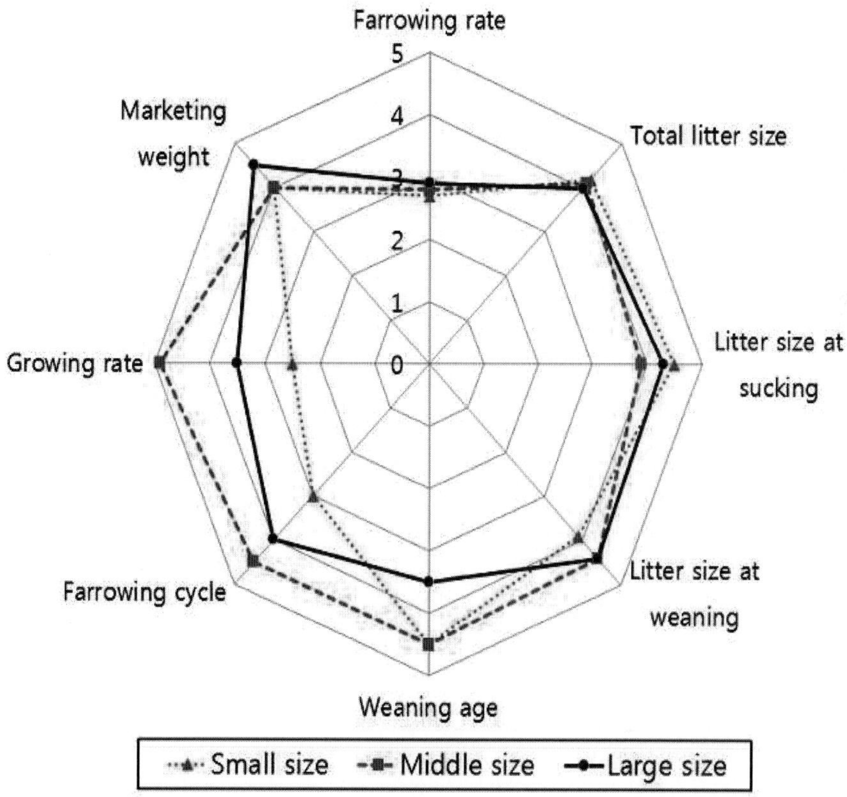

[그림 12-1] 모돈 사육규모별 경영지표 진단과 평가

<표 12-8> 일괄사육 양돈장의 종합평가 진단표

구 분	세부요소	배점	평가등급					점수	
			I	II	III	IV	V		
자돈생산 (25)	① 종돈구입	5	1	2	3	4	5		
	② 종돈 품종수	4	0.8	1.6	2.4	3.2	4		
	③ 인공수정	4	0.8	1.6	2.4	3.2	4		
	④ 주간관리	4	0.8	1.6	2.4	3.2	4		
	⑤ 포유기간	5	1	2	3	4	5		
	⑥ 임신돈 사료급여	3	0.6	1.2	1.8	2.4	3		
비육돈 생 산 (15)	① 비육돈 사료급여	7	1.4	2.8	4.2	5.6	7		
	② 거세	5	1	2	3	4	5		
	③ 암·수 분리사육	3	0.6	1.2	1.8	2.4	3		
질병관리 (15)	① 예방접종	6	1.2	2.4	3.6	4.8	6		
	② 위생	4	0.8	1.6	2.4	3.2	4		
	③ 돈사내·외부소독	5	1	2	3	4	5		
사육시설 (25)	① 돈사구성	5	1	2	3	4	5		
	② 돈사간격	3	0.6	1.2	1.8	2.4	3		
	③ 온·습도,환기관리	3	0.6	1.2	1.8	2.4	3		
	④ 비육돈 평당사육두수	3	0.6	1.2	1.8	2.4	3		
	⑤ 뇨 및 세척수 처리	5	1	2	3	4	5		
	⑥ 돈분처리	6	1.2	2.4	3.6	4.8	6		
경영관리 (20)	① 출하처	5	1	2	3	4	5		
	② 생산자재 구입·판매	4	0.8	1.6	2.4	3.2	4		
	③ 경영기록 및 분석	4	0.8	1.6	2.4	3.2	4		
	④ 자금관리	4	0.8	1.6	2.4	3.2	4		
	⑤ 농업정보 활용	3	0.6	1.2	1.8	2.4	3		
합 계		100	(20)	(40)	(60)	(80)	(100)		

주) ① 세부요소별 해당 평가등급에 ○표 한 후 해당점수를 점수란에 기입한다.

② 종돈구입 항목평가에서 이웃농장구입(1점), 자체농장선발(2점), 자체 및 우수농장선발(3점), 능력검정된 합격돈 구입(4점), 청정양돈장의 종돈능력검정 합격돈(5점) 등과 같이 세부요소별로 체크하여 점수화한다. 또는 매우우수는 5점에서 매우 낮음은 1점으로 점수화하는 평가방법도 있다.

모돈 소규모농장에서는 총산자수, 포유개시두수 등에서는 경영관리가 비교적 양호한 평가를 받고 있었으나, 자돈육성률이나 모돈회전율 등의 지표는 저조한 성적으로 진단됨으로 기술력 향상과 함께 효율적 경영관리가 요구되었다. 중규모 모돈농장에서는 특히 분만율 증가, 그리고 대규모 모돈농장에서는 분만율 향상과 함께 이유일령 단축에 기술집약적 경영관리가 요구되는 것으로 나타났다.

(5) 농장의 번식성적과 수익성

모돈의 분만율, 이유두수 등은 양돈장의 수익성(收益性)에 지대한 영향을 미치는 것으로 나타나고 있다. 분만율과 이유두수에 따른 이유두수, 출하두수 등의 수준이 얼마나 영향을 주는가를 살펴 비교해보면 다음과 같다.

① 분만율에 따른 출하두수와 수입

양돈장의 분만율에 따른 모돈의 이유두수와 출하두수는 많은 차이를 보이고 있다. 아래 <표 12-9>는 모돈 100두 농장의 분만율과 수입과의 관계를 나타낸 것이다.

<표 12-9> 분만율에 따른 모돈 100두 규모의 이유두수, 출하두수 및 수입

농장별	교배복수	분만율(%)	평균 이유두수	총이유 자돈수	출하두수	수 입 (천원)
A	230	90	9	1,863	1,807	722,800
B	230	85	9	1,760	1,707	682,800
C	230	80	9	1,656	1,606	642,400
D	230	75	9	1,553	1,506	602,400

주) 1. 이유후 육성률 : 출하두수/이유두수×100 = 약 평균 97%수준(가정)
2. 비육돈 1두당 판매가격=400,000원(평균 현재가격)(2015.2.15)
3. 지육 1㎏당 단가 = 농장평균 5,200원(지급률=110㎏×70%(68%)×5,200원=400,400원)

이러한 차이는 출하두수는 물론 수입과 직결된다고 볼 수 있다. 상기는 4개의 100두 규모 번식돈 농장의 분만율에 따른 출하성적과 수익성(조수입)을 비교한 결과이다. 분만율 5% 차이는 농장 간에 연간 약 4천만원의 엄청난 수입(매출액) 차이를 보여주고 있는 실태이다. 따라서 농장성적 중 분만율이 높은 것은 수익과 직결되므로 생산비 절감에 못지않게 생산성지표(生産性指標)로서 중요한 가치를 지니게 됨으로 첫째는 수태율을 높이고, 둘째는 사산 및 유산율을 낮추며 육성률을 증가시키는 「번식과 육성률 향상」 기술이 적극 도입되어 생산성 향상에 기여해야 할 것이다.

② 평균 이유두수와 모돈회전율에 따른 총이유두수와 수입

모돈 100두규모 양돈장의 연간 평균 이유두수와 모돈회전율과의 관계를 나타낸 것이다(표 12-10).

<표 12-10> 모돈 100두규모의 평균이유두수와 모돈회전율에 따른 연간이유두수와 수입비교

회전율 / 평균이유두수	1.8	1.9	2.0	2.1	2.2	2.3	2.4	2.5
8.0	1,440	1,520	1,600	1,680	1,760	1,840	1,920	2,000
8.5	1,530	1,615	1,700	1,785	1,870	1,995	2,040	2,125
9.0	1,620	1,710	1,800	1,890	1,980	2,070	2,160	2,250
9.5	1,710	1,805	1,900	1,995	2,090	2,185	2,280	2,375
10.0	1,800	1,900	2,000	2,100	2,200	2,300	2,400	2,500

주) 1. 평균이유두수 8.0×모돈회전율 1.8×모돈 100두=1,440두(연간 이유자돈)
2. 출하두수는 이유 후 육성률(97%)이 되므로, 그 계산(평균이유두수 9.0두, 모돈회전율 2.1일 때)은 1,890×0.97=1,833두.
3. PSY(pigs per sow a year, 모돈 1두당 이유자돈수)=연평균이유두수×모돈회전율.

<표 12-10>에서 보는 바와 같이 어떤 A와 B 농장의 평균이유두수가 9.0두인 같은 성적상태에서 모돈회전율만 0.1이 다를 때 수입관계를 비교하여 보자. 각각 모돈회전율이 2.1과 2.2이었다면, A농장과 B농장의 연간 이유두수(PSY)는 1,890두와 1,980두를 생산하게 되며, 그 차이는 90두

가 된다. 이 중 이유후 육성률은 97%가 된다면 약 87두가 출하두수가 되므로, 이것이 모돈회전율 「0.1」이 미치는 추가의 수입원이 되는 셈이다. 아래는 두 농장의 수입상에 나타나는 차이를 나타낸 것이다.

- A농장 조수입 = 1,890두 × 400,000원 = 756(백만원)
- B농장 조수입 = 1,980두 × 400,000원 = 792(백만원)
- 차 이 (B-A) = 792(백만원)-756(백만원)= 36(백만원)

위의 A와 B농장은 평균이유두수가 동일(9.0두)하지만 모돈회전율에서 「0.1」이라는 아주 작은 차이 때문에 농장일은 같이 했지만 1년간 얻은 수입(收入)은 많은 차이를 보여주고 있다. 따라서 A농장과 B농장의 조수입차이는 3천6백만원이 증감되므로 양돈장에서는 모돈회전율 향상에 각별한 관심과 기술적 관리가 종합적으로 접목되어야 할 것이다.

2. 양돈농장 HACCP관리

(1) HACCP 제도와 절차

축산분야의 HACCP(Hazard Analysis Critical Control Point, 위해요소중점관리)제도는 소비자의 건강에 해를 끼칠 병원균, 화학물질, 이물질 등이 식품에 오염되는 것을 사전에 차단하기 위하여 관리하는 시스템으로 사료제조업, 가축사육업, 도축업, 식육포장처리업, 축산물가공업, 집유업, 축산물보관·운반·판매업까지 축산물의 생산·가공·유통의 모든 분야에 적용되고 있다. 우리나라의 모든 도축장은 관련 법령에 따라 HACCP를 의무적으로 적용하고 있으며, 다른 분야는 신청작업장(농장)에 대하여 현지실사 등을 통하여 축산물안전관리인증원에서 HACCP 적용을 인증하고 있고, 관련업계의 요청에 따라 HACCP 적용품목을 점차 확대하고 있다. 사육단계 HACCP 추진은 2006년 돼지를 시작으로, 2007년에는 젖소와 한우, 2008년에는 양계와 육계농장에 HACCP를 적용하였다.

돼지농장 HACCP 적용을 위하여 2006년 6월 HACCP 모델개발 및 매뉴얼을 배포하고 평가기준 마련을 위하여 검역원에서 현장, 학계, 업계 전문가로 구성된 T/F팀을 운영하여 2006년 11월 양돈농장 적용을 위한 평가기준을 마련하였다. 최초의 양돈농장 HACCP 지정은 전북 완주에 위치한 「우리밀축산농장」이 2007년 2월 13일 1호농장으로 탄생하였으며, 2014년 4월 기준 1,199개 양돈농장이 지정되어 있다.

이러한 제도를 관리하는 데는 농장의 7원칙과 12절차가 있으며, 그 단계별 수행내용은 <표 12-11>에서 제시하는 바와 같다.

<표 12-11> 양돈농장의 HACCP 7원칙 12절차

절차(원칙)	수행 내용	비 고
1	HACCP 팀 구성	농장주, 농장직원, 수의사, HACCP 전문가 등
2	출하돼지에 대한 설명	종돈, 비육돈, 출하돈, 도태돈 등
3	사용자 의도 식별	판매농장, 도축장, 가공장, 판매장 등
4	사육과정 흐름도 작성	관리흐름도(성장단계별 돈사, 시설, 사육관리 등)
5	사육과정 현장검증	사육과정별 현장 확인(시설, 환경, 사육관리 등)
6(원칙1)	위해요인 분석	사육단계별 위해요인(B,C,P)설정 및 위해도 평가
7(원칙2)	CCP 조사	결정체계도 이용
8(원칙3)	CCP에 대한 한계설정	국내외 관련규정, 법규 및 참고자료 등 정리
9(원칙4)	모니터링 시스템 확립	CCP 단계별 검사 및 평가방법 확립
10(원칙5)	시정조치 수립	CCP 단계별 실패원인에 대한 교정
11(원칙6)	검증절차 수립	6단계~10단계(원칙1~원칙5) 점검
12(원칙7)	문서작성 및 기록보관	타당성 입증자료(일정기간 보존 및 자료 활용)

(2) HACCP 관리 대상항목 및 평가

1 위해분석

1. HACCP팀을 구성하고 책임자와 구성원의 역할을 지정하고 있는가?(10점)
2. 출하돈의 특성(품종)과 취급방법을 기술하고 있는가?(10점)
3. 출하돈은 출하일지에 구체적으로 작성되어 있는가?(10점)
4. 농장 평면도를 작성하고 있으며, 현장과 일치하고 있는가?(10점)
5. 위해분석은 농장관리·시설관리·사육관리 및 출하관리 등에서 발생할 수 있는 위해를 적절히 분석하고 있는가?(10점)

2 중요관리점

1. 위해요소별로 HACCP관리 조치를 기록하고 있는가?(10점)
2. CCP(중점관리점)는 적절하게 설정되어 있는가?(10점)
3. CCP에 대한 허용한계치는 적절하게 설정되어 있는가?(10점)
4. CCP에 대한 모니터링 시스템을 설정하고 있는가?(10점)
5. 모니터링은 CCP마다 적절하게 실시하고 있는가?(10점)
6. 모니터링 결과 허용한계치 이탈시 적절하게 처리하고 개선조치 등에 대한 기록이 유지되고 있는가?(10점)

3 검증 및 기록

1. HACCP계획에 대한 검증은 정기적으로 실시하고 있는가?(10점)
2. HACCP계획에 대한 기록 및 유지는 적절히 이루어지고 있는가?(10점)
3. HACCP계획을 정기적으로 교육훈련하고 있는가?(10점)
4. HACCP관리기준서를 작성·비치하고 있는가?(10점)

(3) 종돈 구입관리

종돈 또는 자돈 구입시 돈군의 건강상태를 점검하기 위해 전문수의사의 검사와 자문을 거친다. 종돈이 농장에 도착시 2~3주간 따로 격리 수용하며, 농장 순치과정과 전염성 질병(오제스키병)의 감염여부를 검사하고 질병이 감염된 것으로 판단된 경우 돈사내로 입식시켜서는 안 된다.

방역상황이 인증된 종돈장의 돼지를 구입하며, 가급적 1개 종돈장에서 구입하는 것이 바람직하다.

[종돈선정의 필수조건]

- 정기적인 위생검사 등을 실시하고 위생관리가 엄격하게 실시되고 있는 종돈장을 선정한다.
- 후보돈의 능력과 함께 도입할 농장의 질병 오염상태, 도입돈의 혈청검사 후 선정한다.
- 오제스키병 항체 음성농장에서 도입한다.

[농장 도착 전까지의 관리]

- 후보돈이 수용되기 전 이동시 스트레스 및 새로운 환경에서의 질병 감염을 줄이기 위해 2~3일간 지속성 항생제를 주사한다.
- 구입일 돼지의 백신종류와 접종일자를 확인해야 한다.
  - 만약 구입하는 농장이나 그 주변에 전염성 질병이 문제되고 있다면 이동 1주 전에 문제질병에 대한 백신 보강접종을 하도록 종돈장에 요청해야 한다(예: 오제스키병 양성농장에서 음성돼지 구입시).
- 수송시 트럭에 톱밥을 깔아주며, 덮개를 씌운 차량으로 이동시킨다.
  - 체감온도가 풍속 1m 증가당 1℃ 정도씩 떨어진다.

[농장 도착 시 관리]

- 구입종돈은 격리사에 수용하며, 만약 격리사 준비가 안 되면 기존 돼지가 있는 돈방과 떨어진 곳에 수용(2주간)한다.
  - 항생제를 주사한 돼지라도 이동 스트레스를 받은 상태에서 기존 돼지와 접촉한다면 새로운 세균, 즉 병원체와 곧바로 접촉하는 것이 되기 때문에 문제가 발생될 수 있다.

- 구입 후 1주 정도는 항생제를 주사하거나 사료에 섞어 투여하는 것이 좋다.
  - 이동 당일 및 3일째 되는 날 지속성 항생제 주사, 사료에 항생제와 소화제를 1주간 첨가 급여한다.

- 백신을 접종한다.
  - 먼저 돈콜레라 백신 접종 후 10일이 지나면 돈단독 백신을 접종한다. 파보바이러스 백신도 교배 전 2주까지 2주 간격으로 2차 접종을 마쳐야 한다. 가능한 교배 2주 전까지 모든 백신접종을 끝내야 한다.

- 소독을 실시한다.
  - 돈분을 우선 제거하고 돈방의 수세, 도입 후 10일 정도까지는 자주 소독을 실시한다(1주 3회가 적정). 돈체소독을 철저히 한 후 후보돈사로 반입한다.

- 기타
  - 온도관리: 1주정도는 구입전 사육농장의 온도보다 2~3℃ 높은 온도를 유지시켜 준다.
  - 종돈장의 사육형태와 가급적 유사한 환경을 2주정도 유지시켜 준다.
  - 이상돈은 즉시 도태하고, 주변을 철저히 소독한다(발판소독조 준비).
  - 1주정도는 매일 2회 이상 철저히 관찰하여 이상유무를 확인한다.
  - 관찰포인트: 활력, 식욕, 기침, 체온, 피모의 광택, 눈 충혈, 설사, 걸음걸이 등.
  - 격리사 전용 작업복을 착용하고 전용 장화를 신도록 한다.

3. 브랜드 돈육의 관리와 선호도

(1) 우수 브랜드의 돈육

우량돼지고기는 영양이 풍부하고, 맛, 위생, 안전성 등이 고루 갖추어진

고품질의 식품이다. 이러한 우수식품이 소비자들로 하여금 선호도가 높아지게 된다. 무엇보다도 브랜드 돈육(branded pork)은 일반 돼지고기와 차별화(差別化)된 우수품질(優秀品質)이어야 한다.

우수 브랜드로 개발되려면 첫째는, 돈육 품질의 균일성(均一性)을 갖추어야 한다. 이를 위해서는 우수종축, 사료, 사양관리 등의 통일성을 이루어야 할 것이다. 둘째는, 고품질 돈육을 생산해야 한다. 출하시기를 조절하고, 출하요령 등을 준수해야 한다. 셋째는, 철저히 브랜드를 관리해야 한다. 상표등록, 지속적인 소비자 반응, 홍보·컨설팅 등 끊임없는 관리가 요구된다. 넷째는, 안정적 물량확보이다. 생산규모, 출하량 조절, 부위별 처리 등 물량 유통량에 각별한 관리가 요구된다. 다섯째는, 안전성 있는 돈육을 생산해야 한다. 특히, 위생적이고 식품안전성(HACCP, 항생제잔류량, 유해물질잔유량, 친환경 분뇨처리 등)있는 돈육이어야 소비자들로 하여금 신뢰도가 더욱 구축되고, 구매 충성도(royalty)는 더욱 높아진다.

<표 12-12> 브랜드돈육 등록을 위한 출원절차와 방법

구 분(단계)	출원절차와 방법
❍ 1단계(출원서 접수)	첨부서류를 갖추어 특허청 출원과에 접수
❍ 2단계(심사)	출원서를 접수하고 특이사항이 발견되지 않으면 출원공고 결정을 하고, 상표공고에 공고한다.
❍ 3단계(상표이의신청)	출원공고가 되었을 때 누구든지 30일 이내에 상표에 대한 이의신청을 할 수 있다.
❍ 4단계(등록사정)	등록사항이 완료되면 등록절차를 밟아 브랜드로 사용하게 된다.

(2) 브랜드 돈육의 선호도

브랜드는 기업의 성장과 발전에 중요한 요인으로 작용하고 있으며 기업의 경쟁력(競爭力)은 바로 브랜드 파워로 직결된다고 할 수 있다. 모든 축산물도 글로벌 경쟁력을 갖추어야 하기 때문에 브랜드 전략은 충실한 브랜드 중심의 생산관리 뿐만 아니라 유통관리 시스템 까지도 개선하여 소비자의 구매만족도(購買滿足度)를 향상시킬 수 있는 지속적 관리가 필요하다. 축산물 상표등록 브랜드수가 매년 증가하고 있으며, 소비자가 지정한 우수 축산물 브랜드도 해를 거듭할수록 그 가치를 더욱 인증 받고 있다. 대한민국 우수 축산물 브랜드의 경우, 2012년 소비자가 엄정하게 선정한 브랜드로 돼지 18개, 한우 30개, 육계 2개 등으로 지정하여 관리되고 있다. 상표등록은 도드람이 1993년 최초이고, 다음은 대구경북양돈축협이 1994년에 실시하였으며, 2000년에는 생산자단체나 기업브랜드 명칭도 점점 확산되어가고 있는 실정이다.

우수 축산물 브랜드란 소비자단체에서 전문가들과 함께 도축, 가공, 유통, 판매의 각 단계를 심사기준에 따라 우수브랜드로 인증하여 소비자에게 판매되는 축산물 브랜드를 말하고 있다. 우리나라에서 유통되고 있는 브랜드 돼지고기의 수는 약 200개 이상으로 매우 많으나 소비자들의 신뢰도는 19.0%로 매우 낮은 것으로 보고되고 있으며, 브랜드 이름을 묻는 설문에서 모른다(32.0%)는 응답도 많은 것으로 나타나고 있다(이 등, 2005). 돼지고기는 품질을 우선하여 구매한다고 보고한 결과를 보면, 소비자들은 차별화된 양질의 돈육을 요구하고 있다. 이는 우리나라에서도 많은 돈육브랜드가 유통은 되나 홍보전략과 소비촉진 방안도 함께 수립되어야 할 필요성이 제기되고 있는 실정이다.

브랜드의 가치는 소비자들로 하여금 정확한 인지도를 파악하여 성향과 소비행태를 분석할 필요성이 있다. 특히 식육의 구매행태는 브랜드, 부위, 안전성, 광고 등의 영향을 받는 것으로 나타났으며(Verbeke & Varkier, 2004), 교육이나 수입 및 직업에 따라서도 많은 영향을 받고 있다(Turrell 등, 2003). 성별과 직업(조 등, 2004), 그리고 소득과 연령에 따라서도 선호도 성향이 유의적으로 차이가 있다고 보고하였다.

우리나라 브랜드 돈육의 학력별, 거주지별 및 소득별 소비자의 선호도는 <표 12-13>과 같다.

<표 12-13> 브랜드돈육의 학력별, 생활지별 및 소득별 선호도

(단위: N, %)

구 분		매우 좋다	좋다	보통	싫다	합계	χ^2 – 검정
학력수준	초·중학교	5 (11.9)	10 (23.8)	23 (54.8)	4 (9.5)	42 (100)	χ^2–값: 8.798^{NS}
	고등학교	4 (4.0)	37 (37.0)	54 (54.0)	5 (5.0)	100 (100)	
	대학교	10 (9.1)	39 (35.5)	59 (53.6)	2 (1.8)	110 (100)	
	합 계	19 (7.5)	86 (34.1)	136 (54.0)	11 (4.4)	252 (100)	–
생활지역	대도시	4 (4.3)	27 (29.4)	57 (62.0)	4 (4.3)	92 (100)	χ^2–값: 10.319^{NS}
	중소도시	6 (12.5)	20 (41.7)	22 (45.8)	0 (0.0)	48 (100)	
	농촌지역	9 (8.0)	39 (34.8)	57 (50.9)	7 (6.3)	112 (100)	
	합 계	19 (7.5)	86 (34.1)	136 (54.0)	11 (4.4)	252 (100)	–
소득수준 (만원)	> 3,000	3 (3.8)	22 (27.5)	51 (63.8)	4 (5.0)	80 (100)	χ^2–값: 16.571*
	≦3,000 ~5,000	8 (7.7)	42 (40.4)	48 (46.2)	6 (5.8)	104 (100)	
	≦5,000 ~7,000	6 (13.3)	15 (33.3)	23 (51.1)	1 (2.2)	45 (100)	
	≦ 7,000	1 (9.1)	8 (72.7)	2 (18.2)	0 (0.0)	11 (100)	
	합 계	18 (7.5)	87 (36.3)	124 (51.7)	11 (4.6)	240 (100)	–

* : 유의성 있음(p<0.05), NS : 유의성 없음, Not-significant(p>0.05).

브랜드돈육의 전체 소비자 선호도는 54.0%가 「보통이다」로 가장 많이 응답하였으며, 그 다음으로는 선호한다(34.1%), 매우 선호한다(7.5%) 순으로 나타났다. 학력별과 거주지별 선호도는 모두 유의한 차이는 없었으나, 학력별로는 전체 소비자 선호도와 같이 비슷하게 보통수준으로 선호하고 있었으나, 생활지별 분석에서는 중·소도시나 농촌지역보다 대도시 거주자에서 높은 경향을 보였다(62.0%). 소득별로는 통계적으로 유의한 차이를 보였다(p<0.05). 3,000만원미만의 저소득층 가구에서 브랜드돈육은 「보통이다」로 가장 많이 응답(63.8%)하였으나, 7,000만원이상의 고소득 가구에서는 선호하는 편(81.8%)으로 가장 많이 응답하였다. 반면에 싫어하는 가구는 없는 것

으로 나타났다. 이러한 결과는 이 등(2005)이 우리나라 브랜드돈육의 신뢰도는 낮은 것으로 보고한 내용과는 다소 차이가 있었으나, 브랜드명이 돼지고기를 구입할 때 영향을 미치며(19.9%), 품질은 브랜드돈육이 「좋다」 고 응답하였고(22.7%), 소득이 높을수록 브랜드 돈육을 선호하는 것으로 보고한 결과와 유사하였다.

브랜드돈육과 수입돈육에 대한 소비자들에게 재구매할 의향(충성도)의 산술적 평균과 표준편차는 <표 12-14>와 같다.

<표 12-14> 브랜드 돈육과 수입산 돈육의 구매충성도 평균과 표준편차

구	분	브랜드 돈육	수입산 돈육
학력수준	초·중학교	3.75 ± 0.85	2.44 ± 0.21[a]
	고등학교	3.65 ± 0.86	1.92 ± 0.15[b]
	대학교	3.61 ± 0.91	1.90 ± 0.17[c]
	합 계	3.65 ± 0.86	2.08 ± 0.18
생활지역	대도시	3.91 ± 0.79[a]	2.24 ± 0.41[a]
	중소도시	3.50 ± 0.60[b]	2.05 ± 0.29[b]
	농촌지역	3.53 ± 0.66[b]	1.95 ± 0.30[b]
	합 계	3.65 ± 0.68	2.08 ± 0.32
소득수준 (만원)	> 3,000	3.92 ± 0.78[a]	2.35 ± 0.46[a]
	≦3,000~5,000	3.90 ± 0.68[a]	2.20 ± 0.36[a]
	≦5,000~7,000	3.50 ± 0.61[b]	1.99 ± 0.28[b]
	≦ 7,000	3.46 ± 0.69[b]	1.80 ± 0.25[b]
	합 계	3.69 ± 0.69	2.09 ± 0.33

[a, b] : Values with the different superscripts are significantly different ($p<0.05$).
[1)] Means and standard deviations denoted royalty level from 5(very high) to 1(very low) of 5 points by Likert's scale.

브랜드 돈육의 전체 응답자의 구매 평균충성도는 총 5점 만점 중 「3.65점」 으로 보통이상 수준으로 나타났다. 학력별 충성도는 유의한 차이 없이 학력 간에는 비슷한 수준을 보였으나, 거주지별로는 유의한 차이를 보였다($p<0.05$). 대도시 거주자는 「3.91점」 으로 중·소도시 거주자 「3.50점」 그리고 농촌지역 거주자 「3.53점」 보다 높은 충성도를 나타냈다. 소득별로도 유의한 차이($p<0.05$)를 보였는데, 3,000만원미만 가구에서

「3.92점」으로 가장 높았으며, 소득이 높아갈수록 충성도는 떨어져서 7,000만원이상 가구에서 「3.46점」으로 가장 낮은 수준을 보였다.

수입산 돈육소비자의 구매 충성도는 총 5점만점 중 평균 「2.08점」으로 매우 낮은 구매 의사를 보였다. 학력별 충성도는 유의한 차이를 보였다 ($p<0.05$). 저학력자는 「2.44점」으로 가장 높았으나 학력이 높을수록 충성도는 낮은 편으로 나타났다. 생활지별로도 유의한 차이를 보였는데, 대도시거주자는 「2.24점」이었으나, 중소도시와 농촌거주자는 각각 「2.05점」과 「1.95점」으로 비교적 더 낮은 구매 충성도를 보였다. 소득별로도 구매 충성도는 유의한 차이($p<0.05$)를 보였다. 3,000만원미만 가구는 「2.35점」으로 소득 그룹간에는 가장 높았으나, 소득이 향상될수록 낮아져 7,000만원이상 고소득 가구는 「1.80점」으로 가장 낮은 구매 충성도를 보였다.

4. 돼지고기의 유통

(1) 돼지고기의 소비

아래 <표 12-15>를 보면 국민 1인당 연간 육류소비량 중에서 돈육이 가장 많이 소비되는 것으로 나타났다. 돼지고기의 소비량은 2012년에 19.2kg으로 전체 육류 소비량의 47.4%를 차지하였으나, 2013년에는 다소 증가된 20.9kg을 소비하고 있다(48.8%).

<표 12-15> 우리나라의 1인당 연간 축산물 소비량

(단위: kg)

축산물 / 연도	육류(정육기준)				우유	계란(개)
	쇠고기	돼지고기	닭고기	계		
2010	8.8	19.3	10.7	38.8	64.9	11.9(215)
2012	9.7	19.2	11.6	40.5	67.2	12.1(220)
2013	10.3	20.9	11.6	42.8	71.6	12.1(220)

(자료: 농림축산식품부, 2014)

(2) 돼지고기의 품질

식육제품의 품질(品質)은 구매자가 식육을 선택할 때 고려하는 사항으로서 구매자에 따라 고려하는 사항이 다르다. 2015년 1월 6일부터 돼지도체 등급판정기준이 규격 및 육질등급을 통합하여 1^+, 1, 2, 등외등급으로 개정되어 시행되고 있다. 등외등급은 등외등급판정 기준 종류(9가지) 중, 도체중이 탕박 65kg(박피 60kg)으로 왜소하거나, 탕박 110kg이상(박피 100kg)으로 등외범위를 확대 설정하였고(등외등급기준; 9가지), 품질강화를 위해 도체중량 및 등지방두께의 범위를 하향 조정하였다(축산물품질평가원). 도체의 외관 및 육질판정은 비육상태, 삼겹살상태, 지방부착상태, 지방침착도, 육색, 육조직감, 지방색, 지방질 등을 종합하여 판정한다. 그리고, 결함판정은 ① 방혈불량 ② 이분할분량 ③ 골절 ④ 척추이상 ⑤ 농양 ⑥ 근출혈 ⑦ 호흡기불량 ⑧ 피부불량 ⑨ 근육제거 ⑩ 외상 ⑪ 기타 결함사항 등으로 판정하고 결함이 확인되면 등급을 하향하거나 등외로 2차 판정한다.

최종 소비자가 고기를 선택할 때 고려하는 품질요소들은 외관을 비롯한 관능적 특성, 영양가, 안전성, 위생적 품질 등을 들 수 있다. 고품질의 돼지고기는 출하체중이 110kg(170~180일령) 정도이어야 하고, 수퇘지는 반드시 거세를 해야 한다. 그리고 항생제 등 유해물질의 잔류량이 없어야 한다. 또한 PSE(물돼지고기)육이 아니어야 하며, 흰색 지방도 적절히 침착되어야 한다.

<표 12-16> 생체중에 따른 도체중의 변화

생 체 중(kg)	도체율(%)	비 고
❍ 30 ~ 60	64.0	❍ 도체율(屠體率)은 품종, 성별, 사양 조건 등에 따라서도 차이가 있다.
❍ 60 ~ 70	74.0	
❍ 70 ~ 90	75.5	
❍ 90 ~100	77.0	❍ 도체율은 지육률(枝肉率)이라고 부르며, 일반적으로 지육으로 표현하는 경우가 많다.
❍ 100~120	78.0	
❍ 120~140	78.5	

* 온도체율과 냉도체율의 차이가 약간 있으며, 온도체율이 약 1~2% 높은 경향이다.

❑ 도체율(屠體率, dressing %) = $\frac{\text{생체중}-(\text{머리}+4\text{지발목}+\text{내장}+\text{털}+\text{혈액})}{\text{생 체 중(kg)}} \times 100$

그리고 도살직후의 도체를 온도체(溫屠體, warm carcass)라고 하며, 이것을 냉각시키면 냉도체(冷屠體, cold carcass)라고 부르는데, 약 2~3%의 감량(減量)이 있다. 도살시에는 24시간은 절식(絶食)해야 하고, 충분한 급수로 장내의 사료·노폐물 등을 제거해야 한다. 계류(繫留)된 돼지는 도살장으로 들어가면, 대부분 전기충격으로 기절하면, 경동맥(頸動脈)을 절단하여 방혈(放血, bleeding)시켜 고기의 저장성을 높여야 한다.

도살 후 반(半)2분체로 도체등급판정 후 2분체 또는 4분체로 분리하는 경우가 많다. 도체 냉각은 1일 정도는 15℃로 보관하여 서서히 냉각(冷却)시킨다. 그리고 15℃에서 4℃까지 서서히 예비냉각(pre-cooling) 시키는데, 약 48시간 소요된다. 그 후에는 4~5℃로 약 5~10일간(평균 7일) 냉각시켜 냉도체(冷屠體)를 만들어 냉장 보관하는 것이 좋다.

돼지 도체의 부위별 명칭과 용도 및 생산비율은 <표 12-17>과 같다.

<표 12-17> 돼지 도체의 부위별 명칭과 용도 및 생산비율

부위명	생산비율(%)	용 도	부분할 부위명
안 심	2.0 ~ 2.5	로스구이, 주물럭, 스테이크	안심살
등 심	12.0 ~ 13.5	돈까스, 잡채	등심살
목 심	10.0 ~ 11.0	구이, 주물럭, 보쌈	목심살
앞다리	18.0 ~ 19.0	불고기, 찌개, 보쌈	앞다리살, 사태살
뒷다리	30.0 ~ 35.0	돈까스, 장조림, 탕수육	볼기살, 도가니살, 사태살
삼겹살	15.0 ~ 16.5	로스구이, 베이컨	삼겹살, 갈매기살
갈 비	7.5 ~ 8.5	찜, 구이	갈비

도체의 지방침착도는 Marbling Score(No.1~5)로 표시하며, 일반적으로 높을수록 많다. 1^+등급은 지방침착이 양호한 것, 1등급은 지방침착이 적당한 것, 그리고 2등급은 지방침착이 없거나 매우 적은 것이 기준이다. 도체의 육색도(visual colour No.1~7)는 높을수록 적색육(赤色肉)이다. 따라서 No.3~No.5까지를 가장 좋은 육색으로 판정(1^+, 1)을 한다. 그러

나 No.2와 6은 2등급으로 판정한다. 그리고 지방색은 낮을수록 백색으로, 1^{+}등급은 No.2와 3의 지방색을 가져야 우수한 돈육이 된다. 그리고 No.1, 2, 3은 1등급, No.4와 5는 2등급으로 백색도가 떨어진다.

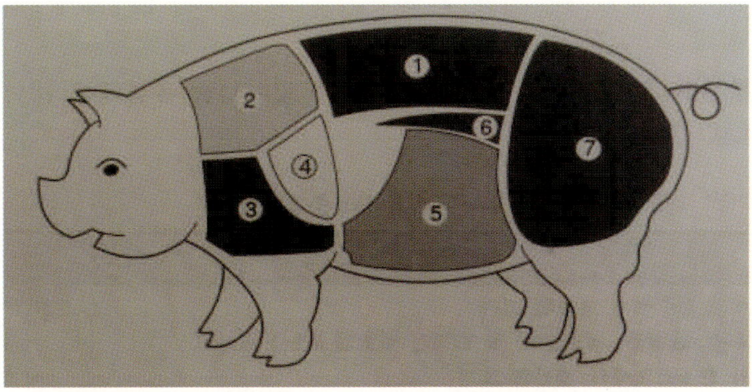

① 등심 ② 목심 ③ 앞다리 ④ 갈비 ⑤ 삼겹살 ⑥ 안심 ⑦ 뒷다리

[그림 12-2] 돼지 도체의 부위별 명칭

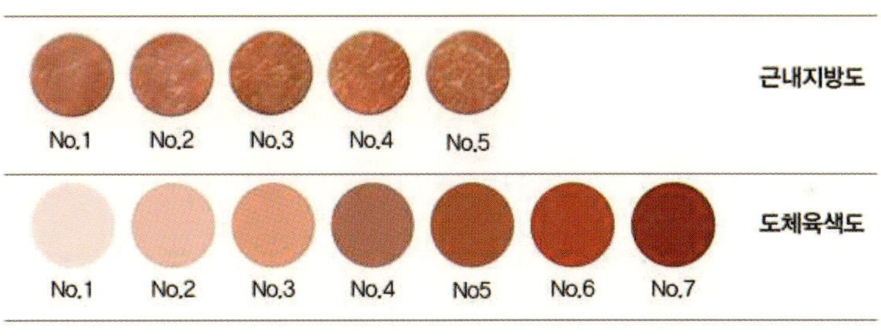

[그림 12-3] 돼지의 육질판정 기준

육질등급 판정(a)

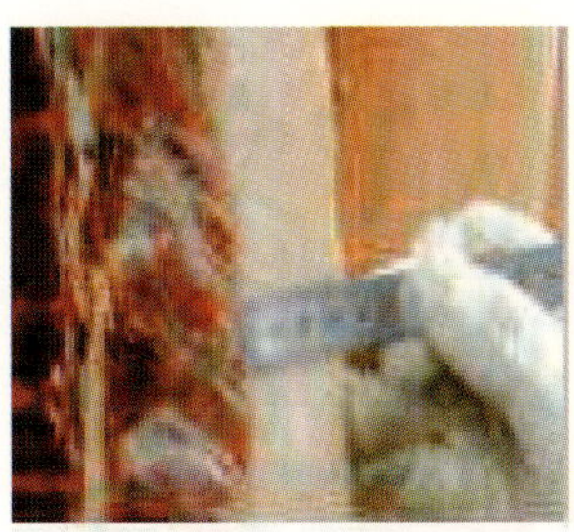

규격등급 판정(b)

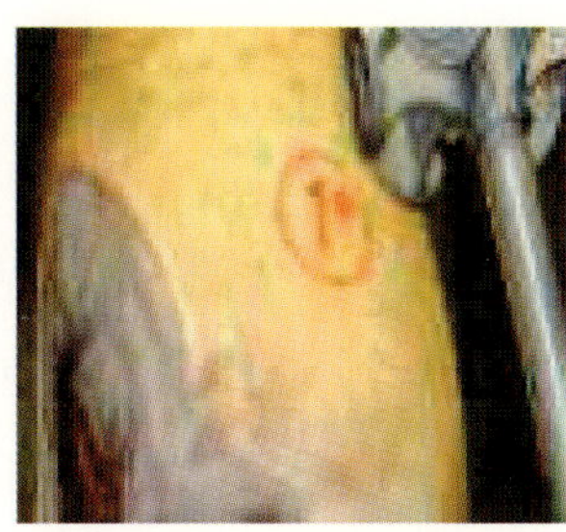

등급인 날인(c)

[그림 12-4] 돼지의 도체등급 판정과정

지방(脂肪)은 가열시 용해되어 고기 주위에서 구워지면서 맛(taste)을 증가하는 역할을 한다. 등심 내 지방함량별 관능검사를 실시한 결과에서 다즙성(juiciness), 연도(tenderness) 및 향미(flavour) 등 모든 항목에서 지방함량이 높을수록 우수하였다.

<표 12-18> 등심 내 지방함량별 여러 관능검사 비교

구 분	등심 내 지방함량(%)				
	0.13~1.0	1.01~2.0	2.01~3.0	3.01~4.0	4.01~5.3
- 다즙성(多汁性)	3.47	3.70	3.84	4.00	4.58
- 연도(軟度)	3.83	3.93	4.13	4.29	4.82
- 향미(香味)	4.00	4.35	4.36	4.43	4.73

* 리커트척도법(1~5점)으로 평가한 평균값임.

(3) 돼지고기의 유통경로

축산물(畜産物)은 생산, 수집, 중계, 분배의 유통과정을 거쳐 최종 소비자에게 공급된다. 소비자는 양돈인이 생산한 돼지를 유통인이 도살하여 돼지고기(精肉)라는 상품으로 만나게 된다.

돼지고기의 유통(流通)은 생산자로부터 농협을 통한 계통출하, 산지 수집상을 통한 식육도매시장 경유, 수집상들의 산지도축장과 식육도매시장 경유와 대규모 생산자가 도축장으로 직접 출하하는 경로 등 다양하다. 소비자는 가능하면 많은 유통단계를 거치지 않고 정육을 얻는 것이 경제적이다.

식육의 유통 중 품질 저하는 크게 부패(腐敗)와 산패(酸敗)의 두 가지로 구분한다. 부패는 미생물이 식육 내에서 성장하면서 식육의 성분을 분해하여 냄새, 조직감, 외관, 맛 등에 바람직하지 않은 변화를 가져오는 것이다. 산패는 유통 중 식육의 지방이 효소나 미생물의 작용에 의하여 산화되어 바람직하지 않은 물질을 생산하는 것이다. 이러한 부패나 산패는 모두 신선육의 영양적 가치도 떨어뜨리고 안전성도 악화시키며 색깔을 변화시켜 판매하거나 먹어서는 안 된다. 고기는 쉽게 부패하는 식품이므로 생산 즉시 냉장 보관하여 유통하는 것이 기본으로 장기저장이 필요할 때는 냉동시켜 유통한다.

도살 전에 수송, 흥분, 온도, 습도 등의 강한 스트레스는 이상(異常) 돈육을 생산하게 된다. DFD육은 고기의 육색이 지나치게 검고(dark), 고기가 단단하며(firm), 건조한(dry) 상태의 고기로서 생육 또는 가공육으로 적합하지 않다. PSE(물돼지)육은 유전적으로 스트레스에 약한 스트레스 증후군 돼지(PSS)가 생산하는 고기로 육색이 창백하고(pale), 육조직은 연약하며(soft), 다량의 육즙이 삼출(exudative)되어 보수성, 결착력 및 유화력이 매우 열악한 이상돈육(異常豚肉)을 말한다.

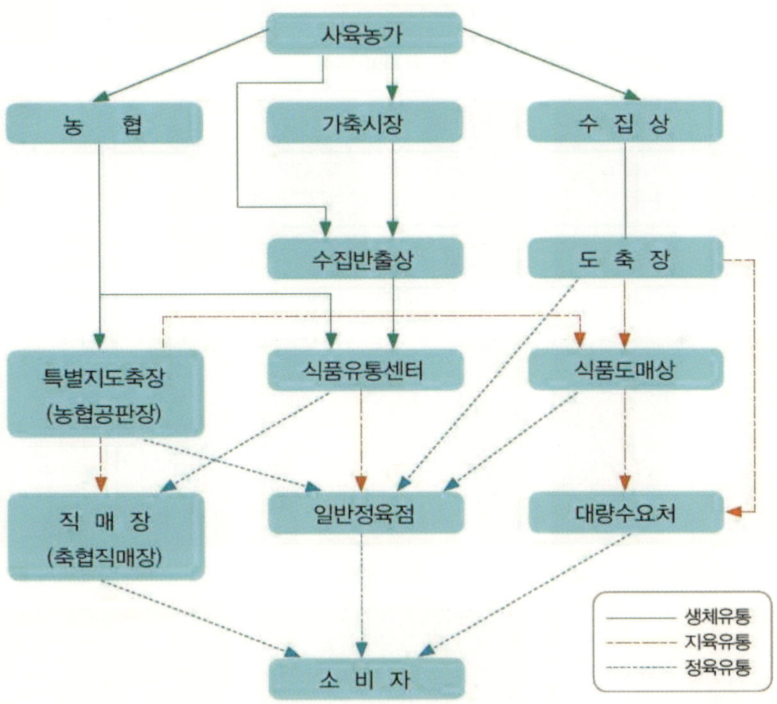

[그림 12-5] 돼지고기의 유통경로

스트레스 증후군(stress syndrome) 돼지의 증상은 거동이 곤란하여 절름거리며, 행동반경이 짧고, 근육이 가볍게 떨리기도 한다. 또 호흡이 빨라지면서 입이 벌어지고, 체온이 상승하여 폐사 직전에는 41℃까지 상승하고, 외부의 자극에 대해 민감하다. 스트레스에 예민한 돼지는 쉽게 PSE 돈육이 된다. 이것은 생산한 농가에 상당한 경제적 손실을 가져온다.

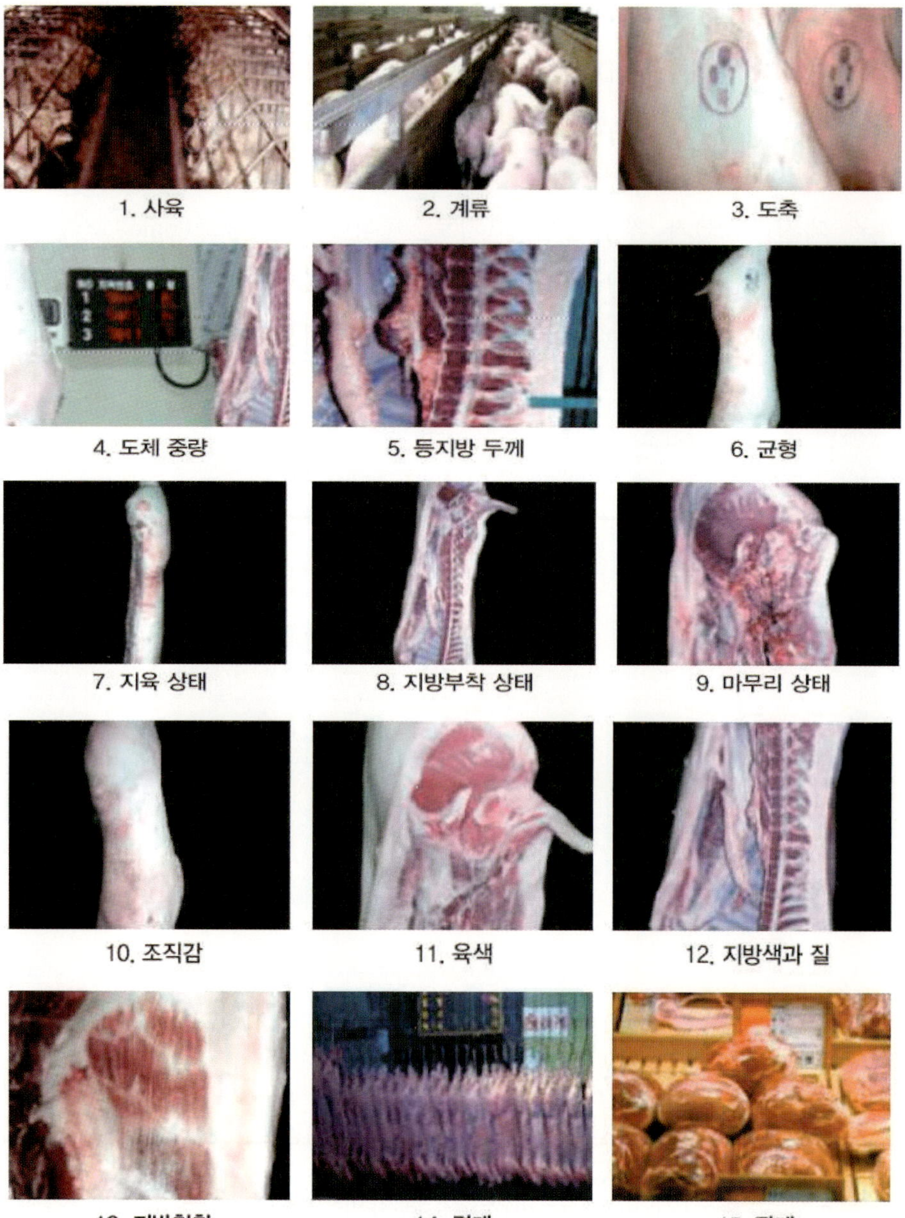

[그림 12-6] 돼지의 단계별 도축시스템

⑷ 유통마진

최종적으로 소비자가 정육을 구입한 가격과 생산자인 양돈인이 받은 돼지 가격의 차를 유통마진(marketing margin)이라고 한다. 유통마진은 유통비용과 유통이윤으로 구성된다. 유통단계가 복잡할수록 유통마진은 늘어난다.

유통비용(流通費用)은 좁은 의미의 유통비용과 넓은 의미의 유통비용을 말하는데, 일반적으로 상업이윤을 포함한 합계를 유통비용이라고 한다.

좁은 의미의 유통비용은 상업이윤을 제외한 순수한 배급비용으로서 수송·저장·금융비용과 기타 유통과정 중에 발생하는 실제비용만을 포함한 것을 말한다.

⑸ 즉석 식육가공품 및 조리의 선호도

삼겹살 소비에 편중된 돼지고기의 부위별 수급 불균형을 완화하고 식육가공품의 소비를 향상시키기 위하여 식육점에서 즉석 식육가공품을 판매한다. 즉석 식육가공품에는 분쇄 육제품, 가열 육제품 및 건조 육제품이 있다. 그리고 소비자에게 돈육의 조리선호도를 조사하였다.

① 분쇄 육제품

떡갈비는 우리나라 전통 육가공식품으로 전국적으로 많이 유통되고 있으며, 노약자와 어린이의 선호도가 높다. 햄버거는 가장 많이 전파되어 있는 패스트푸드(fast food)의 형태로 매년 판매량이 증가하고 있는 제품이다.

소시지(sausage)는 어린이 영양간식으로 좋으며, 돈육의 부가가치를 창출하기에 좋은 상품이다. 베이컨은 돈육 삼겹살을 이용하여 제조되는 햄제품으로 서양뿐만 아니라 우리나라에서도 인기도가 높다.

떡갈비(좌)

햄버거(우)

[그림 12-7] 분쇄 육제품

② 가열 육제품

소시지(좌)

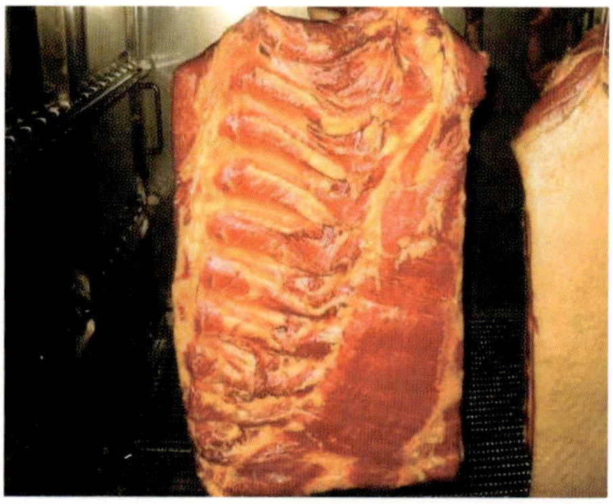

베이컨(우)

[그림 12-8] 가열 육제품

③ 건조 육제품

살라미와 하몽은 서양의 발효건조 육제품의 하나로 치즈, 와인과 잘 어울린다. 육포는 우리나라에서 선호도가 높으며 휴대가 간편하여 레저 식품으로 각광을 받고 있다.

살라미(좌)

육포(우)

[그림 12-9] 건조 육제품

④ 조리형태별 선호도

돈육소비자의 거주지별 및 소득별로 구분하여 본 좋아하는 돈육의 조리형태는 <표 12-19>와 같다.

<표 12-19> 돈육의 조리형태별 선호도

(단위: N, %)

구 분	구이	조림	볶음	찜	찌개	튀김	기타	합 계
대 도 시	46 (44.7)	4 (3.9)	16 (16.5)	5 (4.8)	27 (26.2)	3 (2.9)	1 (1.0)	103 (100.0)
중소도시	21 (42.0)	3 (6.0)	9 (18.0)	5 (10.0)	8 (16.0)	3 (6.0)	1 (2.0)	50 (100.0)
농촌지역	53 (53.5)	2 (2.0)	13 (13.1)	4 (14.0)	24 (24.2)	1 (1.0)	2 (2.0)	99 (100.0)
합 계	120 (47.6)	9 (3.6)	39 (16.7)	14 (5.6)	59 (24.6)	7 (2.8)	4 (1.6)	252 (100.0)
>3,000	37 (48.7)	2 (2.6)	16 (21.0)	3 (3.9)	17 (22.4)	1 (1.3)	0 (0.0)	76 (100.0)
≦3,000 ~5,000	50 (51.0)	3 (3.0)	12 (12.2)	6 (6.1)	24 (24.5)	2 (2.0)	1 (1.0)	98 (100.0)
≦5,000 ~7,000	21 (42.0)	2 (4.0)	8 (16.0)	3 (6.0)	13 (26.0)	1 (2.0)	2 (4.0)	50 (100.0)
≦7,000	6 (37.5)	1 (6.3)	2 (12.5)	1 (6.3)	5 (31.3)	0 (0.0)	1 (6.3)	16 (100.0)
합 계	164 (47.5)	8 (3.3)	38 (15.8)	13 (5.4)	59 (24.6)	4 (1.7)	4 (1.7)	240 (100.0)

NS : 유의차 없음. Not-significant(p>0.05), respectively.

여러 가지 돈육의 조리형태 중 「구이」를 가장 즐겨 선호하였으며(47.6%), 그 다음은 볶음(16.7%), 찌개(24.6%), 찜(5.6%) 등의 순으로 선호 하였으나, 조림(3.6%)이나 튀김(2.8%) 등은 낮은 조리 선호도를 보였다. 생활지별 및 소득별로는 모두 유의한 차이는 없었다.

학력별로는 초·중등학력자나 대졸이상자보다 고졸학력자가 「구이」를 가장 선호하는 비율이 높은 경향을 보였다. 거주지별로는 대도시나 중·소도시 거주자보다 농촌지역 거주자가 「구이」를 더 선호하는 경향(53.6%)이었으며, 소득별로는 3천만원미만 가구(48.7%)와 3천~5천만원 가구(51.0%)에서 고소득 가구보다 「구이」를 더 선호하는 경향을 보였다. 이러한 경향은 돼지고기는 조림이나 튀김보다는 구이용이나 찌개용으로도 많이 조리하는 우리 식생활문화가 정착된데 기인된 것으로 생각된다.

이와 같은 식문화(食文化)는 일본의 등심을 이용한 돈가스 요리, 그리고 생강절임구이, 카레라이스, 만두 등의 다양한 돼지고기 조리형태가 정착된 것과는 대조적이라고 할 수 있는데, 이는 오랜 식습관 차이에서 발생하는 선호요리의 변화양상이라고 볼 수 있다. 따라서 돼지고기는 소비자층별로 구분하여 즐겨 소비하는 선호부위별 조리 방법이 다양성 있게 개발 되어야 할 것으로 생각된다.

⑹ 돼지고기의 부위별 이름과 특징

돼지고기는 부위별로 크게 목심, 등심, 갈비, 안심, 삼겹살, 앞다리, 뒷다리 등으로 나누며, 그 특징과 용도는 <표 12-20>과 같다.

<표 12-20> 돼지고기의 부위별 특징과 용도

고기명	사 진	용 도	특 징
1. 목심	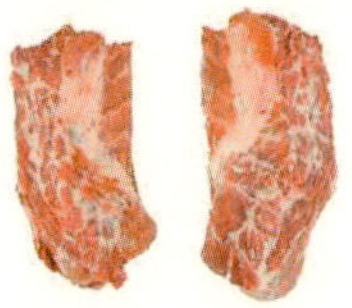	구이용	·등심에서 몸 쪽으로 이어진 부위로 여러 개의 근육이 모여 있다.
2. 등심		포크촙 돈가스 스테이크	·표피 쪽에 두터운 지방층이 덮인 긴 단일근육으로 고기의 결이 고운 편이다.
3. 갈비		바비큐 불갈비 갈비찜	·옆구리 늑골(갈비)의 첫째 번부터 다섯 번째 늑골까지를 말하며, 근육 내 지방이 잘 침착되어 풍미가 좋다.
4. 안심		탕수육 구이, 로스 스테이크	·허리 부분의 안쪽에 위치하며, 안심 주변은 약간의 지방과 밑변의 근막이 형성되어 있고, 육질은 부드럽고 연하다.
5. 삼겹살	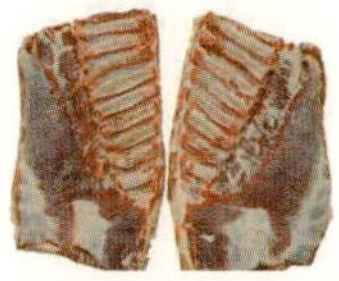	구이 베이컨 (가공용)	·갈비를 떼어낸 부분에서 복부까지의 넓고 납작한 모양의 부위, 근육과 지방이 삼겹의 막을 형성하며, 풍미가 좋다.
6. 앞다리		불고기 찌개 수육(보쌈)	·어깨부위의 고기로서 안쪽에 어깨뼈를 떼어낸 넓은 피막이 나타난다.
7. 뒷다리	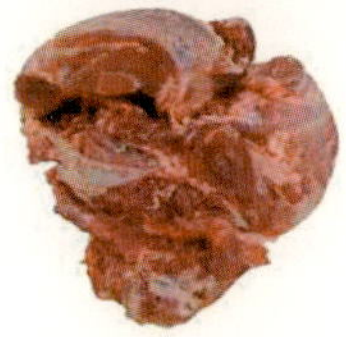	튀김 불고기 장조림	·볼기 부위의 고기로서 살집이 두터우며 지방이 적은 편이다.

5. 경영의 전산화

양돈농장의 경영성과 분석과 효율적 관리를 위해서는 모돈에서 비육돈까지 기록을 전산화하는 것이 매우 중요하다. 특히, 모돈(母豚)의 성적을 모두 입력하여 통계 분석하고, 월별, 연도별, 타 선진농장별 등과 비교 분석하는 일은 기록관리의 효율적 활용에서 우선되어야 할 것으로 생각된다.

다음은 입력내용, 모돈번식과 이유기록 등에 관하여 예를 들어 설명하고자 한다.

(1) 자료의 입력내용

① 교배자료 입력 – 모돈번호 입력, 산차기록, 교배차수, 분만일 등을 입력하고, 특이사항도 함께 입력한다.

② 분만자료 입력 – 모돈번호, 분만일, 총산자수(사산, 기형, 미이라 등) 생시체중, 모돈상태(1~3단계), 유도제, 분만상태 등을 입력한다.

③ 이유자료 입력 – 모돈번호, 이유일, 압사, 이유, 이유 총두수, 모돈상태, 포유방법 등을 입력한다.

④ 임신돈 사고자료 입력 – 모돈번호, 사고구분, 사고일.

⑤ 도·폐사, 판매자료 입력 – 모돈번호, 사고구분, 사고일, 원인명, 판매체중, 판매가격 등을 입력한다.

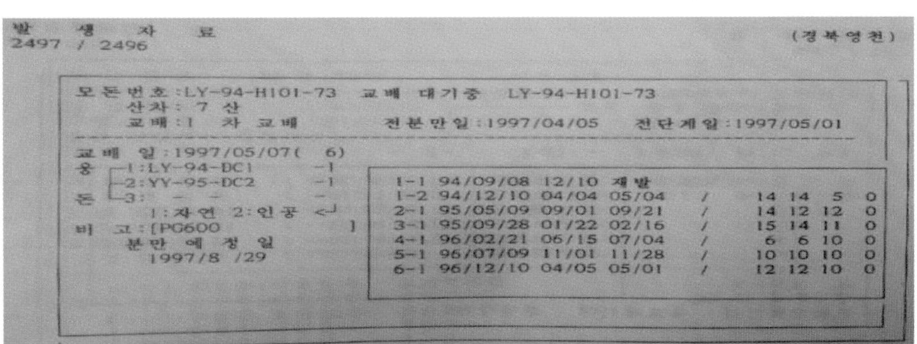

[그림 12-10] 모돈의 전산관리 자료

(2) 농장의 번식기록 출력표

다음은 충남 A군과 B군의 2014년 1년간의 10개 양돈장에서 기록하고 그 내용을 출력한 번식돈 자료의 평균치이다. 농장 1년간의 번식기록으로 모돈 경영관리 성적을 분석하는데 중요한 자료가 된다. 상시 모돈수가 가족노동의 경영규모로서 산자수, 이유두수, 모돈회전율 등은 비교적 양호한 성적을 보였다.

<표 12-21> 양돈장의 연간 생산성적

(단위: 두, %, 회)

구 분 (월별)	상시 모돈수	분만율	평균 총산자수	평균 실산자수	평균 이유두수	모돈 회전율	PSY	MSY	육성률
1	117.7	82.4	12.7	11.3	9.9	2.22	22.1	17.3	87.6
2	117.0	67.7	12.2	10.9	10.5	2.24	23.5	21.6	96.3
3	112.7	75.0	11.3	10.5	9.8	2.39	23.4	19.9	93.3
4	109.0	73.5	11.3	10.1	9.8	2.52	24.6	21.9	97.0
5	108.2	66.7	12.9	10.8	8.9	2.40	21.4	15.1	82.4
6	117.9	61.1	11.8	10.2	10.0	2.32	23.2	21.9	98.0
7	123.6	80.8	12.5	11.0	9.7	2.46	23.9	18.3	88.2
8	126.1	95.0	13.6	11.5	10.0	2.48	24.8	16.1	87.0
9	126.0	79.3	11.4	10.0	8.9	2.58	22.9	18.1	89.0
10	126.0	77.1	13.9	12.6	10.5	2.23	23.3	11.1	83.3
11	126.0	82.8	13.9	11.8	11.2	2.14	24.0	24.4	94.9
12	125.3	83.3	12.7	11.1	10.5	2.31	24.3	19.1	94.6
합계	1435.5	924.7	150.2	131.8	119.7	28.29	281.4	224.8	1091.7
평균	119.6	77.1	12.5	11.0	10.0	2.4	23.5	18.7	91.0

(3) 농장의 경영분석

충남의 A군과 B군 양돈장에서 전산기록 관리하고 있는 경영관리 성적의 자료에 근거하여 상시모돈수, 분만율, 총산자수, 이유두수, 모돈회전율, MSY 등을 모돈사육규모별 및 계절별로 통계적으로 분석한 결과는 다음 <표 12-22>에서 제시하는 바와 같다.

전산관리한 양돈장의 경영성과 분석에서 소규모농장은 분만율, 이유두수, 모돈회전율 등은 대규모농장보다 우수한 성적으로 나타났으며, 대규모농장은 소규모농장보다 총산자수, 연간 출하두수 등의 성적은 우수한 경향을 보였다.

<표 12-22> 양돈장의 모돈규모별 및 계절별 경영분석(평균과 표준편차)

(단위: 두, %, 회)

구 분		상시 모돈수	분만율	총산자수	이유두수	모돈 회전율	MSY
규모	소	188.61 ±3.73	84.03 ±0.88	12.32 ±0.11	10.03 ±0.05	2.41 ±0.01	19.00 ±0.43
	대	402.42 ±6.10	82.18 ±0.71	12.65 ±0.97	8.74 ±0.30	2.33 ±0.01	19.46 ±0.47
계절	봄	297.72 ±15.16	84.68 ±0.95	12.91 ±0.14	9.63 ±0.33	2.39 ±0.01	19.33 ±0.59
	여름	295.22 ±15.61	84.67 ±0.95	12.70 ±0.15	9.57 ±0.32	2.36 ±0.02	18.16 ±0.55
	가을	293.53 ±16.36	84.35 ±1.29	11.99 ±0.12	9.31 ±0.31	2.35 ±0.01	19.59 ±0.83
	겨울	294.58 ±15.47	78.73 ±1.13	12.33 ±0.16	9.04 ±0.31	2.36 ±0.02	19.81 ±0.52
평 균		295.51 ±7.78	83.11 ±0.57	12.48 ±0.07	9.39 ±0.15	2.37 ±0.01	19.22 ±0.31

주) 1. 소(모돈 약 200두)와 대(모돈 약 400두)는 모돈 규모로 구분하였으며, 번식과 출하성적을 분석한 자료임.
2. MSY(marketed pig per sow a year): 1년간 모돈1두당 총 출하두수.

이러한 규모별 성적차이는 모돈을 관리하는 인력이나 관리의 집중도 등에 많은 영향을 받는 것으로 생각할 수 있다. 그리고 계절별 성적에서도 봄, 여름, 가을 등 3계절에는 분만율(84.0% 이상)이나 이유두수(평균 9.50두) 등에는 차이가 없이 우수한 성적이었으나, 겨울철에는 분만율이나 이유두수 모두 낮은 성적으로 보인 것으로 판단할 때 계절환경이 농장 수입에도 많은 영향을 미치게 되므로 겨울철 환경관리에도 각별한 관찰과 함께 관리개선(管理改善)이 요구된다.

연 습 문 제

1. 양돈농가에서 생산물을 판매한 수입에서 경영비를 뺀 값은 다음과 같은 등식으로 성립되는데, (　　)안에 들어갈 적절한 용어는 무엇인가?

양돈농가 수입총액 - 경영비 = (　　　)

① 조수입　② 소득　③ 순수익　④ 이윤

2. 다음은 양돈경영시 경영비목을 열거한 것 중 아닌 것은?

① 사료비　② 대농구상각비　③ 자본용역비　④ 고용노력비

[힌트] ❍**경영비목**은 사료비 · 종축구입비 · 수도광열비 · 자재구입비 · 농기구 및 건물수리비 · 소농구구입비 · 비용 · 종부비 · 감가상각비 · 고용노력비 · 차입금이자 · 차용지대 등을 포함시킨다.
❍**생산비목**은 경영비목 + (자가노력비 + 자본용역비 + 토지용역비), 비용면에서 보면, 생산비>경영비.

3. 번식돈의 경영비에서 가장 비중이 큰 경영비목은 무엇인가?

① 사료비　② 종축비　③ 방역치료비　④ 감가상각비

4. 양돈비육농가가 자돈을 30kg에 구입하여 100일 동안 사육한 후 체중이 110kg일 때 출하하였다. 이 기간 동안 비육돈 두당 사료섭취량은 220kg일 때, 이 농가의 사료요구율은?.

① 2.00　② 2.20　③ 2.75　④ 3.63

5. 돼지 도체등급 판정시 판정기준에 포함시키지 않는 사항은?

① 육색도　② 근내지방도　③ 아미노산 조성　④ 등지방두께

6. 돼지 도체등급 판정시 1^+등급에서 지방침착도의 적정범위는?

① 1~2　② 2~3　③ 3~4　④ 4~5

7. 돼지 도체등급을 판정할 때, 1^+등급의 육색도는 얼마인가?

① 1~2　② 3~5　③ 5~6　④ 6~7

[힌트] 돼지도체의 육색이 No. 1과 7은 등외판정 기준이 된다.

정답 ☞ 1-② 2-③ 3-① 4-③ 5-③ 6-④ 7-②

8. 돼지 도체등급 판정시 2등급의 지방색은?

① 1과 2 ② 2와 3 ③ 3과 4 ④ 4와 5

[힌트] 돼지 지방색이 No. 6과 7인 도체는 등외판정을 받는다.

9. A농장의 주수입원이 7,500만원이고, 부수입원은 5백만원이다. 이때 경영비 4천만원, 그리고 자가노력비와 자본용역비 등이 5백만원이 소요되었다. A 농장의 소득과 순수익은 각각 얼마인가?

(1) 소 득 = ( ) − ( ) = ( )원

(2) 순수익 = ( ) − ( ) − ( ) = ( )원

[힌트] 소득 = 조수입 - 경영비, 순수익 = 조수입 - 생산비

10. 돼지 도체율의 주요 생체중별 비율을 쓰고, 돼지의 그 공식을 기술하시오.

11. 돼지 도체등급 판정후 반도체 저장 보관의 방법을 설명하시오.

12. 돼지의 수송과 도살직전 특별관리 사항을 설명하시오.

정답 ☞ 8-④ 9- (1) (8천만원) (4천만원) (4천만원) (2) (8천만원) (4천만원) (5백만원)(3500만원)

참 고 문 헌

1. 강경석, 김태기, 나기현, 신정남, 안종호, 이상직, 이은봉, 임윤환, 정현승. 1982. 중소가축. 학문사.
2. 곽종형, 김선균, 김용식, 이병오, 하서현. 2000. 동물관리학. 선진문화사.
3. 교육인적자원부. 2007. 고등학교 사육기술Ⅰ. 교학사.
4. 교육인적자원부. 2007. 고등학교 사육기술Ⅱ. 교학사.
5. 교육인적자원부. 2007. 고등학교 축산. 교학사.
6. 김계웅. 2012. 비육돈의 성별·등지방두께 및 도체중별 육질등급 분석. 한국동물자원과학회지. 54(1): 29-33.
7. 김계웅. 2007. 양돈핵심관리. (사)충남농업경영지원센터.
8. 김계웅, 고대환, 김석은, 김수기, 안종호, 이장형, 이훈택, 전우민, 정구용, 조익환, 홍기창, 황주환. 2013. 개정판 동물자원학개론. 선진문화사.
9. 김계웅, 김민진, 옥영수, 김학연(2014). 국내 브랜드 돈육과 수입산 돈육의 선호도 분석. 한국식생활문화학회지 29(4):342-347.
10. 김계웅, 김석은. 2009. 돼지의 교배조합·도체등급 및 출하일령이 도체특성에 미치는 영향. 한국동물자원과학회지 51(1): 69-74.
11. 김계웅, 김석은, 김학연, 장원경, 김건중, 이종완, 신연호, 장삼용. 2014. 고등학교 중소가축관리. 충청남도교육청.
12. 김계웅, 김진우, 유재영, 박홍양. 2004. 종돈의 genomic DNA를 이용한 스트레스 증후군 검색. 한국동물번식학회지 28(1):37-43.
13. 김계웅, 옥영수, 김석은. 2009. 후보모돈의 실내·외 사육방식이 번식 및 이유성적에 미치는 영향. 축산시설환경학회지 15(1): 1-8.
14. 김계웅, 유상조, 조규석, 정재록, 김건중, 이종완, 유재영(2004). 비육돈의 스트레스 유전자 검색과 출현율. 자연·자원연구 4(2):58-63.
15. 김계웅, 유재영. 2009. 돼지의 POU1F1 Intron 3영역 유전자에 따른 도체특성 분석. 한국동물자원과학회지. 51(4): 1-10.
16. 김계웅, 유재영, 김건중, 이종완, 김영봉, 민근홍, 김석은. 2010. 제주재래돼지의 성별 및 도체등급에 따른 도체특성 분석. 한국동물자원과학회지. 52(4): 313-318.
17. 김계웅, 인광교, 신연호. 2012. 양돈농가의 경영관리 및 분뇨처리실태 분석. 축산시설환경. 18(1): 35-44.
18. 김계웅, 임병순. 2006. 돼지의 도체중과 등지방 두께에 따른 도체 등급 및 도체 특성. 한국축산식품학회지. 26(2): 183-188.
19. 김계웅, 조영춘, 박홍양. 1999. 돼지의 주요 경제형질에 미치는 환경요인의 효과. 한축지 41(1): 1-10.
20. 농촌진흥청. 2010. 양돈농장 HACCP 관리방법.
21. 농촌진흥청. 2002. 새로운 돼지 사육기술. 축산기술연구소.

22. 농촌진흥청. 2014. 축산신기술종합교육 돼지. 국립축산과학원.
23. 류제창, 김정주, 곽영태, 김석은, 양형조, 우영균, 이종인, 장경만, 정장용, 조성균. 2012. 개정판 축산경영학. 선진문화사.
24. 박만종, 정진연, 하덕민, 한정철, 심태건, 박병철, 박구부, 주선태, 이철영. 2009. 비육돈에서 사료의 에너지 수준과 도살체중이 성장성적과 도체의 등급 및 육질특성에 미치는 영향. 한국동물자원과학회지. 51(2): 143-154.
25. 박영일, 강한석, 김광현, 김두환, 김봉환, 김용수, 김철욱, 박구부, 박준규, 박창식 등. 1998. 양돈학. 선진문화사.
26. 송찬원, 조홍래, 박치봉, 박순. 1992. 한국축산발전사. 축산업협동조합중앙회.
27. 송해범, 김대진, 김동균, 김두환, 김병철, 김봉환, 남기홍, 박홍양, 최규섭, 홍기창. 1994. 돈육생산학. 형설출판사.
28. 오세정, 정선부, 박근식. 1988. 신편가금요론. 선진문화사.
29. 오하식, 김현열, 양한술, 이정일, 주영국, 김천우. 2008. 돼지 품종의 교배조합간 육질특성 비교. 한국축산식품학회지. 28(2): 171-180.
30. 이용빈, 박영일. 1998. 중소가축학. 선진문화사.
31. 장동일, 윤진하, 김두환, 김홍표. 1997. 양돈 자동화 시스템. 도서출판(주)현축.
32. 정영철, 정현규. 2000. 돼지사양가이드. 미국곡물협회.
33. 조수현, 박범영, 김진형, 김명직, 성필남, 김영종, 김동훈, 안종남. 2007. 재래돼지의 출하체중별 도체수율 및 육질 특성. 한국동물자원과학회지. 49(4): 523-530.
34. 조 환, 김병우, 선두원, 박재찬, 박철현, 이정규. 2010. 돼지의 등지방두께와 도체중이 육질등급에 미치는 영향 추정. 농업생명과학연구. 44(3): 53-60.
35. 축산과학원, 농협중앙회. 2002. 새로운 돼지 사육기술. 국립축산과학원: 171-197.
36. 한성욱, 강민수, 김재홍, 박창식, 백동훈, 상병찬, 여정수, 이규승, 이봉덕, 정선부, 최광수, 한재용. 1996. 원색 가축의 품종. 선진문화사: 216-247.
37. 홍지형, 박금주, 전병태, 홍성철. 1999. 축산폐기물 자원화. 도서출판동화기술: 15-61.
38. Adilovic, S., and M. Gvozdenovic. 1984. Reproductive performance of Swedish Landrace sows under farm conditions. A.B.A. 52 : 764.
39. Ahn KH. 2011. The structural relationships among customer trust, satisfaction, and loyalty in social commerce context : Focusing on trust transfer. Doctoral thesis, The Graduate School of Sejong Uuiversity.
40. Bereskin, B., and L.T. Frobish. 1981. Some genetic under environmental effects on sow productivity. J. Anim. Sci., 53 : 601-610.
41. Bowen RC. 1983. Motivation: Theories and principles(2nd ed). Englewood Cliffs. NJ: Prentice-Hall.
42. Cha JH. 2007. A study of consumption pattern of beef and pork - Focused on Kwangju citizens. Master's thesis, The Graduate School of Chonnam national University.
43. Cho G.H.. 2000. A study on the management and technology practice of hog

producers. Korean Jounal of Agricultural Management and Policy. 27(3) : 103−117.
44. Cho SH, Park BY, Byun JS, Kim JH, Ahn JN, Yun SK. 2004 Visual evaluation factors of pork loin and Korean consumer's preference choice. Korean Society of Animal Sciences and Technology. 46:415−426.
45. Choi, T.Y.. 2012. Studies on Managemnental Performances according to Farm Size and Seasons in Pig Farms. Master's thesis, Graduate School of Kongju National University.
46. Chung, H.W., L. Wang, and M.F. Rothschild. 1998. Analysis of factors affecting sow productivity traits in Korea. Korean J. Anim. Sci. 40(1) : 1−8.
47. Gwak YT, Ko BN. 2006, Pork consumption pattern analysis for non−preferred parts. Korean Journal of Agricultural Management and Policy. 33(2):444−455.
48. Jang, S.Y.. 2004. Analysis of Carcass Grade, Reproductive and Weaning Performance in Pig Farm Households. Master's thesis, Graduate School of Kongju National University.
49. Julian GW. 1999. The impact of employee performance cues on guest loyalty perceived value and service quality. The Servia Industries Journal. 19(3): 97−118.
50. Jin SK, Kim IS, Lee JR, Shin TS. 2008. Quality properties of brand pork. Korean Society for Food Science of Animal Resources. 28(4):470−479.
51. Kang, H.Y.. 2008. Evaluation of productivity and management of sow farm in Hongseong−Gun. Master's thesis, Graduate School of Kongju National University.
52. Kim GW, Kim SE. 2009. Analysis of the domestic consumer’s preference and consumption behaviors on pork. Korean Society of Animal Sciences and Technology. 51(1):81−90.
53. Kim, G.W., and J.Y. Yoo. 2007. Analysis of Productivity in Chungnam Pig Farm. Journal of Basic and Life Resources Science. 7(2) : 40−45.
54. Kim, G.W., K.J. Kim, P.I. Choe, J.H. Jung, S.I. Han, and S.E. Kim. 2008. Evaluation of productivity and managemental skill in sow farms. Korean Jounal of Agricultural Management and Policy. 35(3) : 621−636.
55. Kim, D.H. and J.T. Seo. 2009. Effects of on−farm management system on the carcass quality of market pigs. J. Lives. Hous. & Env. 15(1) : 37−50.
56. Kim, H.S., B.W. Kim, H.C. Kim, K.W. Lee, J.K. Ha, J.T. Jeon, and J.G. Lee. 2003. Studies on factors affecting on reproductive traits of the pig farms managed by EDP system. J. Anim. Sci & Technol. (Kor). 45(6) : 917−922.
57. Kim, S.E.. 2006. The effect of consulting on productivity in pig farms. Korean Jounal of Agricultural Management and Policy. 33(3) : 777−788.
58. Kim, S.E.. 2006. A study on livestock products preference and purchasing behaviors. Korean Association of Human Ecology. 15(3):501−512.

59. Kim KS. 2013. Social commerce motivations, benefits and dissatisfaction factors the impact on the buying behavior loyalty. Korean Journal of Consumer and Advertising Psychology. 14(2):343−364.
60. Knox, R.V., G.M. Miller, K.L. Willenburg, and S.L. Rodriguezzas. 2002. Effect of frequency of boar exposure and adjusted mating times on measure of reproductive performance in weaned sows. J. Anim. Sci. 80(4) : 892−899.
61. Lee MH, Kim TW, Han, Kang YS, Jin SK, Kim IS. 2005. Consumer's purchase behaviors and perception of branded pork in Gyeongnam. Korean Society for Food Science of Animal Resources. 25(3):57−75.
62. Lee MH, Kim TW, Heo SK, Han IM, Jin SK, Kim IS. 2006. Consumer's purchase behaviors of branded pork by income and age in Gyeongnam. Korean Society for Food Science of Animal Resources. 26(3):380−385.
63. Ministry of Agriculture, Food and Rural Affairs. 2013. 2012 Korea Best Animal Products Brand Collection. pp 8−11.
64. Moon JM. 2005. A survey on the consumer's attitude of pork meat purchase. Master's thesis, The Graduate School of Hankyong University.
65. Park J.S., H.R. Oh, and C.S. Park. 2001. An empirical analysis and diagnosis of Non−San hog farm business management. Korean Jounal of Agricultural Management and Policy. 28(4) : 665−682.
66. Park YS, Choi SC. 2009. A case study on the marketing of local pork brand. Korean Food Marketing Association. 26(4):57−75.
67. Statistics Korea. 2014. Livestock survey report.
68. Tummaruk, P., N. Lundeheim, S. Einarsson, and A.M. Dalim. 2001. Effect of birth litter size, birth parity number, growth rate, backfat thickness and age at first mating of gilts on their reproductive performance as sows. Anim. Reprod. Sci. 66(1−3) : 225−237.
69. Turrell G, Hewitt B, Patterson C, Oldenburg B. 2003. Measuring socio−economic position in dietary research: is choice of socio−economic position in dietary research: is choice of socio−economic indicator important? Public Health Nutrition. 6:191−200.
70. Verbeke W, Vackier I. 2004. Profile and effects of consumer involvement in fresh meat. Meat Science. 67:159−168.
71. Young, L.D.. 1995. Reproduction of F_1 Meishan, Fengjing, Minzhu, and Duroc gilts and sows. J. Anim. Sci. 73(3) : 711−721.

제 2 편 산양 · 면양 · 양토

산양(山羊, goats)은 1970년대 유용종(milk goats)이 많이 도입되었고, 최근에는 유가공장이 설립되어 여기에서 산양유와 발효유제품 등과 같은 여러 제품들이 생산 보급되고 있어 소비자에게는 건강식품으로, 농민에게는 새로운 소득작목으로 각광을 받고 있다.

면양(緬羊, sheep)은 양고기와 양모를 생산하는 가축으로 1970년대 후반에 많이 도입되었으나 현재는 감소추세를 보이고 있다. 우리나라는 국토 중 산지는 많으나 임간축산이 거의 불가능하고 사육환경이 적절치 못하여 면양사육의 어려운 점을 겪고 있다. 최근에는 양고기(mutton)에 대한 우리 국민들의 선호도가 폭발적으로 증가되고 있어 양고기 구이, 양꼬치 구이 등 다양한 양고기 문화가 정착되고 있어 우리나라에서도 면양사육의 필요성이 증대되고 있다.

토끼사육은 점점 감소추세를 보여 양토산업의 어두운 면을 보여주고 있으나, 토끼(rabbit)고기는 단백질이 풍부할 뿐만 아니라 고기가 담백하여 고기뿐만 아니라 소시지, 햄 등의 제조로도 이용되고 있으며, 토끼가죽은 장갑이나 목도리 등 고급의류 가공품으로도 호평을 받고 있다.

제 1 장 산 양

산양(山羊, domestic goat)은 야생 산양이 가축화(家畜化)되어 유럽과 아시아지역에서 주로 많이 사육되고 있다. 12종의 야생 산양 중 몇 종류의 산양은 유럽에서 신석기 시대부터 사육되어 온 것으로 알려지고 있으나, 오늘날의 대부분 산양은 스위스에서 페르시아 지방과 아프가니스탄에 야생하던 산양을 잡종 교배하여 만들어졌다고 추측된다. 산양은 우제류(偶蹄類)에 속하는 반추가축으로 대부분 뿔을 가지고 있으며, 우리 산양은 고려 충선왕때 중국으로부터 들여와 오래전부터 사육되어온 것으로 추측하고 있다. 그 후 1903년에 자넨종, 토겐부르크종 등의 유산양(乳山羊)이 유럽으로부터 도입되어 산양유를 생산하고 가공하는 기술을 개발하게 되었다. 산양은 보통 염소라고도 부르며, 영어로 종빈양(種牝羊)은 doe, 종모양(種牡羊)은 buck라고 하며, 새끼산양은 kid라고 부르고 있다. 그리고 산양이 분만하는 경우 kidding이라고 한다.

1. 산양의 사육현황과 전망

<표 II-1> 산양의 성별 · 종별 마리수

(단위: 두)

구 분	계	성 별		종 별	
		암(♀)	수(♂)	유산양	재래산양(잡종)
1980	200,502	-	-	4,353	196,149
1990	211,292	-	-	150	211,142
2000	449,417	325,321	124,096	4,584	444,833
2005	522,534	379,764	142,770	9,234	513,300
2010	243,520	167,577	75,943	7,182	236,338
2011	247,943	164,338	83,605	10,921	237,022
2012	257,262	169,982	87,280	6,442	250,820
2013	242,787	162,023	80,764	6,176	236,611

최근 2013년말 산양 총 마릿수는 242,787두를 사육하고 있으나, 점점 감소추세를 보였으며, 특히 유산양은 6,176두로 많은 감소현상을 나타내고 있다. 이러한 감소는 산양유 가공기술의 미흡과 이용자들의 선호도가 낮은데 기인한 것으로 생각된다.

<표 II-2> 산양의 지역별 사육두수 및 가구수

(단위: 두, 호)

구 분	서울	부산	대구	인천	광주	대전	울산	경기	강원
두 수	0	305	1,719	1,218	632	0	3,143	9,669	12,576
가구수	0	4	79	65	18	0	101	236	624

구 분	충북	충남	전북	전남	경북	경남	제주	세종	계
두 수	29,071	25,378	31,710	52,984	42,377	28,546	1,932	1,447	242,787
가구수	1,325	1,276	1,112	1,758	1,395	2,230	17	51	10,291

농림축산식품부(2014.12)

산양의 지역별 사육두수와 가구수는 <표 Ⅱ-2>와 같다. 사육두수는 전남, 경북, 경남, 충북, 충남지역 순으로 사육하고 있으며, 사육가구수는 경남, 전남, 경북, 충북, 충남 순으로 많은 분포를 이루고 있다. 유산양 사육지역을 보면, 충남(2,081두), 전남(1,242두), 강원(616두), 충북(548두) 순으로 많이 사육하고 있는데, 특히 충남과 충북에서 산양 유가공장이 설립되어 납유되고 있으며, 가공된 여러 산양유는 전국에 시판되고 있다.

2. 세계의 산양사육

세계의 산양 사육실태를 보면, 유럽에서는 러시아가 약 213만두이상으로 가장 많이 사육하고 있으며, 그 다음은 프랑스, 네덜란드, 독일 순으로 사육하고 있었다. 아시아지역은 중국이 1억 5천만두 이상으로 가장 많이 사육하고 있으며, 그 다음은 인도, 몽골, 필리핀, 북한 순으로 사육하고 있었으며, 아프리카지역인 케냐에서도 1,300만두이상, 그리고 남아공, 호주 등지에서도 비교적 많이 사육하는 분포를 보였다.

<표 II-3> 세계의 산양 사육현황

(단위: 두)

지 역	두 수	지 역	두 수	지 역	두 수
1. 유럽		2. 아시아		3. 아프리카 & 오세아니아	
- 러시아	2,136,640	- 한국	243,520	- 남아공	6,274,850
- 영국	84,500	- 북한	3,556,000	- 케냐	13,300,000
- 프랑스	1,349,030	- 일본	15,000	- 호주	4,500,000
- 독일	149,936	- 중국	150,706,554	- 뉴질랜드	95,281
- 덴마크	-	- 베트남	1,288,350		
- 네덜란드	352,830	- 필리핀	4,177,700		
		- 인도	54,000,000		
		- 몽골	13,883,000		

FAO Home, statistics, Live Animals, 2012.

3. 산양의 동물분류학적 위치와 습성

산양의 동물분류학적 위치와 습성을 파악하면 아래와 같다.

(1) 동물분류학상의 위치

산양은 반추류(反芻類)로 위(胃)를 4개 가지고 있으며, 역시 반추기능을 하고 있다.

○ 계(系) : 동물계(動物系, Animal strain)
  ○ 문(門) : 척추동물문(脊椎動物門, Vertebrata)
    ○ 강(綱) : 포유동물강(哺乳動物綱, Mammalia)
      ○ 목(目) : 우제목(偶蹄目, Ungulta)
        (반추류, 反芻類)
        ○ 과(科) : 동각과(洞角科, Covicornia)
          ○ 속(屬) : 산양속(山羊屬, *Capra*)
            ○ 종(種) : 산양종(山羊種, *capra hircus*)

[그림 II-1] 산양의 동물분류학상 위치

이러한 산양은 벤조아 산양과 나선각 산양이 축화에 기여한 것으로 추측되며, 벤조아 산양은 아시아 일부지역과 이란지방 등지에서 사육되고 있는 것으로 알려져 있으며, 비교적 체형이나 체구가 크고 뿔도 큰 편이다. 그리고 나선각 산양(螺旋角 山羊)은 아프가니스탄과 티벳 캐시미어지방에서 야생하고 있다. 체형은 벤조아 산양보다 작은 편이고, 황갈색이 많다. 이 모든 산양은 집산양과 교배가 가능하며, 나선형의 뿔을 가지고 있는 것이 특징이라고 할 수 있다.

(2) 산양의 습성

산양의 습성(習性, habit)을 보면, 타가축과 다를 수 있다. 반추위(反芻胃)를 가지고 있어서 거친 조사료(粗飼料)로도 사육이 가능하고, 열악한 기후풍토에도 잘 적응하는 초식동물(草食動物)이다.

산양이 가지고 있는 몇 가지 고유의 습성을 고찰(考察)하여 보면 다음과 같다.

① 비교적 높은 곳을 선호한다. 낮은 곳보다는 보다 높은 장소에서 머물거나 풀을 뜯어먹곤 하는 습성을 가지고 있으며, 비교적 서열상으로 우위(優位)의 개체가 높은 곳을 선점하게 된다.

② 성질이 민첩하고 활달하다. 다른 가축보다 행동이 민첩하고 활발하게 움직이는 동작을 보이곤 한다. 들판이나 초지 등지에서 운동을 하며 풀을 뜯고 무리를 지어 활발한 동작을 보이곤 한다.

③ 나뭇잎이나 껍질 등을 갉아먹는 습성이 있다. 임간(林間)방목을 하면 침엽수나 활엽수를 가리지 않고 모든 관목류의 껍질을 벗겨먹기 때문에 지나친 방목은 산, 들의 식생을 파괴할 수 있으므로 주의가 요구된다.

④ 산양은 군거성(群居性)을 가지고 있다. 면양보다는 군거성이 낮지만 무리를 지어 군거하면서 활동하고, 방목장에서 풀을 뜯어먹는 습성을 가지고 있다. 이러한 습성을 이용하여 농장에서는 효율적인 관리에

임하고 있다.

⑤ 깨끗하고 청결한 먹이를 선호한다. 산양은 땅에 떨어져 습기 찬 풀, 사료 등을 싫어하고, 습기가 없고 깨끗한 먹이를 즐겨먹는다. 그래서 초가(草架)를 이용하여 사료가 바닥에 떨어져 오염되거나 부패되지 않도록 하고 있으며, 조사료의 신선함을 유지하여 항상 청결한 먹이를 먹도록 해야 한다. 그리고 고창증(鼓脹症) 예방에도 큰 도움이 될 것으로 생각된다.

4. 산양의 외모와 심사

(1) 산양의 외모와 명칭

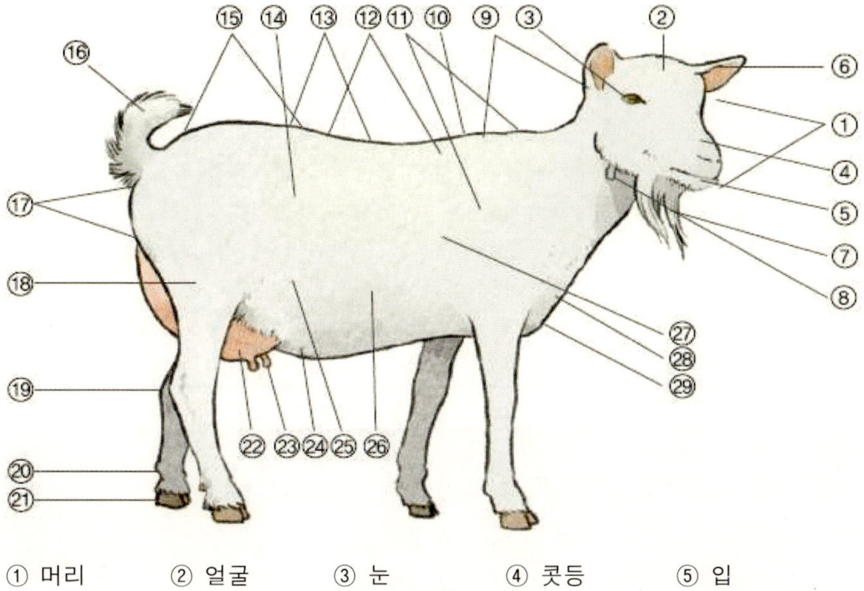

① 머리　② 얼굴　③ 눈　④ 콧등　⑤ 입
⑥ 귀　⑦ 턱수염　⑧ 고기수염　⑨ 목　⑩ 기갑
⑪ 어깨　⑫ 등　⑬ 허리　⑭ 요각　⑮ 엉덩이
⑯ 꼬리　⑰ 궁둥이　⑱ 넓적다리　⑲ 비절　⑳ 발꿈치
㉑ 발굽　㉒ 유방　㉓ 유두　㉔ 유맥　㉕ 아래허구리
㉖ 배　㉗ 갈비　㉘ 앞가슴　㉙ 가슴바닥

[그림 II-2] 산양의 외부 명칭

산양을 사육하는 데는 경제원칙에 입각하여 최소한의 경비로서 최대의 생산을 올릴 수 있도록 하기 위하여 사육 목적에 알맞은 품종을 선택하여야 한다. 동일한 품종이라 하더라도 산양으로서 갖추어야 할 것으로 혈통이 좋아야 하고, 비유능력이 우수한 것을 선택하여야 한다. 이외에도 간성(間性)이 아닌 것, 이른 봄에 출생한 것, 새끼 때 충분히 어미젖을 먹고 자란 것, 나이 감정 등을 조사한 뒤에 적절한 연령과 품종을 선택한다.

(2) 산양의 심사

산양의 부위를 익히고 나면, 구체적으로 체위를 측정할 필요성을 느끼게 된다. 이를 위해 체척계, 캘리퍼(caliper), 줄자 등을 준비하면 된다.

<표 II-4> 산양의 체위 측정 부위와 방법

부 위	측 정 방 법
1. 체고(Body height)	지면에서 기갑까지의 수직거리를 측정
2. 체장(Body length)	견단에서 좌골단까지의 수평거리를 측정
3. 흉위(Chest girth)	옆 겨드랑이 부위의 가슴둘레 길이를 측정
4. 흉심(Chest depth)	심장을 둘러싼 가슴상단과 하단 폭의 직선거리를 측정
5. 흉폭(Chest width)	가슴둘레에서 양늑골의 직선거리를 측정
6. 고장(Rump length)	요각에서 좌골단까지의 직선거리를 측정
7. 곤폭(Thurl width)	후구에서 가장 넓은 부위의 폭 길이를 측정
8. 십자부고(Cross height)	지면에서 십자부고까지의 수직거리를 측정
9. 요각폭(Hip width)	양 요각간의 길이를 측정
10. 관위(Shin girth)	오른쪽 앞다리의 가장 가는 부위의 둘레길이를 측정

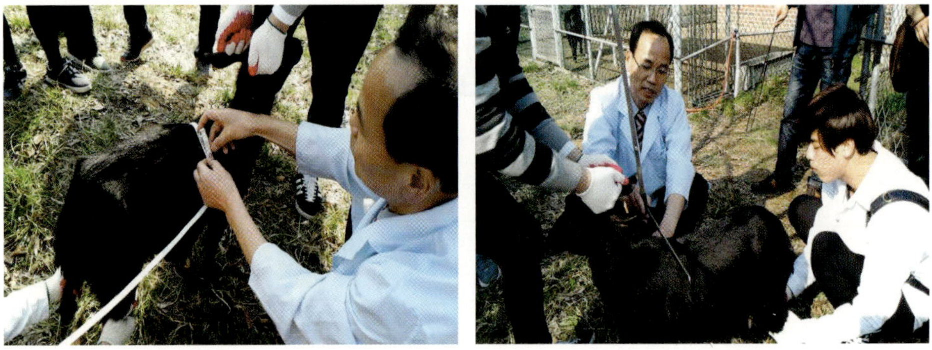

[그림 II-3] 재래산양의 심사장면 - 흉위(좌)와 체고(우)

<표 Ⅱ-5> 자넨종의 외모심사표준

부 위	평 점 ♀	평 점 ♂	설 명(요점)
❑ 일반외모			
1. 균형과 체적	13	15	몸 각 부위 발육이 양호하고, 균형 잡히고, 쐐기형인 것 용적이 크고, 체구가 크고, 체적이 풍부한 것
2. 피모와 피부	5	7	피모는 짧고, 가늘고 광택, 피부는 촉감이 좋은 것
3. 품위와 성질	4	8	윤곽이 선명, 품위가 있고, 활기가 있는 것 암양은 아름다움, 숫양은 강건한 개체로 나쁜 버릇이 없는 것
❑ 머리			
머리	5	8	얼굴은 윤곽이 선명, 영리하고, 이마는 충실, 콧등은 곧고, 눈은 크고 활발하고 선명, 귀는 중등으로 곧은 것, 비경이 넓은 것
❑ 전구			
1. 목과 어깨	6	8	목은 길고, 머리와 어깨의 이행(移行)이 좋은 것 어깨는 경사지고 몸통으로 이행이 원활한 것
2. 가슴	4	5	가슴은 깊고 넓으며 겨드랑이가 충실하고 넓은 것
❑ 중구			
1. 등과 허리	4	5	등은 길고 강하며 곧은 것, 허리는 넓고 등과 수평으로 이행이 양호한 것
2. 늑골과 배	6	8	늑골은 잘 개장되고, 늑골 간에 넓은 것, 배는 풍부하고 하겸이 깊고 충실한 것
❑ 후구			
1. 요각과 엉덩이	9	12	요각은 적당, 요각사이는 넓은 것, 엉덩이(尻)는 길고 넓은 것, 고장이 넓고 긴 것
2. 넓적다리	3	4	넓적다리는 외측이 적당하고, 충실한 것, 다리사이가 넓은 것
❑ 지제			
다리와 발굽	6	10	네 다리는 중등이고, 지세가 바른 것, 발목이 강한 것 발굽은 양호하고 걸음걸이가 충실한 것
❑ 유기·생식기			
1. 유방	25	–	유방의 용적은 크고, 균등하게 발달, 탄력이 좋은 것 유맥이 그물망같이 확실한 것
2. 유두	5	6	유두는 불량이 없고, 균등하고 잘 부착한 것
3. 유맥	5	–	유맥은 굵고 꾸불꾸불하며 큰 유와가 있는 것
4. 고환	–	4	고환은 정상적이고 우량한 것, 적절히 늘어진 것
계	100	100	–

* 실격조건 1. 큰 이모색반(異毛色班)이 있는 것
2. 간성
3. 음고(잠복정소)
4. 숫양의 부유두 및 암양의 중복유두

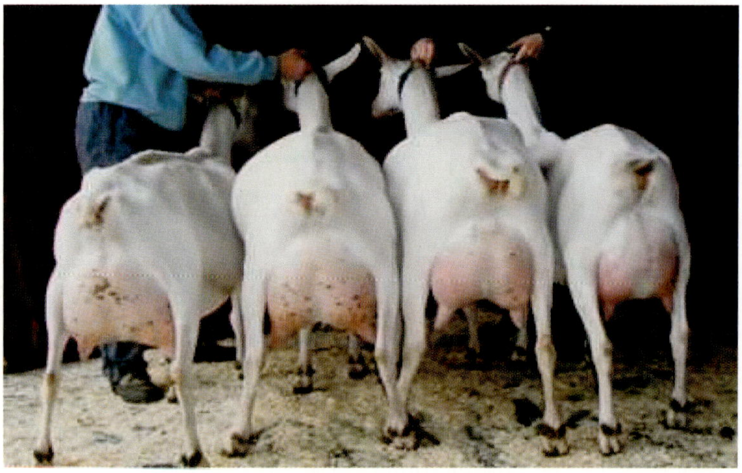

[그림 II-4] 산양의 비교심사

5. 산양의 선발

산양은 용도별로 적합한 품종을 선택하여 사육해야 한다. 특히 여기서는 유용종 중심으로 선발하는 내용으로 서술하였다.

① 외모가 뚜렷이 품종의 특징을 갖춘 것

가. 머리(head) - 윤곽이 뚜렷하고 눈이 크고 맑으며, 미간이 넓고 콧등이 바른 것이 좋다. 콧구멍이 크며, 목은 어깨로 부드럽게 이어지면 좋다.

나. 몸통(body) - 어깨의 경사가 적당하고 가슴이 넓으며, 뒷몸이 발달하고 유공(乳孔)이 좋아야 한다. 후구가 빈약한 것은 비유기가 짧고 유량도 비교적 적다.

다. 비유기관(lactational system) - 유방이 크고 유방의 간격이 넓은 것이 좋다. 젖꼭지는 앞쪽을 향하는 것이 좋고 유공이 크고 젖꼭지의 길이는 큰 것이 좋으며, 유정맥이 뚜렷해야 산유징후가 예견된다.

② 혈통(血統)이 좋은 것

새끼 산양의 선택에 있어서는 비유능력의 판단이 곤란하고 외모에서도 형질이 정확하지 못하기 때문에 양친의 혈통(血統)을 비교 검토하고, 또 같은 양친에게서 출생한 산양과도 서로 비교하여 유전적 요소가 우수한 것을 골라야 한다.

③ 비유능력(泌乳能力)이 우수한 것

비유능력은 경영의 성패를 좌우하는 근본적인 요소로 하루 중 분비하는 유량이 많아야 할 뿐만 아니라 유기(乳期)가 길고, 유기 중에 총 산유량이 많아야 할 것이다. 새끼를 낳고 10개월간은 젖을 생산하며, 비유량은 분만 후 1~2개월에 가장 많고, 유량은 초산보다는 2~4산이 더 많다. 또 계절별로 보면 겨울과 장마철에는 적고, 봄·가을에는 젖 생산량이 많은 경향을 가지고 있다.

④ 나이 감정

산양의 나이는 외모로서 판단은 어려우나, 주로 앞니(문치)의 발생과 가는(환치) 시기에 의하여 감정한다. 이러한 연령의 감정은 산양의 구매 때 알아야 할 중요한 지식이 되기도 한다.

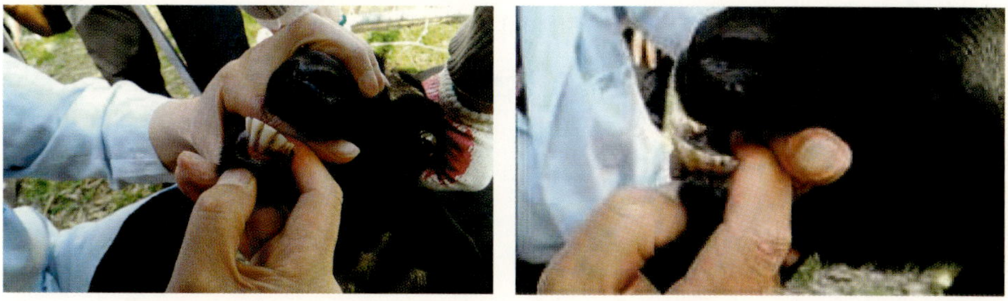

[그림 II-5] 산양의 연령감정 장면

$$\blacktriangleright \text{ 치식} = \frac{0 \cdot 0 \cdot 3 \cdot (0)3}{4 \cdot 0 \cdot 3 \cdot (0)3} \times 2 = \frac{(6)12}{(14)20} = (20)32\text{개}$$

문치 견치 전구치 후구치 (젖니)영구치

<표 Ⅱ-6> 앞니(문치)에 의한 나이감정

나 이	이빨의 상태	나 이	이빨의 상태
생후 1주일	겸치와 내중간치가 나온다.	만 3.5세 (3~4세)	외중간치 2개가 영구치로 바뀐다.
생후 2주일	외중간치가 나온다.	만 4.5세 (4~5세)	우치 2개가 영구치로 바뀐다.
생후 4~5주일	우치가 나온다.	만 5~6세	겸치가 둥글게 변형된다.
생후 12~18개월 (1~2세)	겸치 2개가 영구치로 바뀐다.	만 7~8세	내중간치가 둥글게 변형된다.
생후 24~30개월 (2~3세)	내중간치 2개가 영구치로 바뀐다.	만 10세	앞니 모두가 둥글게 변형된다.

* 5세 이상은 문치의 마모면(磨耗面)으로 추정하여 판단한다.

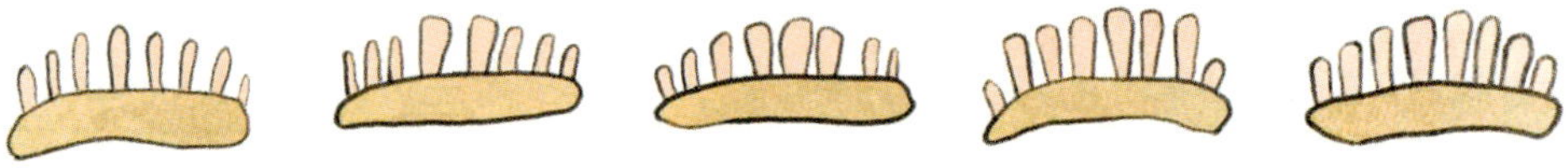

[그림 Ⅱ-6] 산양의 이빨에 의한 연령감정

4~5살까지는 이빨 간 상태로서 정확하게 나이 감정을 할 수 있으나, 그 이후부터는 환치된 이의 마멸 상태 등으로 감정한다. 예를 들면, 내중간치를 갈면 2~3살(2.5살)로 추정하고, 외중간치를 갈면 약 3~4살(3.5살)로 추정하고 있다. 그리고 우치(隅齒)까지 모두 갈면 4~5살(4.5살)이 된다.

⑤ 산양의 간성

간성(間性, intersex)은 암산양의 생식기관 발달이 불완전하여 암컷과 수컷의 특성을 지니지 못한 중간 형태로 생식기능이 없는 것이 특징이다. 이러한 간성은 다른 동물보다 산양이 5~11% 정도로 많이 나타나는데, 새끼 때에는 잘 나타나지 않다가 번식 연령이 되면 비로소 나타나는 것이 있다. 이와 같은 간성은 상염색체상에 열성유전자(劣性遺傳子)에 의해서 지배를 받으며, 특히 무각종(無角種)에서 많이 출현되나, 유각종(有角種)에서는 거의 나타나지 않는다. 이러한 관계로 간성을 막기 위해서는 암수 중 어느 한쪽 개체는 유각종을 교배함으로써 예방할 수 있게 된다.

⑥ 산양의 체형과 위의 발달

우리 재래산양의 성장단계별 체형(體型)과 위(胃)의 발달을 보면 <표 Ⅱ-7>과 같다.

<표 Ⅱ-7> 재래산양의 출생 후 체형 및 위의 발달

항 목	단위	일 령									
		2	6	15	21	30	40	60	90	120	150
체 중	kg	1.84	1.98	2.64	3.47	4.02	5.08	6.92	8.57	10.5	12.43
흉 위	cm	25.0	24.8	31.1	34.73	35.6	39.1	43.4	46.8	49.7	52.9
체 장	cm	24.3	25.1	29.3	31.4	37.2	37.5	39.9	45	47	50.8
위의 중량	g	27.3	33.5	48.3	69.9	100.0	122.3	164.7	247.3	310.9	411.0
제1위 중량	g	8.1	11.5	20.1	35.1	62.5	70.7	105.4	158.2	210.5	260.6
제2위 중량	g	2.1	2.8	5.1	8.0	11.1	13.5	17.6	31.2	32.8	54.1
제3위 중량	g	1.8	1.6	3.2	3.3	5.0	5.7	10.2	18.8	26.9	38.2
제4위 중량	g	15.3	17.6	19.9	23.5	21.4	32.4	31.5	39.1	40.7	58.1

분만 2일령에는 1.84kg에서 150일령(이유)에는 12.43kg 정도 된다. 산양이 출생시에는 제4위가 가장 크나, 성숙후에는 제1위가 가장 커진다. 이것은 조사료를 섭취하는 반추가축이므로 성숙과정에서 제4위보다는 제1위가 용적이 커가기 때문이다.

6. 산양의 품종

산양의 품종은 그 용도에 따라 유용종, 모용종, 그리고 육용종으로 나눈다.

1 유용종

젖을 주목적으로 사육하는 주요 유용종은 자넨종, 토겐부르크종, 알파인종, 누비안종 등이 있다. 우리나라에서는 모색(毛色)이 백색인 자넨종을 90%이상 사육하고 있다.

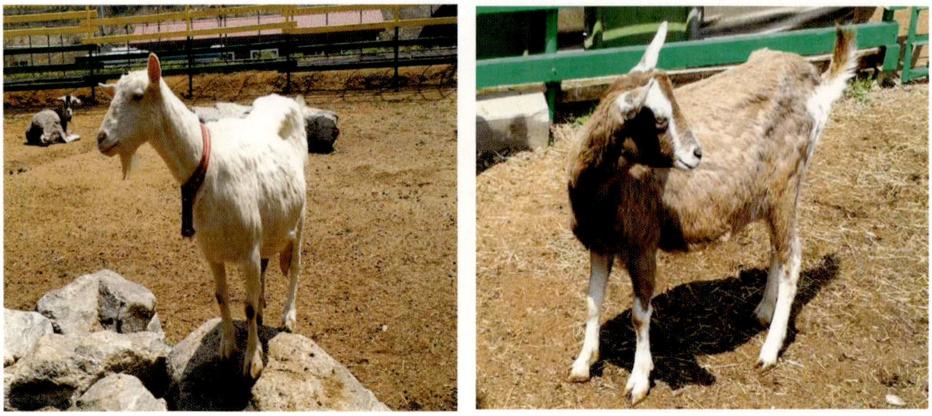

[그림 II-7] 자넨(Saanen)종과 토겐부르크(Toggenburg)종 비교

① 자넨종

자넨(Saanen)종은 우리나라에서 사육하는 대부분의 산양으로서 스위스 자넨계곡이 원산지로 세계적으로 널리 분포되어 있다. 체구(體軀)가 크고, 유량도 많으며, 체형이 우아하고 섬세한 동시에 유용형(乳用型)의 특징인 쐐기꼴을 가지고 있다.

털은 흰색이고, 암수 모두 뿔이 없는 경우가 많으나, 유각종의 경우 어렸을 때 제각(除角)하면 관리하기가 편리하다. 귀는 비교적 작으며, 직립형(直立型)이다. 자넨종은 다 자라면 평균 체중은 암컷 50~60kg, 수컷은 70~80kg 정도이며, 1일 2~3kg 정도의 젖을 생산하여 연 평균 비유량은 700~1,000kg에 이른다. 자넨종에는 영국자넨(British Saanen), 일본자넨, 프랑스자넨, 독일자넨, 이스라엘자넨종 등이 누진교배(累進交配)에 의하여 육종된 각국의 품종들이다.

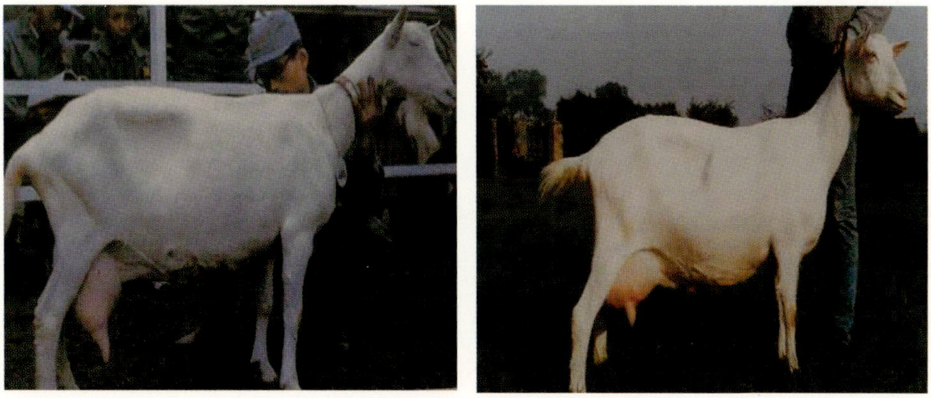

[그림 Ⅱ-8] 자넨(Saanen)종 산양

② 토겐부르크종

토겐부르크(Toggenburg)종의 원산지는 스위스 토겐부르크 계곡이며, 체격은 자넨종보다 약간 작아 암컷 45~50kg, 수컷은 60~80kg 정도이다.

체형은 자넨과 같이 쐐기꼴이며, 털은 갈색바탕에 양 쪽 귀 밑에서 코끝까지 흰 띠를 두르고 있는 것이 특징이다. 특히, 꼬리의 끝과 네 다리의 무릎 아래 등은 회색 또는 흰색을 띠고 있다. 연평균 비유량은 600~800kg 정도로 기후와 풍토에 대한 적응성이 강하여 미국과 캐나다에서는 많이 사육하고 있고, 우리나라에서는 많지 않으나 점점 증가추세에 있다.

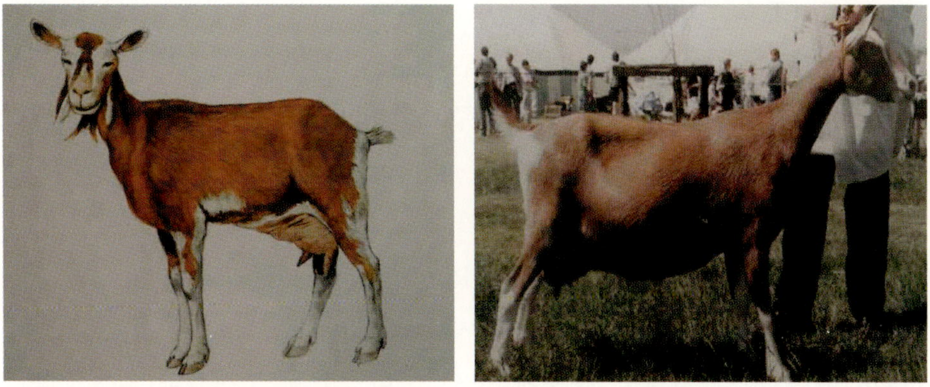

[그림 Ⅱ-9] 토겐부르크(Toggenburg)종 산양

③ 알파인종

알파인(Alpine)종은 스위스를 중심으로 프랑스 알프스지방과 독일 남부지방을 중심으로 사육되고 있다. 모색은 갈색바탕에 얼굴이나 4지 등에 백색을 가지고 있는 것이 가장 많으나, 흑색, 회색 등의 바탕에 안면, 측복부, 4지, 후구, 꼬리 등의 일부에 백색점을 가지고 있다. 체중이나 체형은 유용종이라서 토겐부르크와 대동소이하고, 비유량이나 유지율은 자넨과 토겐부르크보다 약간 저조한 것으로 보고되고 있다. 이 품종의 사육은 우리나라에서 조금씩 증가하는 경향이 있다.

[그림 II-10] 알파인(Alpine)종 산양

④ 누비안종

누비안(Nubian)종은 아프리카 북부인 누비아(Nubia) 지방이 원산지로 수단, 이집트, 에티오피아 등지에서 주로 사육되고 있는 품종이다. 산유량은 다른 품종과 비슷하여 1일 평균 2.5kg을 생산하고 있다. 누비안종은 고온다습한 여름철에도 잘 견디는 열대 염소이다. 이 산양품종은 대형의 귀로 늘어져 있으며, 특히 매부리코(Roman Nose)를 가지고 있으며, 유지율이 5~7%로 매우 높은 특징이 있다. 영국의 앵글로 누비안종(Anglo-Nubian)은 영국의 재래종 암컷에 순수 누비안종을 누진교배(累進交配)로 육성시킨 품종이다.

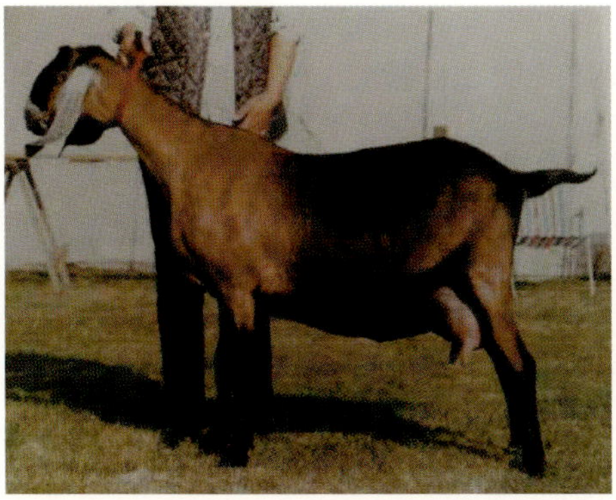

[그림 II-11] 누비안종 산양

2 모용종

산양털을 주목적으로 키우는 모용종에는 앙고라종과 캐시미어종이 있는데, 우리나라에서는 1970년대에 사육하였으나 현재는 거의 없다.

① 앙고라종

앙고라(Angora)종은 티베트 지방이 원산지로 터키의 앙고라 시장에서 매매가 성행하여 이름 붙여진 것으로서 백색으로 외모는 면양을 닮은 점이 많고, 암수 모두 뿔이 있다. 아름다운 피모(被毛)는 모헤어(Mohair)라고 불리며 직물에 사용한다. 피모는 흰색으로 1년에 20㎝가량 자란다. 생산량은 1년에 1.5~2.5kg정도이며, 어릴수록 털의 질이 좋은 경향이 있다.

[그림 II-12] 앙고라종 산양

② **캐시미어종**

캐시미어(Cashmere)종은 원산지가 티베트로 앙고라종과 티베트의 재래 산양 사이의 교잡에 의하여 개량된 것이다. 체형은 소형으로 뿔이 없는 것과 나선형의 뿔을 가진 개체가 있다. 털빛은 백색, 갈색, 흑색 등 여러 가지가 있고, 털의 길이는 12㎝ 정도로 가치가 비교적 적으나 가을에 자란 털사이의 백색 혹은 회색털이 발생하는데, 이것이 캐시미어 털로 이용된다. 그 생산량도 앙고라종과 비슷하거나 다소 적은 양이다. 특히 이불이나 의류 등의 직물로 많이 이용되고 있다.

[그림 II-13] 캐시미어종 산양

3 **육용종**

고기를 이용하기 위해 오랫동안 사육해 온 그 나라의 재래종 산양이 이에 해당되는데, 중국산양과 한국재래종 흑염소가 있다. 중국산양은 우리 재래종보다 체중이나 체형이 비교적 큰 편으로 35~50kg 정도 된다.

한국재래산양(흑염소)의 털색은 흑색이 보통이고, 성숙체중은 보통 30~45kg 정도로 비교적 소형이다. 몸집은 작고 암수 모두 뿔이 있으며, 체질이 강건하여 병에 대한 저항력이 강하다. 우리나라에서는 고기 맛이 좋아서 보신제(補身劑)로 권장하고 있고, 털과 가죽의 질이 좋아서 많이 이용하고 있다.

[그림 II-14] 우리나라의 재래산양(흑염소)

7. 산양의 번식

산양의 번식에는 2가지 목적이 있다. 그 하나는 새끼를 생산하는 것이고, 또 하나는 생리적인 기능을 이용하여 비유(泌乳)를 촉진시키고 유량(乳量, milk yield)을 증가시키는 것이다.

(1) 번식기와 번식연령

산양은 발정이 가을과 초겨울에 한정되는 단일성 계절번식(季節繁殖)을 하는 동물이다. 이러한 일조시간은 뇌하수체 성선호르몬 등에 의하여 난포의 성숙과 발정을 유발하는 것으로 알려져 있다. 번식 연령은 암컷은 8~10개월령, 그리고 수컷은 18개월령 이후가 적당하나 수컷의 경우 12개월이 넘으면 정상적 번식이 가능한 연령이다.

방목장 산양의 성비(性比)는 종부용 수컷 1두에 암컷 50두 정도를 사육하는 것이 이상적이다. 보통 번식에 이용되는 암양의 연령은 8~9세까지 가능하고, 그 이후는 도태하여 후보종빈양으로 교체해줘야 바람직하다. 그리고 종모양(種牡羊)은 근친번식을 막기 위하여 2~3년에 한 번씩 교체해 주면 좋다.

(2) 발정과 교배

산양의 발정(發情, heating)은 보통 가을에서 초겨울 사이(9~12월 초)에 강하게 주기적으로 되풀이되며, 30~50시간 지속된다. 암컷의 발정 증상으로는 식욕과 비유량이 줄고 불안해하며, 주변을 배회한다. 계속 울면서 다른 염소의 등에 올라타려고 하거나 꼬리를 흔들며 다른 물체에 닿기만 하면 꼬리를 옆으로 붙인다. 또한 외음부가 붓고 붉어지며, 점액이 흐르고, 오줌을 자주 누는 등 다양하다. 보통 발정주기는 평균 20~21일이며, 대체적으로 평균 40시간동안 발정이 지속된다.

교배(交配, mating)는 발정 후 20~25시간 이후에 자연교배나 인공수정을 시키는 것이 좋은데, 이는 배란이 발정개시 후 30~40시간에 일어나기 때문이다. 12시간 간격으로 2회 교배는 수태율을 향상시킬 수 있다.

정액의 1회 사정량은 0.5~2cc이며, 평균 1cc정도이다. 방목시 1마리의 종모양은 약 50마리의 종빈양을 번식시킬 수 있는 능력을 가지고 있다.

(3) 임 신

① 임신징후와 진단

산양이 임신을 하게 되면 황체호르몬(progesterone)의 작용으로 다시 발정을 하지 않으며 성질이 온순하여지고, 행동이 활발하지 못하며 식욕이 왕성하여 일반적으로 영양상태가 좋아진다. 그리고 태아발육과 함께 복부팽대와 함께 체중이 증가된다. 유산양의 경우는 비유량이 차츰 감소하는 현상을 보인다.

② 임신기간

임신기간은 평균 150일이다. 분만 예정일 계산은 2월이 끼지 않으면 5개월 후 4일을 뺀 날이고, 2월을 포함한다면 2일을 빼면 된다. 예를 들어 9월 10일에 교배하였다면, 2월 6일이 분만 예정일이 된다.

[그림 Ⅱ-15]는 산양 태아의 정상 위치(a)와 비정상 위치(b)를 나타낸 것으로서 태아가 비정상적인 역산위로 있을 때는 난산(難産)의 염려가 있다.

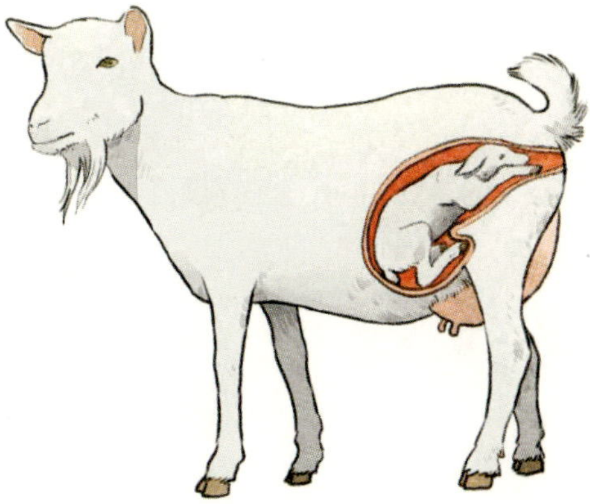

(a) 정상

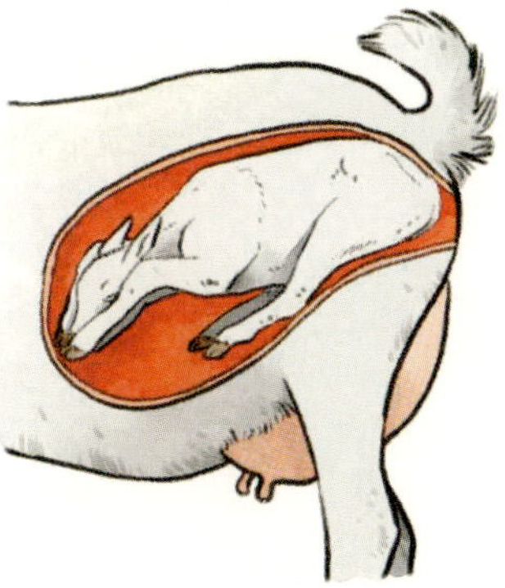

(b) 비정상

[그림 II-15] 산양 태아의 위치

⑷ 분 만

① 분만징후

산양은 분만이 가까워지면 태아의 발육과 이동으로 인하여 복부가 처지고 유방이 점점 팽창하여 젖을 짜면 끈끈한 젖이 분비된다.

외음부가 붓고 붉은 색을 띠는 것으로 분만이 가까워짐을 알 수 있다.

분만 1주일 전에는 산양의 몸과 외음부, 유방을 소독하고 분만실로 옮긴다. 분만 당일에는 산양이 불안해하며 식욕이 없어지고, 자주 오줌을 눈다. 자주 특이한 소리로 울며 자리깃을 긁어모으며 자주 누웠다 일어 섰다를 하고 견디기 힘든 진통(陣痛)이 시작된다.

② 분만과정

분만과정의 1단계는 예비진통기(豫備陣痛期)로 자궁과 복부수축으로 요막파열과 요수가 터져 나와 1차적으로 산도를 개척해준다(제1파수).

2단계는 태아의 만출기로 양막이 파열되어 제2파수가 흘러나오면서 태아가 만출하게 된다. 그 후 3단계로 후산기와 회복기를 갖는데, 후산이 정체되는가를 주의 깊게 관찰하여 반드시 후산이 흘러나오도록 유도해야 한다. 분만에 걸리는 시간은 1~3시간 걸리고, 후산은 분만 후 1~5시간이면 나온다. 그러나 12시간 이내에 태반이 나오지 않으면 후산정체(後産停滯, retained placenta)를 의심해 볼 수 있는데, 옥시토신이나 황체퇴행인자를 투여하여 치료할 수 있다.

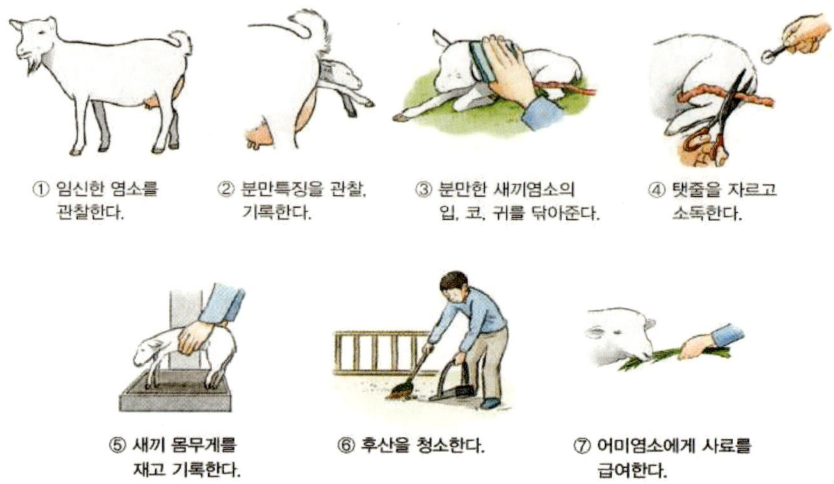

[그림 Ⅱ-16] 산양의 분만관리

산양의 분만관리는 [그림 Ⅱ-16]과 같이 임신한 염소의 세심한 관찰에서부터 시작한다. 분만 예정일은 산양의 상태에 따라 달라질 수 있기 때문에 예정일 1주 전·후에는 더욱 주의가 필요하다.

③ 분만 후 모양과 자양관리

새끼를 분만하면 어미 염소가 놀라지 않도록 주의하면서 우선 새끼염소의 입과 코를 닦아주어 호흡을 원활하게 할 수 있도록 해야 한다. 탯줄은 약 5~10㎝ 정도 남겨두고 묶은 후 가위로 자르고 소독해 준다.

새끼 몸무게를 재어 기록한 후 젖을 먹인다. 분만 자양의 무게는 자넨종은 평균 3.0kg, 흑염소는 2.0kg으로 평균 1.5~2.0두 분만한다. 어미산양이 후산을 하면 청소하고, 어미에게는 갈증이 생기므로 소량의 소금을 탄 밀기울을 급여하여 소화를 돕도록 하고, 피로가 심한 때에는 알코올을 약간 급여하는 것도 좋다.

8. 산양의 개량

(1) 경제형질과 개량

유용종(乳用種)은 번식효율, 유지율, 생산수명, 체형과 외모, 항병성 등을 중요시하여 개량목표를 달성해야 한다. 육용종(肉用種)은 번식효율, 성장률, 사료효율, 체형과 외모, 항병성 등의 개량이 중요한 형질로 보아야 하며, 그 목표치를 설정하여 개량해 나아가야 한다. <표 Ⅱ-8>과 같이 산양의 산유량, 분만간격, 복당산자수 등의 유전력은 젖소와 비슷하고, 유지율은 30~35%로 중등수준을 보이고 있으나, 젖소의 유지율의 유전력은 0.55~0.60정도로 매우 높다.

<표 Ⅱ-8> 산양에서 경제형질의 유전력

구 분	산유량	유지율	유지량	분만간격	산자수
유전력(%)	30~35	30~35	30~35	10~20	5~10

* 여러 연구자 결과의 평균값임.

(2) 산양의 교배법

산양의 교배법(交配法)은 순종교배와 잡종교배법을 많이 이용하고 있다.

① 순종교배

순종교배(純種交配, purebreeding)은 동일한 품종간의 교배로서 순수한 품종의 특징을 유지하면서 능력향상을 위하여 근친교배(近親交配, inbreeding)를 피하여 교배하고 있다. 여기에 속하는 교배는, 동일품종내 이계교배(outbreeding), 근친교배(inbreeding), 계통교배(linebreeding), 무작위교배 등이 있다. 예를 들면, 유용종의 경우 자넨종은 같은 품종끼리 교배하여 후손을 얻는 경우가 대부분이며, 서로 다른 품종끼리 교배하는 경우는 매우 낮다고 볼 수 있다. 근친계수가 높아질수록 번식능력과 생산능력 등이 저조해지기 때문이다. 이러한 현상을 근친퇴화(近親退化)라고 한다.

② 잡종교배

잡종교배(雜種交配, crossbreeding)는 혈연관계가 먼 서로 다른 품종간의 교배를 의미한다. 산양의 경우 이러한 교배는 생산성 증대에 목적을 두는 것보다 불량종이나 재래종을 개량할 목적으로 많이 이용된다.

<표 II-9> 누진교배에 따른 혈액의 유전적 조성(%)

세 대	재래종 혈액	개량종 혈액	비 고
제1세대	50.0 (1/2)	50.0 (1/2)	재래종 × 개량종(♂)
제2세대	25.0 (1/4)	75.0 (3/4)	제1대잡종 × 개량종(♂)
제3세대	12.5 (1/8)	87.5 (7/8)	제2대잡종 × 개량종(♂)
제4세대	6.25 (1/16)	93.75(15/16)	제3대잡종 × 개량종(♂)
제5세대	3.12 (1/32)	96.88(31/32)	제4대잡종 × 개량종(♂)

주) 1. 개량종은 개량목표대상이고, 능력이 우수해야 한다.
2. 제13회 잡종(누진교배)시 개량종의 혈액은 99.99%가 되고, 재래종 혈액은 0.01%밖에 잔존하지 않는다.

이러한 잡종교배법의 하나가 누진교배법(累進交配法, grading up)인데, 불량 재래종 암컷에 개량종 수컷을 교잡하여 생산된 잡종 1대에 지속적으로 개량종을 교배시킴으로써 재래종이 개량종에 가깝도록 새로운 품종을 작출시키는 방법이라 하겠다.

우리나라에서도 체구가 작고 산유량이 적은 재래산양을 서양의 유산양(자넨종)과 누진 교배하여 한국유산양으로 만들어 품종학적 위상을 높이려는 실험연구는 많았으나, 성공스런 좋은 결과를 얻지 못하여 아쉬움을 많이 남긴 축산학분야라고 볼 수 있다. 예를 들어, 자넨종의 산유량과 유지율이 각각 423kg과 4.16%일 때, 한국재래종은 91kg과 5.72%로 조사되었다. 이 두 품종을 자넨종으로 누진교배시켰을 때 제1대와 제2대잡종에서 산유량은 각각 288kg과 354kg을 얻는 결과를 보았을 때, 누진교배에 의한 산유량(産乳量)의 증가로 생각된다.

9. 산양의 육성과 관리

(1) 새끼 산양의 관리

갓 태어난 새끼 산양은 약 30분이 지나면 스스로 일어나서 젖을 빨게 된다. 태어난 지 수 시간이 지나도 젖을 빨지 못하는 경우 포유를 도와주어야 한다.

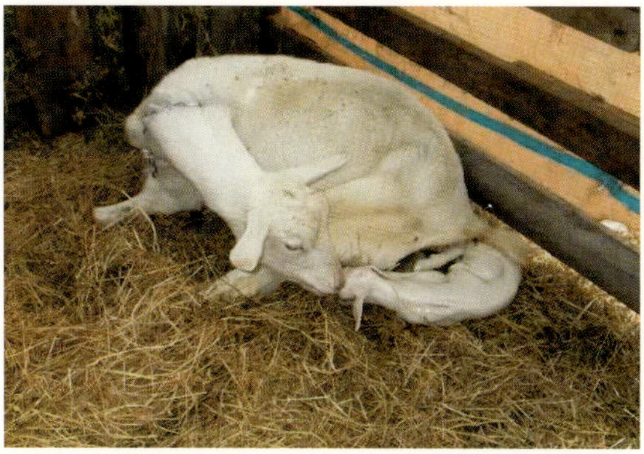

[그림 II-17] 산양의 분만장면

갓 태어난 산양이 약 1주일 동안 먹게 되는 어미젖을 초유(初乳, colostrum)라고 하는데 배변작용 및 면역작용이 있으므로 반드시 먹인다.

초유에는 발육에 관계되는 비타민 A도 보통 젖보다 10~100배 많이 들어 있다.

생후 1주일 경부터 어미와 함께 운동장에서 신선한 공기와 햇볕을 쬐고 충분한 운동을 할 수 있도록 하고, 2~3주가 되면 품질이 좋은 건초, 밀기울, 대두박 등을 먹인다. 보통 생후 1~3개월에 이유시킨다.

(2) 이유 후 육성 관리

일반적으로 발육이 양호한 새끼 산양도 이유하고 나면 발육이 나빠지는 경우가 있으므로 사양관리에 세심한 주의를 한다. 생후 3개월에는 좋은 건초와 단백질과 무기물(칼슘 등)이 충분히 함유된 육성사료를 주고, 충분한 운동과 기생충 구제를 한다. 특히 이유 후 육성사료가 없을 경우,

밀기울, 보리, 비지, 귀리, 어분 등을 배합하여 급여하면 매우 경제적이고 발육효과가 크다.

(3) 큰 산양의 관리

임신한 산양은 임신 마지막 2개월에는 태아의 성장이 급격히 자라나므로 사양관리에 유의한다. 일광욕(日光浴)을 충분히 시켜 비타민 D를 합성할 수 있도록 하고, 적당한 운동을 하도록 한다. 분만 6주 전에는 건유(乾乳)한다. 건유기는 산양의 휴식기이다. 농후사료의 급여량을 줄이고, 조사료의 양은 늘리며, 방목으로 운동량을 조절해준다.

종양(♂)은 적당한 운동을 시키고, 단백질이 풍부한 양질의 조사료를 급여하여 체력유지 관리에 노력해야 한다. 그리고 비타민A와 E등의 결핍이 없도록 각별한 관리가 요구된다.

(4) 산양의 사육법

산양의 사육법은 방목법, 사사법, 계목법 등이 있으나, 농장 여건에 따라 변형된 축사에 사육할 수 있다.

① 방목법

일정한 지역에 주위를 막고 넓은 들이나 산지에 방목하여 비가 올 때나 밤에는 양사에 가두는 사육 방법이다. 방목지(放牧地)는 다소 경사지고 바위가 있는 곳이라도 질이 좋은 야초만 있으면 어디서나 방목이 가능하므로 신선한 공기와 햇볕아래 마음껏 운동할 수 있어 건강한 산양을 육성하는데 효과적인 방법이다.

② 사사법

방목할 때에도 비가 올 때나 밤에는 산양우리에서 키워야 하는데, 적당한 방목지가 없을 때는 양사(羊舍)에서만 사육하게 되므로 운동과 자유가 구속당하게 된다. 특히, 관리자의 세심한 관리가 요구된다.

산양은 건조하고 서늘한 곳을 좋아하므로 산양우리는 약간 높고, 비탈져 있어 배수가 잘되는 남향이면 더욱 좋다. 북쪽은 산이나 장벽으로 바람막이가 되고, 여름철에는 습도가 낮아야 하므로 통풍이 잘 되는 곳이 좋다. 양사의 넓이는 3마리당 6.6㎡ 정도가 필요하며, 운동장의 넓이는 양사 넓이의 3배 정도가 되도록 설계해야 한다.

③ 계목법

우리나라에서 한우와 산양에게 많이 실시하고 있는데 원형으로 풀을 먹게 된다. 이 방법은 풀이 많은 곳으로 옮겨 매주어 산양이 좋아하는 풀들을 채식(菜食)시키므로 풀을 베는 노력이 적게 들고 산양을 감시하는데 신경을 쓰지 않아도 되며, 때로는 운동이 부족하고 경사지 같은 곳에서 미끄러지거나, 또 숲에서는 나무에 고삐가 감겨서 질식사하는 수도 있다. 그러므로 나무가 적고 경사지지 않고 풀이 많은 곳을 택하여 계목(繫牧)하여야 한다.

(5) 산양의 특별관리

① 산양의 훈련

[그림 II-18] 산양의 훈련

어렸을 때 산양을 잘 다뤄 관리하기 편하도록 훈련(訓練)시켜야 한다. 산양은 영리하기 때문에 여러 행동을 쉽게 익힐 수 있는데, 어려서부터 똑바로 서는 동작, 끄는 운동, 채식방법, 그 밖에 필요한 것을 가르친다. 동물이기에 인내심을 가지고 성실하게 관리하는 것이 필요하다.

② 개체표시

새끼 산양이 다수일 때는 개체를 식별하기가 어렵기 때문에 구별할 수 있도록 표시한다. 개체표시(個體標示)에는 이표 붙이기, 전이기(剪耳機)를 사용하여 귀의 좌·우, 위·아래의 귀를 끊는 전이(剪耳) 및 생산자명, 번호 등을 찍은 작은 귀금속관을 목이나 뿔에 삼아두는 경륜, 귓바퀴에 상치를 내어 숫자를 나타낸 후 먹을 발라 넣어 잘 나타나 보이게 하는 먹물뜨기(入墨) 등이 있다.

③ 제각

산양이 어렸을 때 뿔의 성장을 인공적으로 제거하는 방법을 제각(除角, dehorning)이라고 한다. 생후 3~5일이 가장 좋고 늦어도 10일 이내에 수술을 행하여야 한다. 뿔이 없는 것과 있는 것은 어렸을 때부터 감별할 수 있다.

제각을 하면 투쟁심이 없어지고 온순하여져 관리하기가 쉽고, 외상에 의한 유산이 적다. 한 우리에 여러 마리를 기를 수 있고 수송하기에도 좋다. 관리를 하면서 떠받쳐 다치는 일도 없게 된다. 제각은 생후 3~5일령에 뿔이 날 자리에 제각연고(dehorning paste)를 발라주고 잠시 보정해 주는 것이 좋다.

④ 거세

종축으로서 가치가 없는 수컷을 어렸을 때 고환을 제거하여 성욕을 없애는 것을 거세(去勢, castration)라고 한다. 그러면 성질이 온순해지고, 수컷 특유의 냄새가 없어 육질개선에도 효과가 있다.

거세는 생후 1~2주에 행하는 것이 적당하고 너무 늦으면 수술하는데 힘이 들고, 거세의 효과가 적다. 수술방법은 주로 어린 것은 견단식을 하고, 나이가 든 것은 정계결사식 및 피고결사식을 이용하는 것이 좋다. 고무줄 등으로 묶어 거세하는 방법은 스트레스가 심하므로 주로 절개하여 거세하는 외과적 견단식으로 시술한다.

외과적으로 절개하여 거세(去勢)하는 방법은 다음과 같은 순서로 실시한다. 보통 생후 1주령정도의 자양수컷을 준비하여 시술한다.

첫째는, 1~2주령 자양(仔羊)을 준비한다.
둘째는, 조수가 보정한다.
셋째는, 음낭(陰囊)을 소독하고 2~3㎝ 절개한다.
넷째는, 수정관과 혈관을 수술실로 묶고 자른다.
다섯째는, 머큐롬으로 소독하고 봉합한다.

(6) 산양의 질병

산양은 질병(疾病)의 발생이 적은 강건한 체질을 지니고 있지만, 가축으로 키울 때는 환경에 따라 여러 가지 질병이 발생할 수 있다. 질병은 예방이 무엇보다 중요하지만, 질병에 걸렸더라도 초기에 잘 치료하여야 한다.

질병의 증상으로는 행동이 불안하고 식욕이 떨어지며, 체온이 상승하고 묽은 똥을 눈다. 산양의 주요 질병으로는 위장 카타르, 고창증, 허리마비, 식체, 폐렴, 구제역, 파상풍 등이 있다. 특히, 허리마비(腰痲痺)는 주로 여름과 가을철에 발생하기 쉬운 질병으로 매개체인 모기에 의해 사상충(絲狀蟲)의 유충(幼蟲)이 양의 뇌 또는 척수에 들어가서 병이 발생하게 되는데, 스파토닌, 스파닌 등으로 치료 또는 예방할 수 있다. 산양과 면양의 질병은 거의 대동소이하게 동일한 질병에 걸리기 쉽고 예방하는 방법도 같기 때문에 면양편에서 구체적으로 서술하도록 하였다.(면양편 참조)

10. 생산물과 이용

산양의 생산물은 산양유, 발효제품, 산양고기, 양털과 모피 등이며, 이러한 생산물의 이용가치 증진을 위하여 꾸준한 연구로 좋은 성과를 거두고 있다.

(1) 산양유

산양유(山羊乳)는 우유에 비하여 진하고 지방구(脂肪球)가 작으며 단백질의 소화율도 비교적 우수한 것으로 평가되고 있다. 특히 어린이나 병약자에게 고급영양식으로 알려져 있다.

산양유는 저온살균법이나 고온순간살균법으로 처리하면 초고온살균법보다 시간상으로는 오래 걸리지만 맛 유지와 살균을 함께하는 좋은 살균법으로 알려져 있다. 보통 고온순간살균법(high temperature short time; HTST)은 72~75℃에서 15초간 살균하는 것으로 저온장시간이나 초고온살균법 처리보다는 매우 효과적이다. 그리고 산양유를 이용하여 각종 발효유제품이 생산되어 시판되고 있는데, 이런 발효제품은 유산균을 첨가하여 발효시켜 만든 것으로 우유제품과 대동소이한 제품이다.

<표 II-10> 가축별 유즙의 영양소 성분 조성

(단위: %)

구 분	수분	단백질	지방	유당	회분	전고형분
- 사람	87.80	1.20	3.80	7.00	0.21	12.21
- 산양	87.70	3.50	3.80	4.10	0.79	12.19
- 면양	80.60	5.44	8.28	4.78	0.90	19.40
- 젖소	87.30	3.45	3.66	4.92	0.71	12.71
- 토끼	68.50	12.95	13.60	2.40	2.55	31.50

* 산양유와 우유의 칼슘은 130㎎과 118㎎이고, Vitamin A는 230 IU와 140 IU이다.

또 뽕나무즙, 차가버섯 액기스, 홍삼농축액, 자일리톨 등을 첨가한 기능성 유제품도 개발되어 시중에 유통되고 있어 산양유제품 애호가들에게 인기를 모으고 있다.

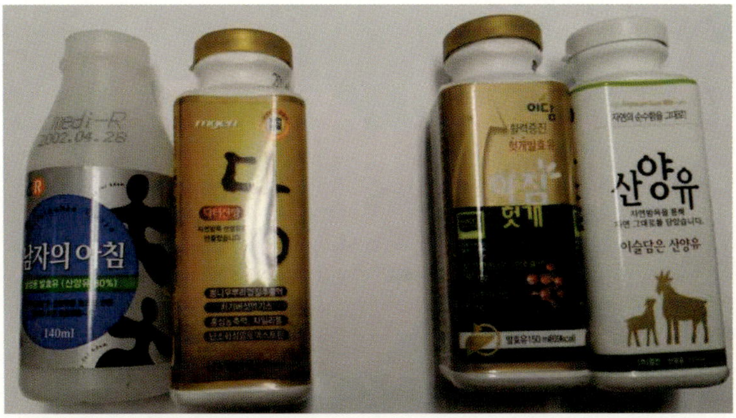

[그림 II-19] 우리나라의 산양유 발효유제품

(2) 산양고기

산양고기는 면양고기와는 달리 지방성분이 비교적 적고 단백질이나 무기물 성분이 양호한 편이다.

산양고기는 단백질 19.70%, 지방 3.01%, 회분 1.46%로 비교적 영양소를 풍부히 갖추고 있어 육류소비자들에게는 비교적 선호도가 높아질 것으로 생각되며, 산양육을 이용하여 요리하는 방법도 지방에 따라 다양하게 개발되어지고 있다. 그리고 칭기즈 칸 요리와 같이 구워먹거나 코카서스 요리 등도 선보이고 있다.

<표 II-11> 재래산양육과 다른 육류와의 성분비교

(100g 기준)

구 분	단백질 (%)	지방 (%)	칼슘 (mg)	인 (mg)	철 (mg)	Vit. B (mg)	Vit. E (mg)
산양	19~21	3	112	840	25	0.15	45
소	19~20	20	19	142	5	0.07	-
돼지	18~19	30	4	218	3	0.10	-

(3) 양털과 모피

캐시미어, 앙고라 등의 털(hair)을 이용하여 의류제품을 만들거나, 직물로서 가치를 높이고 있다. 산양모피(山羊毛皮)는 가죽으로서 가치는 떨어지지만 질기고 유연성이 있어 가방, 장갑, 구두 등 용도가 다양하게 이용되고 있다. 특히, 새끼산양 가죽일수록 높은 가치를 가지고 있는 것으로 평가되고 있다.

- 국토면적의 63.9%를 차지하는 산림에 산양목장을 만들어 조사료 자급률을 높여 농가의 소득증대와 힐링관광상품을 개발하여 국민의 건강을 향상시킨다면, 산양산업은 웰빙 & 힐링산업, 그리고 자연 동물체험 학습장으로 육성하여 바람직한 친환경 농산업으로 자리매김할 수 있도록 가꾸어 나아가야 할 것이다. -

연 습 문 제

1. 세계에서 산양을 많이 사육하는 국가는?

① 베트남과 영국 ② 중국과 케냐
③ 뉴질랜드와 독일 ④ 호주와 프랑스

2. 산양의 습성이라고 볼 수 없는 것은?

① 높은 곳을 선호한다. ② 나뭇잎, 껍질 등을 잘 먹는다.
③ 수분이 많은 근채류를 좋아한다. ④ 군거성을 하는 습성이 있다.

3. 산양에서 외중간치를 환치하였다면 몇 세로 추정되는가?

① 1~2세 ② 2~3세 ③ 3~4세 ④ 4~5세

4. 자넨종 산양의 특징을 설명하였다. 틀린 것은?

① 백색종으로 쐐기꼴의 체형이다.
② 연평균 산유량은 700~1,000kg 정도이다.
③ 이모색반이면 실격조건이다.
④ 유맥은 가늘고 작아야 한다.

5. 누비안종의 설명 중 틀린 것은?

① 산유량이 비교적 많다.
② 내서성이 강하고, 유지율이 높다.
③ 아프리카 원산으로 장이종이다.
④ 매부리코를 갖는 얼굴로 밤색과 흰색의 혼합색이 많다.

6. 산양의 체장을 측정하는 방법을 설명하시오.

7. 산양의 가장 이상적인 교배법을 설명하시오.

8. 산양의 누진교배법을 구체적으로 설명하시오.

정답 ☞ 1-② 2-③ 3-③ 4-④ 5-①

제 2 장 면 양

면양(緬羊, sheep)은 반추가축으로 우제류(偶蹄類)에 속하는 가축이다. 특히 면양은 조사료 이용률이 가장 좋으며, 방목이나 사사로 사육이 가능하고, 면양육, 양모, 양피 등을 얻을 수 있는 전형적인 가축으로 온순하게 사람을 잘 따른다. 국가마다 사육여건과 기호성에 따라 사육증감에 많은 차이를 보이고 있다.

세계적으로는 중국, 인도, 호주, 이란, 뉴질랜드, 남아공, 브라질 등의 나라에서 많이 사육하고 있으며, 영어로 종빈양은 ewe, 종모양은 ram, 그리고 새끼면양은 lamb이라고 부르고 있다.

1. 면양 사육의 기원

(1) 면양의 기원

면양은 약 250만년 전 서남아시아와 중앙아시아의 건조한 사막지대에서 생활하다가 세계 각지로 퍼졌으며, 우리나라에는 고구려 광개토대왕 때 들여왔다는 기록이 있다. 면양은 온순한 가축으로서 고대 부여에서 주로 희생용으로 이용하였으나 농가에서의 사육기록은 없다. 백제에서는 육부에서 면양고기를 다루었고, 신라에서는 양모를 이용하기 위해서 모전(毛典)이라는 행정관서가 있었다. 조선 말기에 서울의 마장동에 면양목장이 설치되어 여기서 생산된 털가죽과 양모 등을 황실에서 이용하였다.

우리나라에 면양이 본격적으로 들어온 것은 1909년 일본으로부터 모용종인 람부이에 메리노(Rambouillet Merino)종과 육용종인 슈롭셔(Shropshire)종이 도입되었다. 그 후 1934년 조선총독부는 뉴질랜드에서 개량된 코리데일(Corriedale)종을 400~500두 도입하여 남면북양 정책실현을 위해 개량 증식을 도모하였다. 1940년경에는 전국에 45,000여 두에 달하는 면양이 있었으나, 요마비(腰痲痺) 등의 질병으로 사육상 큰 성과를 거두지는 못였다. 그리고 1971년에는 축산입국(畜産立國)의 원년으로 축산시험장(현재, 국립축산과학원)중 전북 남원지장이 개장되어 남태평양에서 코리데일과 폴워스종이 도입되어 시험 사육되었으나 좋은 결과를 얻지는 못하였다.

(2) 우리나라 사육실태와 세계의 면양

우리나라의 면양 사육은 1971년 전북 국립종축원 남원지장(현재 국립축산과학원 가축유전자원시험장)이 전북 남원시 운봉면에 면양전용 사육장을 설립하고, 뉴질랜드와 호주에서 코리데일종과 폴워스종이 도입 사육되었으나, 1980년대 중반부터 양모의 가공처리 미흡과 양육(羊肉)의 기호성이 떨어져 사육호수와 사육두수가 급격히 감소하였으나, 2003년도 이후부터 다시 증가하였다가 2010년 6,918두를 정점으로 다시 줄어들어 2013년 면양의 사육두수는 2,522두였다.

<표 Ⅱ-12> 면양의 성별 · 종별 마리수

구 분	계	성 별		종 별	
		암(♀)	수(♂)	모용종	육용종(잡종)
1980	6,232	-	-	-	-
2001	891	574	317	327	482
2003	952	601	351	819	133
2005	1,202	789	413	783	419
2007	1,800	1,202	598	970	773
2009	3,216	2,254	962	806	2,410
2010	6,918	4,653	2,265	1,114	5,804
2011	2,989	1,860	1,129	1,174	1,815
2012	3,035	1,943	1,092	1,231	1,804
2013	2,522	1,652	870	780	1,742

<표 Ⅱ-13> 지역별 사육농가수와 사육두수

(단위: 호, 두)

구분	인천	경기	강원	충북	충남	전북	전남	경북	경남	제주	계
농가	4	10	33	3	8	15	12	4	11	3	103
두수	9	110	1,125	13	164	350	554	104	40	53	2,522

농림축산식품부(2014)

세계적으로 면양은 약 12억마리 정도 사육되고 있는 것으로 추정하고 있다. 중국이 1억 3,500만두 정도 사육하고 있으며, 인도, 호주, 뉴질랜드, 영국, 남아공, 브라질, 러시아, 몽골, 케냐 등의 순으로 많이 사육하고 있다. 이러한 국가들은 국내의 육류자원으로 선호도가 높게 이용될 뿐만 아니라 수입국가로도 중요한 자원이 되고 있다.

(3) 사육상의 특성과 습성

면양은 조사료의 이용률이 높고 종양 구입비와 사육 시설비가 적게 들어서 적은 자본으로 사육을 할 수 있다. 면양은 1년에 체중의 10%에 상당한 양모의 생산과 평균 1두의 새끼 양과 700kg 정도의 구비를 생산한다.

면양이 가지고 있는 몇 가지 사육특성 또는 장점은 다음과 같다.

① 초식동물(草食動物)로서 산간지역과 같은 환경이 좋지 않은 지역에서도 기를 수 있다.

② 조사료(粗飼料)의 이용성이 좋아 관목이나 잡초, 낙엽, 야초도 효과적으로 활용할 수 있다.

③ 매년 털과 새끼양의 생산으로 수입을 얻을 수 있다.

④ 질병과 기생충에 약하나 노동력을 비교적 적게 들이고 사육할 수 있다.

⑤ 성질이 비교적 온순하여 어린이나 노약자도 기를 수 있다.

면양의 습성(習性)은 산양과 비슷하나, 가축자체가 다소 다르기 때문에 습성도 차이점을 발견할 수 있다. 면양은 첫째로, 공포성(恐怖性)을 지니고 있기 때문에 겁도 많고 유순한 가축이다. 둘째는, 군거성(群居性)을 가지고 있기 때문에 무리를 지어 방목하고 운동도 한다. 셋째는, 리더십(leadership)이 강하여 리더의 명령에 따라 추종하는 습성이 있다. 넷째는, 등고성(登高性)을 가지고 있다. 낮은 곳보다는 높은 곳을 좋아하고, 풀을 뜯으며 고지로 향하여 오르곤 하는 행동을 하고 있다. 또 높은 위치에서 관망하거나 무리를 살피곤 하는 습성도 가지고 있다.

2. 면양의 품종과 심사

(1) 면양의 품종

면양은 세계적으로 300여종이 넘는 품종이 있는데, 사육목적에 따라 면양의 품종을 모용종, 육용종, 모육겸용종, 유용종, 모피용종으로 나누고, 양털의 굵기에 따라 세모종, 중모종, 장모종으로 나눈다. 세모종(細毛種)으로는 양털이 가늘고 부드러워서 양털 생산용으로 개량된 것으로 그 품종으로는 오스트레일리안 메리노종, 아메리칸 메리노종, 랑부예 메리노종 등이 있다. 대부분 스페인이 원산지이다. 중모종(中毛種)으로는 육용종으로 주로 고기의 생산능력이 우수하며, 대부분 영국에서 개량된 품종으로 체비엇종, 도셋혼종, 서포크종, 햄프셔종 등이 있다. 장모종(長毛種)으로는 육용종으로 양고기의 생산성이 좋은 만숙종으로, 양털은 길고 조잡하며, 밀생하지는 않았다. 여기에는 코츠월드종, 레스터종, 링컨종, 롬니종 등이 있다. 일반적으로 용도를 기준으로 하여 분류하므로 사육목적에 따라 모용종, 육용종, 모육겸용종을 자세히 살펴보면 다음과 같다.

[1] 모용종

① 메리노

메리노(Merino)종은 스페인 원산지로 세모종(細毛種)이고, 대표적 모용종이다. 이러한 메리노종 수컷을 이용하여 각국의 메리노종으로 개량해 왔다. 모색이 백색으로 암컷은 무각종이 많으나, 수컷은 나선형 뿔이 있는 경우가 많다. 보통 연평균 산모량(産毛量)은 보통 체중의 10%정도가 되고, 직경도 가늘고 모질도 우수하여 64번수를 갖는다.

오스트레일리안 메리노(Australian Merino)종은 호주에서 개량된 메리노종으로, 태번수, 중번수, 세번수 등의 형(type)으로 분류되고, 태번수 메리노는 체중이 무겁고(80~100kg) 번수가 작은 것(50~64번)이 특징이나, 중번수 메리노는 60~80kg으로 평균 64번수를 생산한다. 그리고 세번수 메리노는 40~60kg으로 64~90번수를 생산하여 매우 가는 세모이다.

특히 세번수 메리노가 가장 인기가 높은 면양으로 알려져 있다.

아메리칸 메리노(American Merino)종은 A, B, C형으로 구분되고, A형은 50kg, B형은 60kg, 그리고 C형은 70kg의 체중을 갖는다. 이중에서 C형개체에서 생산된 모질(毛質)이 가장 양호하다는 평가를 받는다.

랑부예 메리노(Rambouillet Merino)종은 프랑스에서 개량된 세모종 면양이다. 랑부에 목장에서 개량하여 붙여진 이름이다. 역시 모질이 양호하며, 64번수를 생산한다. 보통 70~90kg 정도의 체중이며, 산모량은 약 5.0~8.0kg이다. 그밖에도 메리노종을 도입하여 재래종을 개량시킨 각국의 품종이 많이 사육되고 있다.

[그림 Ⅱ-20] 메리노종 암컷(좌)과 수컷(우) 면양

2 육용종

① 서포크종

서포크(Suffork)종은 영국의 서포크 지방에서 개량되었다. 얼굴, 귀 및 4지가 흑색이며, 유전학적으로 우성으로 작용하고 있다. 암수 모두 뿔이 없으며, 귀가 전방을 향하여 직립(直立)된 것이 특징이다.

보통 체중이 70~100kg 된다. 산모량은 체중의 5~6% 정도라서 1년에 약 4kg을 생산한다. 이 면양은 강건하고 활동적이라서 방목에도 적합하다. 영국을 방문할 때 도버해협을 지나 해안 강변의 목장을 보면 서포크 면양이 방목(放牧)하는 장면을 볼 수 있다.

[그림 Ⅱ-21] 서포크종 면양

② 햄프셔종

햄프셔종(Hampshire)종은 영국의 남부 햄프셔지방에서 기원되었다. 이 지역의 재래종 암컷에 사우스다운종 등을 교잡(交雜)시켜 육종시켰다. 특히 얼굴, 귀, 4지 등이 흑갈색이나 흑색인 것이 품종학적 특징이다.

[그림 Ⅱ-22] 햄프셔종 면양

체구(體軀)는 암양은 80~100kg, 숫양은 100~130kg 정도 되는 대형종이다. 그리고 육질도 양호하여 양육생산(羊肉生産)용으로 많이 사육하고 있다. 역시 암·수 모두 무각종(無角種)으로 개량되고 있다.

③ 링컨종

링컨(Lincoln)종은 영국의 링컨지방이 원산지이다. 면양 중 체중이 가장 무거워 암컷은 90~120kg, 그리고 수컷은 100~150kg 정도 된다.

암수 모두 뿔이 없고, 백색으로 산모량은 약 5~8kg을 생산한다. 모의 길이도 30~50㎝로 중간정도이고, 섬도(纖度)는 30~36번수로 큰 편이다. 도체율은 50~55%로 기타 육용가축보다는 비교적 낮다.

[그림 Ⅱ-23] 링컨종 면양

④ 슈롭셔종

슈롭셔(Shropshire)종은 영국의 중서부 슈롭셔 지방이 원산지이다. 우리나라에서도 도입되어 사육해왔으나, 현재는 거의 없는 것으로 알려져 있다. 체중이 보통 60~100kg 정도로 중형종이며, 도체율(屠體率)도 비교적 낮아 50% 정도가 된다. 특히 면양 중에서 다산성(多産性)을 가지고 있는 것이 특징이다.

[그림 Ⅱ-24] 슈롭셔종 면양

⑤ 도셋혼종

도셋혼(Dorset horn)종은 영국의 남부 도오셋 지방이 원산지이다. 이 품종의 특징 중의 하나가 육용종 대부분의 품종이 뿔이 없으나, 암수 모두 유각(有角)종이라서 유전학적으로 연구에 많이 이용되고 있다.

모색은 얼굴, 귀 및 4지가 다른 부위보다 백색이고, 콧구멍이나 입술 등에는 분홍색을 띠고 있다. 체중은 60~90kg으로 중형종에 해당된다. 산모량도 타 면양에 비해 적다(2.0~4.0kg).

[그림 II-25] 도셋혼종 면양

3 모육겸용종

① 코리데일종

코리데일(Corriedale)종은 뉴질랜드 코리데일 촌이 원산지로 모와 육의 겸용종(兼用種)으로 육종시킨 품종이다. 메리노 암컷에 링컨종 수컷을 교잡시켜 품종으로 성립되었고, 암수 모두 뿔이 없고 모색은 백색 또는 크림색이다. 특히 체질이 강건하여 어느 기후풍토에도 잘 견디는 강건함을 가지고 있다. 성숙체중이 보통 60~80kg으로 중형종으로 산모량이 보통 4.0~5.5kg 정도로 비교적 적다. 그리고 모장은 15cm 정도이며, 섬도는 50~60번수(평균 56번수) 정도로 메리노보다는 떨어진다.

[그림 II-26] 코리데일(Corriedale)종 면양

② 폴워스종

폴워스(Polwarth)종은 호주에서 육종시킨 품종으로 링컨 암양과 메리노 숫양을 누진교잡(grading)시켜 육성시켰다. 일반적으로 방목지에서 잘 자라고, 내한성(耐寒性)에도 적응력이 뛰어난 것이 특징이다. 체중이 60~90kg으로 코리데일종과 비슷하다. 산모량도 4~6kg 정도로 비교적 적다. 육질은 양호한 편이라서 양육 애호가들이 좋아하는 고기를 생산한다.

[그림 II-27] 폴워스(Polwarth)종 면양

그밖에 모피용종으로는 카라쿨종이나 몽고양 등이 있으나, 우리나라에서는 사육한 기록이 없는 편이다.

특히 카라쿨(Karakul)종은 러시아의 카라쿨이 원산지로 다리가 개와 같이 길고, 검은 모색을 가지고 있는 것이 특징이며, 생후 12개월 이내 것이 모피의 품질이 우수한 평가를 받고 있다. 체중은 60~80kg 정도이고, 털 길이는 20~30㎝ 정도 된다. 모피(毛皮)로 이용하는 것은 생후 5일 이내의 것이 가장 좋다. 몸은 매우 건강하여 기후의 변화에 잘 견디며 거친 사료로 사육할 수 있다.

[그림 II-28] 카라쿨(Karakul)종 면양

⑵ 면양의 심사와 개량

① 외모명칭과 심사

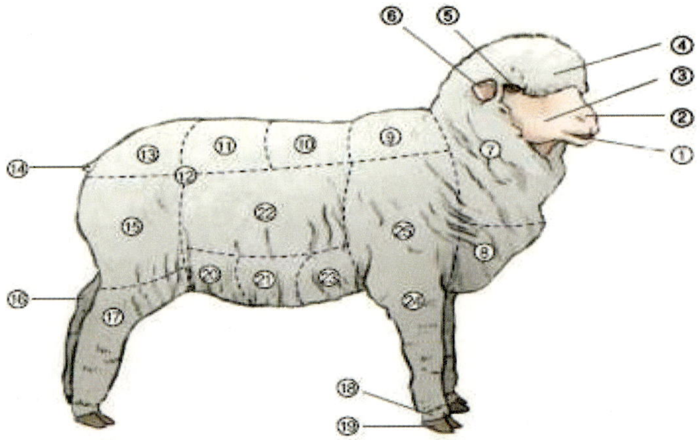

① 입 ② 코 ③ 얼굴 ④ 이마 ⑤ 눈
⑥ 귀 ⑦ 목 ⑧ 가슴 ⑨ 어깨상부 ⑩ 등
⑪ 허리 ⑫ 요각 ⑬ 엉덩이 ⑭ 꼬리 ⑮ 넓적다리
⑯ 비절 ⑰ 뒷다리 ⑱ 부제 ⑲ 발굽 ⑳ 뒷겨드랑이
㉑ 배 ㉒ 갈비 ㉓ 앞겨드랑이 ㉔ 앞다리 ㉕ 어깨

[그림 Ⅱ-29] 면양의 외부명칭

심사표준에 근거하여 머리, 목, 전구, 중구, 후구, 유방, 생식기, 다리, 발굽, 양털 순서로 하며, 필요에 따라 촉심(觸審)도 병행한다.

② 나이 감정

면양의 나이 감정은 이빨에 의하여 하는 것이 가장 편하다. 다른 가축의 경우와 같이 젖니(乳齒)의 발생과 영구치의 발생이 나이와 일치한다.

면양의 치식(dental formula)은 다음과 같으며, 총 이빨(영구치)은 32개를 가지고 있다.

▶ 치식 = $\dfrac{0 \cdot 0 \cdot 3 \cdot (0)3}{4 \cdot 0 \cdot 3 \cdot (0)3} \times 2 = \dfrac{(6)12}{(14)20} = (20)32$개

문치 견치 전구치 후구치 (젖니)영구치

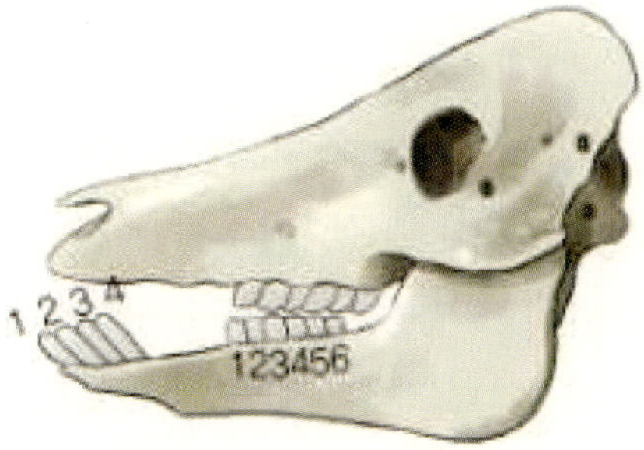

1·2·3·4	1·2·3	4·5·6
앞니(젖니)	전구치	후구치

[그림 II-30] 면양의 이빨

면양의 이빨은 [그림 II-30]과 같이 앞니의 경우 아래턱에만 8개, 어금니는 상하 12개씩 좌우 24개로 다른 반추동물과 같이 32개의 이빨이 있다. 새끼 면양은 출생시에 앞니가 2개 있고, 생후 1주일부터 10일 사이에 그 바깥쪽에 1개씩 생긴다. 3~4주간 째에 제일 바깥쪽에 1개씩 앞니가 생긴다. 이들 앞니는 모두 젖니로서 젖니는 작고 빈약하기 때문에 손쉽게 영구치와 구별할 수 있다.

<표 II-14> 면양과 산양의 유전 및 품종학적 특징 비교

구 분	면 양	산 양	비 고(특징)
1. 안선·지선	있다	없다	면양은 눈 밑과 발바닥에서 분비하는 고유의 샘(腺)이 있다.
2. 뿔	유각종과 무각종	유각종	면양의 유각종은 나선형, 산양의 유각종은 직선형이다.
3. 콧등	돌출형	직선형	면양은 콧등이 약간 돌출형이다.
4. 육수·수염	없다	있다	산양은 고깃수염과 턱수염이 대부분 있는 경우가 많다.
5. 모종	모(wool)	헤어(hair)	모 특성이 각각 상이하다.
6. 꼬리	비교적 길다	짧다	면양은 길어서 관리상 단미하나, 산양은 그대로 둔다.
7. 성질	온순하고 겁이 많다	민활하고 모험적이다.	면양은 평화의 상징적 동물이다.
8. 염색체	54개	60개	서로 종간 교배되지 않는다.

젖니 중 겸치(鉗齒)는 생후 12~14개월이 경과되면 가운데 2개가 빠지고 영구치가 난다. 생후 2년째 다음 좌우의 젖니(내중간치)가 빠지고 영구치가 난다. 3년이 되면 외중간치가 환치되며, 생후 4년이 되면 젖니(隅齒) 전부가 영구치로 바뀌게 된다. 5살 이후는 이빨에 대한 나이 감정은 어렵다. 영구치는 차츰 틈이 생기며, 9살, 10살이 되면 이빨은 빠지기 시작한다. 면양의 이빨 감정은 앞니(문치)로만 한다. 이후의 나이는 문치의 마모면(磨耗面)으로 추정하나, 과학성은 떨어진다.

<표 Ⅱ-14>는 면양과 산양의 비교로서 면양은 안선·지선이 있고, 육수와 수염은 없으며, 꼬리는 길다. 반면에 산양은 육수와 수염이 있고, 안선·지선이 없으며, 꼬리는 짧다. 모종(毛種)은 면양이 모(wool)이고, 산양은 헤어(hair)이다.

번식에 이용할 종면양은 다음과 같은 점을 주의해서 선택해야 한다.

- 혈통등록을 하고 순종으로서 유전적 결함이 없는 개체여야 한다.
- 품종의 특징을 정확히 갖추고, 산모·산육 능력이 높은 개체여야 한다.
- 번식능력을 충분히 갖출 것, 암컷은 유방과 유두가 잘 발달되고 배열이 고르며, 수컷은 생식기에 결점이 없고, 유전적으로 우수하며 특히 후구가 잘 발달되어 있는 개체여야 한다.
- 영양상태가 좋고 원기가 왕성하며 각종 질병에 걸리지 않은 건강한 것이어야 한다.
- 암·수 모두 다산성인 유전형질을 갖고 있어야 하며, 유용종은 쐐기형으로 후구의 발달이 충실하여야 하고, 육용종은 전구와 후구의 발달이 균형 잡힌 개체여야 한다.

특히, 코리데일종의 외모심사표준을 보면, 체적(14), 자질(10), 머리와 목(4), 전구(8), 중구(10), 후구(10), 유기와 성기(4), 다리와 발굽(5), 양모 중 품질(15), 밀도(10), 균일도(10) 등 <계 100>으로 되어 있다.

■ 「코리데일」 종의 품종으로서 실격조건

1. 뿔 : 눈에 띄는 뿔이 있는 것
2. 양모 : 이색반문(異色班紋) 또는 이색자모를 가지고 있는 것
3. 이색모 : 단모부위에 이색모를 심하게 가진 것
4. 켐프헤어 : 사모(死毛, Kemp hair)가 많은 것
5. 섬도 : 현저하게 균일성(均一性)이 없는 것
6. 생식기 : 생식기가 불완전한 것 등은 고유품종으로도 실격이 된다.

③ 면양의 개량

면양의 모색중 백색(白色)은 기타색에 우성이고, 카라쿨 흑색종만은 우성으로 작용하는 것이 특징이다. 그리고 회색 유전자는 치사유전자의 작용을 하는데, 황색쥐와 같이 호모일때만 치사되는데, 보통 6주 후에 치사된다. 결국 분리의 비율은 회색 헤테로 개체 2 : 흑색 1로 태어난다.

뿔의 경우는 대머리와 같이 종성유전(從性遺傳, sex influenced heredity)을 하여 수컷은 우성유전자, 암컷은 열성유전자로 작용하는 특수한 유전양식을 갖는다.

면양의 경제형질(經濟形質)로는 용도에 따라 다소 다르지만, 보통 몇 가지로 요약할 수 있다.

❍ 번식효율 ❍ 이유시 체중 ❍ 이유 후 증체율 ❍ 산모량과 품질

❍ 체형 ❍ 도체품질 등을 들 수 있으며, 육종목표에 따라서 선발과 도태를 병행하여 우량축군으로 육성시킬 수 있다. 특히 산모량과 모질은 산차에 따라 차이가 있는데, 보통 2산차에서 4산까지가 비교적 양호한 성적을 보이고 있으며, 노령이 되면 생산량이나 모질은 떨어진다. 무엇보다도 모의 직경이 커지고, 모장이 짧아지는 경향을 보인다.

<표 II-15> 면양형질의 유전력 범위

구 분	산자수	생시체중	이유후 증체율	사료효율	산모량	도체율
유전력(%)	10~15	30~35	40~45	20~25	45~50	50~55

면양의 교배법은 일반적으로 순종교배와 잡종교배를 많이 이용한다. 순종교배(純種交配)는 품종의 순수도를 유지하고, 잡종을 생산할 수 있다. 그러나 면양은 방목장에서 교배될 수 있어 근친교배가 될 수 있으므로 발정과 교배관리에 각별한 주의가 요구된다.

잡종교배(雜種交配)는 일반적으로 용도별끼리 할 수 있으나, 육용종과는 비교적 좋은 성적을 올리고 있다. 특히 체중과 육질향상에 목적을 두고 교배하는데, 여기에 다산성(多産性)도 고려할 수 있다.

3. 면양의 번식관리

면양의 산모량(産毛量)은 나이와 성별, 체중, 유전적 요인과 영양 상태에 따라 달라진다. 나이가 들수록 털은 짧아지고, 섬도(纖度)는 증가한다.

수컷은 암컷에 비하여 산모량이 많다. 암컷의 경우 임신하면 털의 길이와 굵기(섬도)가 모두 감소한다.

면양의 체중이 무거울수록 산모량이 많다. 체중과 산모량과는 높은 양(+)의 상관관계가 존재하고 있다. 또한 영양상태가 좋아야만 양질의 털을 생산하고, 산모량은 유전력이 크다.

(1) 면양의 번식

면양의 암컷과 수컷 모두 1년이 지나면 번식에 이용하며, 계절번식하는 단일성 대표가축이다. 양의 발정주기는 16~18일이고, 발정 지속시간은 평균 30시간이다. 면양 수컷은 1회에 0.5~2.0ml(평균 1ml)를 사정하고, 인공수정 시킬 때의 정액량은 0.1~0.2ml 정도이다.

면양은 발정 증세가 뚜렷하지 않으므로 시정양(試情羊, teaser)을 사용한다. 교배적기(交配適期)는 발정개시 후 15~20시간 사이가 가장 좋다. 배란이 발정개시 후 25~30시간에 일어나기 때문이다. 임신기간은 평균 150일 정도이다. 분만이 가까워오면 외음부가 붓고 유방이 커진다. 분만

전 3~4주간은 영양과 운동에 유의하고, 1주일 전에 분만실로 옮기고 몸과 외음부, 유방주위의 털을 깎아주어 분만을 쉽게 하도록 한다. 농후사료는 소량 급여한다.

진통(陣痛)에서 분만(分娩)까지 보통 30분~1시간 정도 소요된다. 갓 태어난 새끼양은 어미양이 혀로 잘 닦아준다. 그렇지 않을 때는 준비한 수건이나 부드러운 티슈 등으로 닦아주어 호흡이 순조롭게 도와야 한다. 배꼽도 출산과 동시에 절단되지 않으면 기부에서 3㎝ 되는 곳을 실로 묶고 묶은 자리에서 1㎝ 남겨 놓고 절단 후 소독약을 바른다. 보통 분만 후 태반은 1~3시간에 나온다.

새끼양은 초유(初乳, colostrum)를 반드시 먹이고, 생후 2주일 지나면 양질의 사료를 먹이기 시작한다. 양의 개체표시는 생후 1주일경 전이기(剪耳機)를 사용하여 개체표시로 1번부터 400번까지 번호를 만들 수 있다.

[그림 Ⅱ-31] 전이기를 이용한 개체표시

⑵ **면양의 사양**

새끼양은 분만 후 20~30분에 일어서서 어미젖을 먹는다. 어미젖을 잘 먹지 못하면 잘 보조해서 초유는 반드시 먹도록 해준다. 젖 분비량이 가장 많은 시기는 생후 2~3주간으로 젖 포유기간 중의 약 38%를 분비한다.

분만 전 어미양의 영양(營養)에 주의하여야 하고, 분만 후에도 사료 급여량을 늘이고 양질의 사료를 주도록 한다. 젖이 잘 나오게 하려면 어미가 건강해야 하고, 임신한 암컷의 분만 전 1개월간의 영양이 좋아야 하며, 자양이 건강해야 하고, 양질의 사료를 먹여야 한다. 젖이 잘 나오게 하는 사료의 종류는 단백질이 많고 품질이 좋은 사료로서 쌀겨, 보리, 귀리, 콩깻묵 등이다. 또한 수분이 많은 사료로 무잎과 엔실리지가 있고, 비타민 A·D와 칼슘이 많은 사료로서 당근, 뽕잎, 건초, 청초 등이 있다.

① 종모면양의 사양

종모면양(種牡緬羊)은 질이 좋은 조사료를 충분히 급여해 준다. 교배기는 충분한 운동을 시켜 다리가 건강하도록 해야 한다. 또 산모량(産毛量)도 많아서 양모 수입이 크므로 연간 사료의 과부족 없이 사육하여야 건전한 양모생산을 할 수 있다. 교배기의 1회 1cc 사정에 필요한 양분량은 단백질 50~80g에 해당하고, 130㎉의 에너지가 소모되므로 교배 전 1개월간은 연맥, 옥수수 등의 곡류를 500g 증가 급여해야 한다.

여름의 고온 다습은 정액(精液)의 성상을 나쁘게 하므로 고랭지에서 공동 방목시키고 통풍이 좋은 시원한 장소에서 사양하여야 한다.

② 종빈면양의 사양

종빈면양(種牝緬羊)은 교배 전에 특별히 영양을 좋게 하여 다산 혹은 수태율(受胎率)의 향상을 도모하는데, 이러한 사양을 플러싱(flushing)이라고 한다. 교배 전 15일~1개월간에 체중이 3~5㎏ 증가하도록 사양하면 된다.

임신 기간의 종빈면양의 사양은 생산 자양의 생시체중, 생존율, 그 후의 발육에 영향을 미치므로 주의해서 사양관리 한다. 특히 태아의 성장은 분만전 1~1.5개월에 약 70% 성장하고 유방의 발달도 이때의 영양에 지배를 받는다. 교배시 영양이 좋은 것도 분만 전까지 체중을 8~15㎏ 증가시킬 필요가 있으므로 임신 후반기는 농후사료의 역할이 크다.

③ 포유기 면양의 사양

분만 후 면양은 젖 생산 때문에 많은 양분이 필요하다. 또 식욕(食慾)도 증진하므로 임신말기부터 10~15%의 사료를 증가하여 급여한다. 포유기에는 비유량(泌乳量)에 상당한 영양분의 공급이 필요하다. 그러나 분만 후 2~3일간은 양호한 건초나 근채류만 급여하고 농후사료는 서서히 증가 급여한다. 그 외 비타민, 칼슘 등이 풍부한 다즙질 사료를 급여하여 젖이 충분히 분비되도록 한다.

분만 후 2개월 이후는 유량이 줄어드나 새끼 양도 사료를 충분히 채식하므로 어미 면양의 농후사료는 점차 감소시켜도 된다.

(3) 면양사와 부속시설

면양의 사육 적온은 7~24℃, 습도는 50~75%가 좋다. 특히, 낮은 기온에서도 잘 적응하는 가축이다. 양사(羊舍)는 배수가 잘되고 건조하여야 한다. 바닥은 지면보다 8~10㎝ 정도 높아야 배수(排水)가 잘 된다.

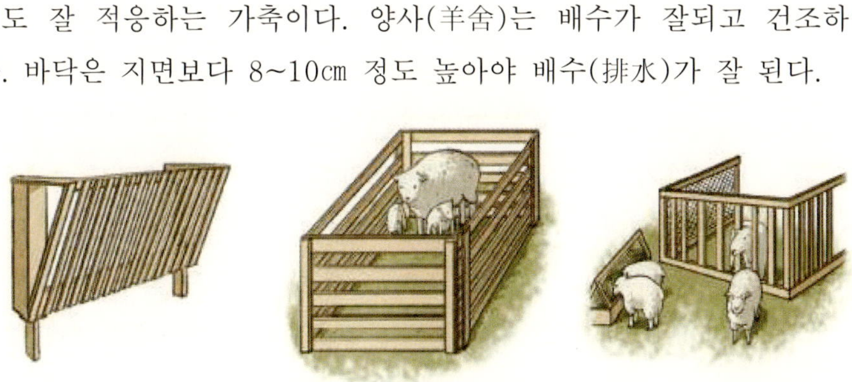

[그림 II-32] 면양사의 부속시설

면양사의 부속시설로는 풀시렁, 먹이통, 소금대, 물통, 격리책, 자양책, 방목책, 약욕장 등이 있다.

(4) 면양의 특수관리

면양의 특수관리 중 가장 중요한 작업은 주산물인 양모를 얻는 털깎기(전모)이다. 털깎기(剪毛, shearing)는 날씨가 좋은 4~5월경에 깨끗한 장소에서 털 깎는 가위나 전모기를 사용하여 깎는데, 아침은 굶기거나 조금만 준다. 특히, 털을 깎을때는 2중깎기와 피부 상처에 유의한다.

일반적으로 면양의 모용종은 체중의 10%, 겸용종은 체중의 5~7%의 털을 생산한다.

① 면양을 다루는 방법

- 인도법 – 면양의 왼쪽에 가까이 가서 왼팔로 면양의 목을 둘러감고 오른손은 미근부(尾根部)에 올려놓고 서서히 긁어주며 이동한다.
- 포착법 – 면양의 뒤에서 두 손으로 양 옆구리를 잡고 눌러서 정지시킨다.
- 껴안는법 – 면양의 등 가까이 약간 오른쪽으로 기대어 면양에 가까이 가서 오른손을 양의 오른쪽 앞다리 뒤로 넣어 두 다리 사이의 가슴부분에 놓으면서 오른손을 땅위로 들어올리고, 왼손으로는 면양의 왼쪽 뒷다리 비절 윗부분을 쥐고 자기 가슴 쪽으로 들어올린다.
- 눕히는법 – 왼팔로 면양의 목을 껴안고 오른쪽 어깨 또는 오른쪽 앞다리의 위쪽을 쥐고, 다음에 오른손을 면양의 왼쪽다리의 안쪽으로부터 집어넣어 뒷다리를 잡아당겨 눕힌다.

② 전모관리

전모(剪毛)할 때 몇 가지 주의사항은 다음과 같다.

1. 비오는 날이나 냉습한 날을 피하고, 맑고 따뜻한 날을 택하여 실시한다.
2. 깨끗한 장소를 선택하여 이물질 혼입을 막아야 한다.
3. 질병에 걸린 양이나 분만 전후는 삼가야 한다.
4. 면양을 잘 고정하고, 상처입지 않도록 한다.
5. 2중전모는 품질이 떨어지므로 균일하게 전모해야 한다.

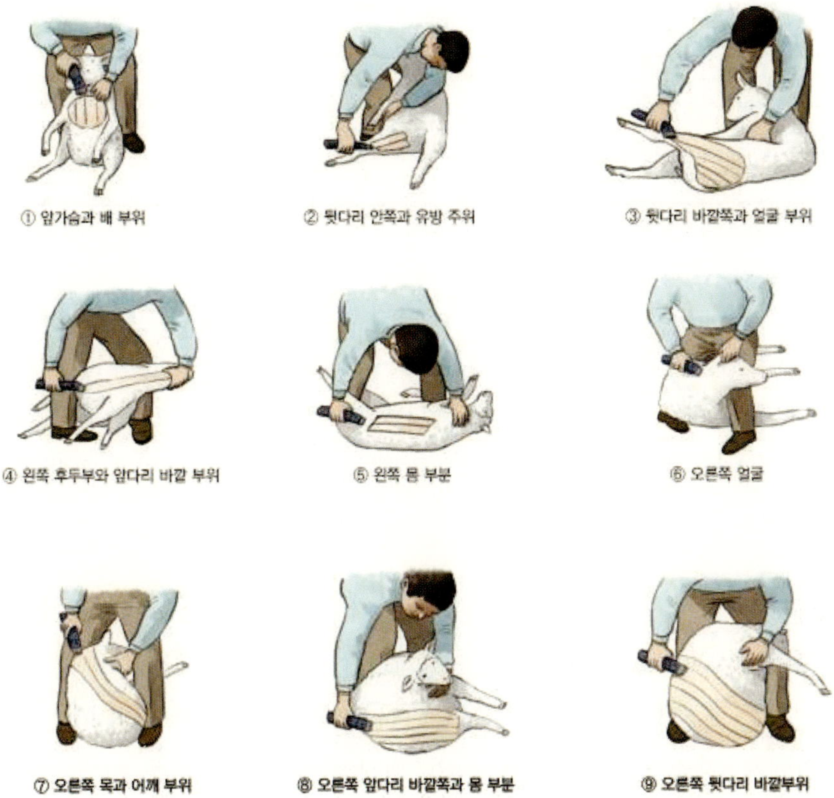

[그림 II-33] 면양 털깎기 순서

4. 면양의 위생과 질병관리

면양의 초기 발병(發病)은 증세가 미약하기 때문에 항상 건강 상태에 대한 세심한 주의가 필요하다.

건강한 면양의 체온은 38.2~40.0℃, 맥박 수는 85~95회, 그리고 호흡 수는 18~25회 정도이나 나이, 임신 유무에 따라 달라질 수 있다.

질병(疾病)에 걸린 면양은 동작이 활발하지 못하고, 눈이 충혈되거나 식욕이 없어진다. 또 양털은 거칠어지고 체온이 상승하며, 묽은 똥을 배설한다. 특히, 비경(鼻鏡)이 메마르고 습윤 끼가 없다.

<표 II-16> 산양과 면양의 정상체온, 맥박 및 호흡수

구 분	체온(℃)	맥박(회/분)	호흡(회/분)
- 산양(성숙)	39	75~85 (80)	12~20
- 면양(성숙)	39	85~95 (90)	18~25

* 어린 가축은 성숙가축보다 체온이 다소 높고, 맥박 및 호흡수가 약간 많다.

면양의 주요 질병은 거의 염소와 같이 발생하는데, 위장 카타르, 고창증, 식체, 폐렴, 허리마비(腰痲痹), 식모증, 부제병 등이 있다. 특히, 면양에서는 부패된 사료나 두과목초의 과다급여(過多給與)로 인한 고창증 발생에 유의하여 관리해야 하고, 전염병으로서는 허리마비증 예방에 각별한 관리가 요구된다.

① 고창증

고창증(鼓脹症, bloating)은 위를 4개 가지고 있는 가축에서 걸리는 질병으로 부패, 발효사료, 두과목초의 과다채식 등으로 발생하기 쉬우며, 1위와 2위에서 가스(gas)가 생겨 위가 팽창하면서 호흡기를 압박하여 호흡불량을 초래케 한다. 이때 배를 두드리면 북소리처럼 텅텅 소리가 나는 증상을 갖으며, 눈도 충혈되면서 호흡곤란으로 질식할 수도 있다. 치료법으로는 설사약 투약, 발효억제제, 희염산 등을 먹이면서 위를 문질러 준다. 때로는 1위 부위를 투관침으로 왼쪽 겸부를 찔러 위해가스를 배출시켜 위기를 모면할 수 있다.

② 폐렴

양의 폐렴(肺炎, pneumonia)은 이물성폐렴, 기생충성폐렴, 카타르성폐렴 등 다양한 종류가 있다. 이 폐렴의 주요 증상으로는 폐에 염증(炎症)이 생기므로 기침을 시작하고 원기가 없으며, 식욕저하 등의 증상을 갖는다. 때로는 몸에 열이 발생하여 체온이 급격히 상승할 때도 있다. 치료제는 항생제, 설파제 등으로 투약하고, 실내에서 보온과 위생에 각별한 관리가 요구된다.

③ 요마비

요마비(腰痲痹, lumbar paralysis)는 면양과 산양이 늦은 여름에서 초가을에 발생빈도가 비교적 높은 전염병(傳染病)이다. 이 병은 사상충의 유충이 뇌와 척수에 침입하여 조직을 파괴함으로써 증상이 나타난다. 특히 이 병원충은 소의 혈액 내에 많이 있지만, 소에는 특별한 증상을 보이지 않고, 면양과 산양에서만 나타나는 질병이다. 이 병원충의 매개체는 모기에 의해서 전염되는 것으로 보고되고 있다. 주요 증상은 후구마비(後軀痲痺)로 걸음걸이가 절름거리며, 후구가 마비되어 기립이 불가능해질 수 있다.

치료 및 예방으로는 스파토닌(spatonin), 스파닌 등으로 투약하면 효과적이다. 그리고 축사내의 위생적인 관리가 요구된다. 이를 예방하기 위해서는 고산지대나 고지대에서 사육하면 비교적 안전하다는 것으로 보고되고 있다.

그밖에 부제병, 기생충병, 식체 등에도 주의 깊게 관리가 필요하고, 우제류로서 구제역(口蹄疫, FMD)에도 전염되기 쉬운 가축으로, 차량이나 출입자의 철저한 소독관리도 요구되는 실정이다.

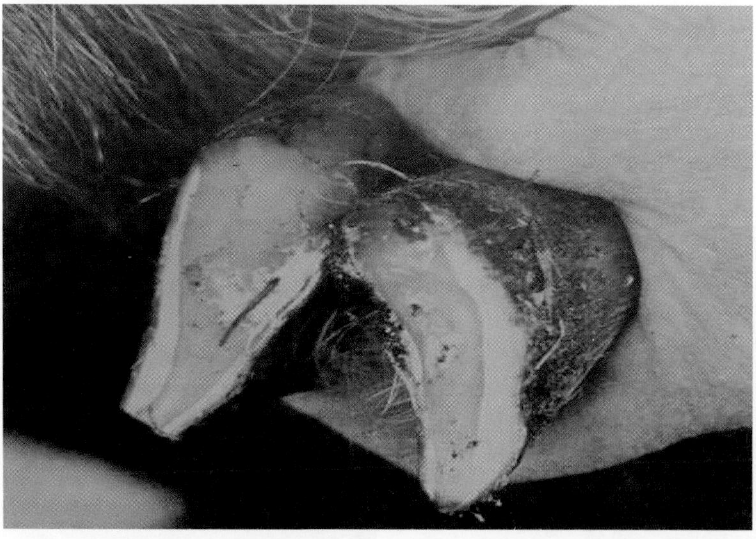

[그림 II-34] 부제병(腐蹄病)에 걸린 발굽모습

5. 생산물과 이용

(1) 면양육 가공

면양육은 최근 조리법의 개발 등으로 기호층을 넓혀가고 있는 추세이다.

① 양 도체

면양의 도체시 2분체의 부위명은 아래와 같이 8개명으로 구분하고 있다.

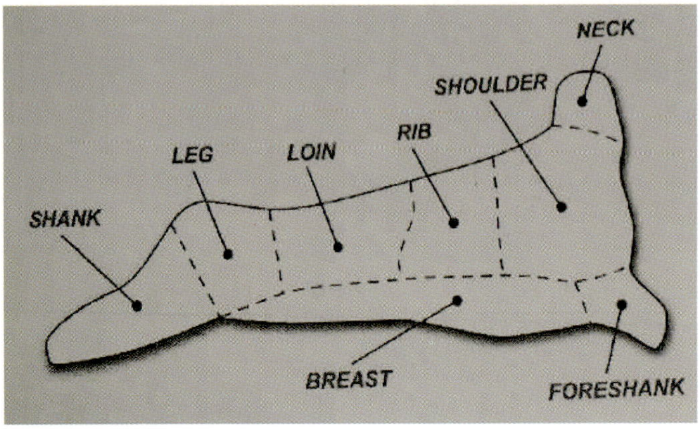

[그림 Ⅱ-35] 양의 도체와 부위명

② 양 꼬치

양육(羊肉, mutton)중 양 꼬치구이는 중국은 물론 우리나라에서도 선호도가 높아가는 식품으로 인기가 많다.

[그림 Ⅱ-36] 양 꼬치의 양념구이(좌)와 생구이(우) 제품

면양의 영양적 체조성분은 60kg 성양기준으로 단백질은 다른 가축에 비하여 다소 적으나, 지방은 18~40%로 타가축에 비하여 높은 것으로 나타났으며, 에너지가도 비교적 높다. 특히, 어린 양고기(lamb)는 쇠고기 수준으로 단백질이 약 19.0~20.0% 정도로 높은 편이나, 지방은 성숙면양보다 매우 낮다.

<표 Ⅱ-17> 가축의 육류별 체중과 영양소 성분

(단위: %)

구　분	체중(kg)	수분	단백질	지방	무기물	에너지 (kcal/g)
- 면양	60	50	16.5	18~40	1.2	5.0
- 돼지	115	52	18.5	20~50	1.0	5.5
- 닭	1.4	70	19.0	5~7	1.0	3.1
- 육우	700	60	19.5	10~30	0.9	3.0
- 산양	40	75	19.7	3~4	1.5	-
- 토끼	3	73	24.3	2~3	1.5	-

양고기(mutton)는 중국, 몽고, 이란, 이라크 등지의 유목민들에게 귀중한 식품으로 이용되어 왔다. 면양고기의 가공품으로는 무, 양파, 생강, 마늘, 간장 등의 양념으로 조리 후 즐겨먹는 칭기즈칸 구이가 있으며, 양고기를 엷게 잘라 소금을 뿌려 건포로 만들거나 액염법(液鹽法)으로 양고기를 침적한 후 건포를 만드는 방법 등이 있다. 그밖에도 양고기 소시지, 햄, 혼합소시지나 햄 등의 다양한 양고기 제품들이 이용되고 있다.

최근에는 중국, 동남아시아 등지뿐만 아니라 우리나라에서도 양 고기구이나 양 꼬치구이는 또 하나의 우리 식품문화로 자리잡아가고 있다.

③ 양 등심의 마블링

서양, 중국 등지에서 등심부위에 마블링(marbling)이 잘 된 양육은 소비자들에게 고급육(高級肉)으로 시판되고 있다.

[그림 II-37] 양 등심의 단면과 마블링 상태

- 중동의 양갈비 음식문화 -

「파스 자르단」은 이란음식으로 "목을 후려쳐라"는 욕이자 음식 이름이다. 양(羊)의 목 30㎝쯤을 뼈째 푹 삶아 토마토소스를 얹었다. 잘 손질해 거부감이 없다. 부드러운 살점이 우리 쇠꼬리찜 같다. 발라먹기 쉽고 양도 푸짐하다. 가격은 2,000원 정도 한다.

양갈비(sheep ribs)는 누구나 좋아할 듯하다. 1인분에 25,000원정도하지만 넷이서 3인분을 시키면 알맞다. 업구쉬트(디지)는 뚝배기에 양고기·콩·감자·토마토를 넣고 약한 불에 밤새 끓인다. 건더기는 빵 '넌'에 싸먹고 국물엔 넌을 찢어 넣어 먹는다. 레몬가루를 넣어 시큼한 것이 김치찌개 맛 같고, 20,000원정도 한다.

가지찜에 쇠고기·토마토를 넣고 오래 끓인 「스튜」는 푸짐한 양갈비로 김치찜과 비슷한 맛으로 낯설지만 친숙한 맛이 있다. 화덕에 붙여 굽는 넌, 안남미 밥, 샐러드는 어딜가나 기본으로 나온다. 캬법(케밥)은 모든 구이를 가리킨다. 밥과 함께 요리하기도 한다. 테헤란 교외에선 수조에서 뛰노는 송어를 구워 샤프란 가루를 뿌린 요리도 맛있다. 과일과 견과가 싸고 풍성하다. 포도 1㎏에 3,600원 정도 한다.

(2) 양모와 양피의 이용

양모(羊毛, wool)는 부위에 따라 품질(品質, quality)도 다양하다. 이러한 양모는 모직물, 옷감, 이불, 털실 등으로 이용되고, 모피는 방한의류, 장신구, 장갑, 구두, 가방, 점퍼 등의 원료로 이용된다. 양모의 생산량은 모용종은 체중의 약 10% 정도이다. 예를 들면 메리노종이 약 60~90kg 정도인데, 이때 산모량은 6.0~9.0kg 정도가 된다.

어깨부근에서 생산된 양모가 모장이 길고 품질이 제일 좋으며, 그 다음은 배 부위의 양모가 된다. 그리고 4지양모나 엉덩이 부위의 양모(羊毛)는 다소 오염(汚染)되어 품질이 떨어지는 것으로 알려져 있다.

양모의 심사상 표준이 되는 사항은 품질, 섬도, 모장 등 항목별로 다음 표와 같이 제시되어 있다.

<표 II-18> 양모의 심사표준

항 목	표 준 설 명	배점(100)
❍ 품질 및 섬도	품종에 알맞은 섬도이며, 균일하여야 한다.	20
❍ 모장	품종에 알맞은 양모의 길이를 가져야 한다.	15
❍ 건전도(健全度)	털끝에서 끝까지 굵기가 균일하고, 질긴 것이어야 한다.	12
❍ 순도(純度)	조잡한 털, 사모, 이모색 털이 혼입되지 않은 것	12
❍ 성질	탄력성이 있고, 부드러워야 하며, 깨끗한 것	8
❍ 색깔과 광택	백색으로 깨끗하고 색깔이 선명한 것	7
❍ 상태	①양털기름이 적당한 것 ②곰팡이, 충해 등에 입지 않은 것 ③모래, 먼지, 기타 더러운 것이 섞이지 않은 것	3 3 20
❍ 종합	-	100

양가죽(羊皮)은 최근에 가공법의 개발로 많은 제품들이 유통되고 있다. 고급의류는 물론 장갑, 구두, 모자, 가방 등 일상생활의 필수품들이다.

우리나라에서는 중국이나 동남아 등지에서 염색과 1차 가공 모피가 수입되어 재단 가공하거나 수입제품이 많이 시판되고 있다. 이와 같은 모피(毛皮)는 탈모하기 쉽고, 열에 약하기 때문에 특별한 처리가 요구된다.

첫째는, 수침으로 유제시키고 건조시켜야 한다.

둘째는, 제육 시켜야 한다. 지방, 육괴, 기타 육조직이 붙은 것을 제거해야 한다.

셋째는, 탈지해야 하는데, 탈지(脫脂)는 알카리성 용액을 이용하면 좋다. 그 후에는 유성작업을 하고, 완성작업으로 ① 염색- ② 표백- ③ 가지(加脂) – ④ 미취(味取) – ⑤ 비패(staking) – ⑥ 광택(milling) – ⑦ 솔질(brushing) – ⑧ 전모예취(조모제거) 등의 과정을 거쳐 가공품으로 완성된다.

연 습 문 제

1. 우리나라에 면양이 처음으로 도입되기 시작한 연도는 언제인가?

   ① 1902년　　② 1905년　　③ 1909년　　④ 1915년

2. 면양의 습성이 아닌 것은?

   ① 군거성　　② 공포성　　③ 등고성　　④ 개체성

3. 다음은 메리노종의 특징을 열거한 것 중 틀린 것은?

   ① 세번수로 스페인이 원산지이다.
   ② 랑부예 메리노종은 프랑스에서 기원되었다.
   ③ 산모량은 보통 6~8kg 정도 생산한다.
   ④ 직경이 큰 태번수라서 54번수가 많다.

4. 서포크종과 코리데일종을 교배시켰을 때, 잡종1대와 잡종2대에서 출현되는 모색비율은?

   ① 잡종1대는 모두 백색이다.
   ② 잡종1대의 흑반과 백색의 출현비율은 1:1이다.
   ③ 잡종2대의 25%는 백색개체이다.
   ④ 잡종2대의 50%는 흑반개체이다.

   [힌트] 잡종1대는 서포크종과 같이 모두 흑반개체(100%)가 되나, 잡종2대에서는 흑반개체 75%와 백색개체 25%가 출현된다.

5. 코리데일종의 산모량과 모질수준은 어떤가?

6. 면양의 종성유전을 설명하시오.

7. 면양형질의 유전력을 열거하시오.

8. 면양의 요마비의 증상과 예방법을 설명하시오.

정답 ☞ 1-③　2-④　3-④　4-③

제 3 장 양 토

토끼는 야토(野兎, wild rabbits)가 가축화되어 집토끼(가토)로 되었다. 가토(家兎, house rabbits)는 고기는 물론 모피를 주로 생산하여 농가의 수익을 얻을 수 있는 가축으로 초식을 주로 하고 있다.

동물학적으로 볼 때 설치류(齧齒類)에 해당되며, 때로는 애완동물이나 실험동물로도 사육하는 경향이 많아졌다.

1. 토끼 사육의 역사

우리가 사육하고 있는 집토끼(家兎, house rabbit)는 지중해 연안에 야생하고 있는 굴 토끼를 개량한 것이며, 집토끼의 원종은 굴토끼이다. 11~12세기경에 개량되었다고 하며, 굴토끼는 중세기 초 유럽의 남서쪽 끝에 있는 이베리아 지방에서 로마사람에 의하여 사육되기 시작하였다고 한다. 그 후 점차적으로 번식하여 15~16세기경에 유럽 전역에 전파되어 이용이 광범위하게 된 것은 제 1차 대전 때였다. 중세기 이후 유럽에서는 벨기에, 프랑스를 중심으로 육용 토끼의 생산이 성행하였다. 또한 집토끼와 산토끼와는 유전학적으로도 차이가 있는데, 집토끼의 염색체수는 44개이나, 산토끼는 48개로 4개나 더 많다. 따라서 잡종개체(雜種個體)로 태어날 수 있는 교배가 이루어지지 않는다.

영국에서는 애완용 위주로 토끼를 사육하였다고 하며, 미국은 고유의 토끼가 없어 모든 품종은 유럽에서 수입 개량하였기에 겸용종을 많이 사육하였다. 중국에서는 히말리얀종을 오래 전부터 사양한 것으로 보이며, 일본도 고유의 집토끼는 없었으나 100여년 전 수입된 집토끼를 사양하여 오늘날 번성하고 있다.

우리나라는 삼국시대부터 토끼를 많이 사육하여 이를 고려 토끼(Lepus Coreanus Thomas)라 하였고, 고려 토끼는 섬에 있는 것보다 약간 크고 여름털은 검은 회색, 겨울털은 검은 갈색에 아랫부분은 흰색이다.

<표 Ⅱ-19> 토끼의 품종별 사육 현황

(단위: 두)

구 분	모용종	모피용종				육용종	기 타	합 계
		친칠라	렉스	기타	계			
1980	28,589	-	-	-	185,590	-	334,369	548,548
1985	136,020	-	-	-	109,222	-	265,783	628,192
2010	11,591	1,354	566	990	2,910	211,914	18,743	245,158
2011	1,129	3,042	230	4,240	7,512	161,891	35,012	205,544
2012	976	3,277	171	2,094	5,542	159,550	23,078	189,146
2013	357	7,893	156	1,055	9,104	91,483	36,242	137,186

* 자료: 농림축산식품부, 2013년 기타 가축통계, 2014.

우리나라의 2010년 토끼 사육두수는 245,158두였으며, 이중 86.4%인 211,914두가 육용종이었다. 점점 사육두수는 줄어 2013년에는 137,186두였고, 이 중 육용종은 66.7%인 91,483두였다. 육용종의 감소와는 다르게 모피용종의 친칠라는 2010년 1,354두였던 것이 2013년에는 5.8배 증가한 7,893두였다.

우리나라의 양토산업(養兎産業)은 규모의 영세성과 생산성의 취약으로 제대로 경쟁력을 갖추고 있지 못하여 점차 새로운 산업으로 육성되어야 할 것이다. 2010년 한국양토양록농협이 전북 부안에 연간 50만 마리의 토끼를 위생적으로 처리할 수 있는 전용 도축 시설을 갖추어 국내 양토산업의 발전과 토끼 사육농가의 소득증대에 기여할 것으로 기대하고 있다.

이와 같은 양토산업은 주로 고기와 모피를 생산할 목적으로 사육되었으나, 특히 요즈음은 토끼고기를 다른 닭고기, 돼지고기 등과 함께 혼합하여 소시지나 햄 등을 제조하면 누구나 선호하는 양질의 육가공제품으로 개발할 수 있다.

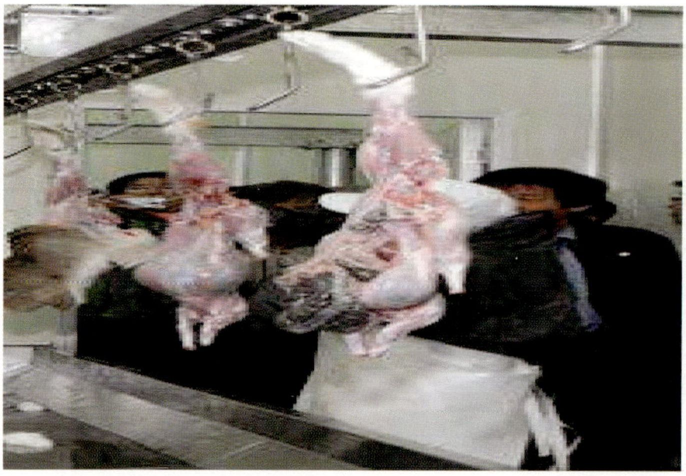

[그림 Ⅱ-38] 토끼 전문 도축장 준공

2. 토끼의 특성과 외부명칭

(1) 특 성

토끼는 매우 성질이 온순하고 사랑스럽고 귀엽게 생겨 아이들에게는 정서교육을 함양할 수 있으며, 영세 노력으로도 사양관리가 용이하여 적은 자본으로써 경영이 가능하며 또한 자본의 회수(回收)가 빠르고 사육하는데 많은 장소를 필요로 하지 않는다.

토끼는 본래 겁이 많은 동물이고, 털색이 여러 가지며 귀가 크다. 체질은 약한 편이고, 피부에는 땀샘이 적어 발한 기능이 발달하지 않았으므로 체온조절 및 수분의 발산이 적어 열사병(熱射病)에 걸리기 쉽고 수분이 많은 사료를 주면 설사를 일으키기 쉽다. 또한 설치동물로 문치의 발육이 빠르기 때문에 항상 나무로 된 상자나 갉을 수 있는 것은 별도의 나무를 넣어주어 앞니가 마모될 수 있도록 도와주는 것이 좋다. 특히 토끼는 6개월령 이상이 되면 번식이 가능해져 연중번식이 가능한 자극배란을 하는 특징이 있으며, 조악한 조사료로도 사육할 수 있다. 그리고 다산성(多産性)으로 번식력이 다른 가축보다 왕성한 편이다.

(2) 외부명칭

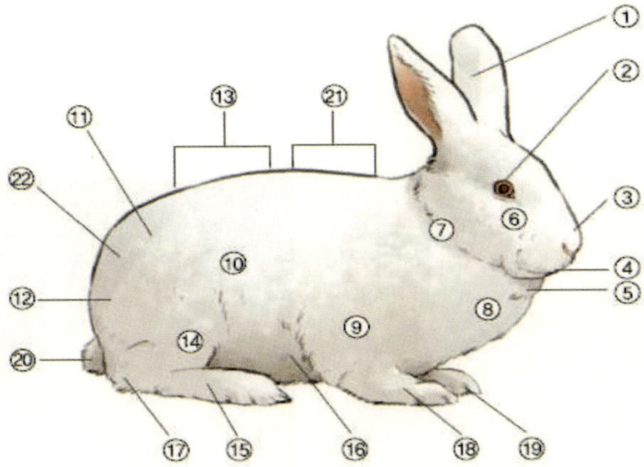

① 귀 ② 눈 ③ 코 ④ 입 ⑤ 목도림
⑥ 빰 ⑦ 목 ⑧ 앞가슴 ⑨ 어깨 ⑩ 옆배
⑪ 요각 ⑫ 궁둥이 ⑬ 허리 ⑭ 다리 ⑮ 발
⑯ 배 ⑰ 발꿈치(비절) ⑱ 발 ⑲ 발가락 ⑳ 꼬리
㉑ 잔등(안부) ㉒ 볼기

[그림 II-39] 토끼의 외부 명칭

3. 토끼의 품종과 관리

(1) 토끼의 품종

토끼의 품종은 100여종이 넘는데, 이 품종을 체형, 모색, 용도별로 구분한다. 용도별로 구분하면 토끼는 모피용종, 육용종, 모피육종, 모용종, 애완용종으로 나눌 수 있다.

① 모피용종

모피용종(毛皮用種, Fur breed)은 주로 모피를 활용하는 품종으로 친칠라, 렉스, 블랙 시베리안 종 등이 있다. 렉스(Rex)종은 프랑스가 원산지로 평균 체중이 4.0kg정도로 모색은 흰색, 흑색 등 다양하며, 모피의 품질이 대단히 우수한 평가를 받고 있다. 특히 렉스종은 신경질적이어서 관리자의 주의가 필요하다. 친칠라(Chinchilla)종은 프랑스에서 1913년에 육종된 품종으로 대형종으로 개량되기도 하였다. 야생토끼와 비슷한 회색 바탕에 흑색과 백색이 어우러진 혼합색의 모색을 가지고 있는 것이 특색이다. 성숙체중은 보통 3.0~4.0kg정도 된다.

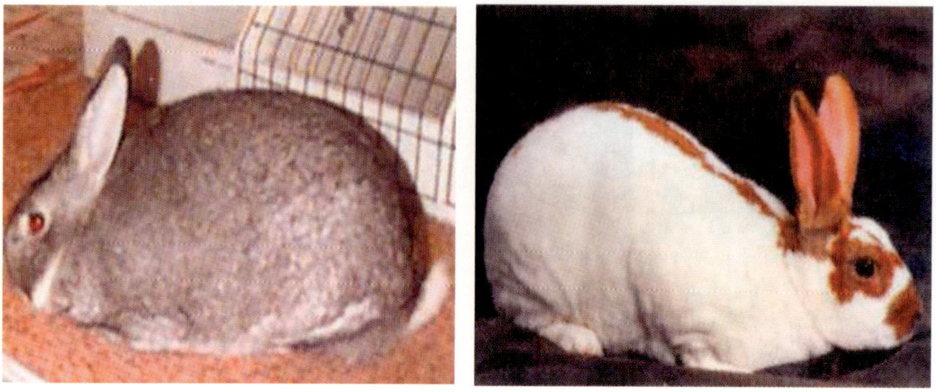

[그림 II-40] 친칠라(좌)와 렉스(우)

② **육용종**

육용종(肉用種, Meat breed)은 주로 고기를 이용하는 품종으로 벨지안종, 프레미쉬 자이언트종, 캘리포니안종 등이 있다. 특히, 캘리포니안종은 평균 산자수가 6.2두이고, 성숙체중은 4.0~4.5kg정도이며, 모색은 백색바탕에 두 귀, 코, 4지, 꼬리 등이 흑색모로 덮여있는 것이 특징이다.

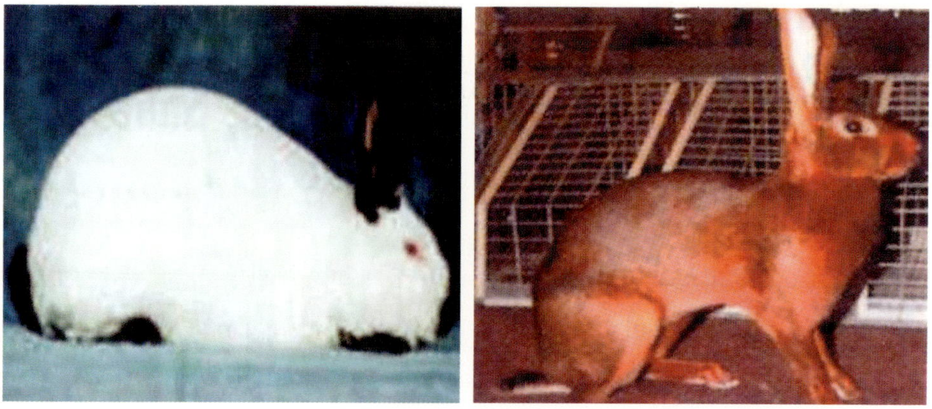

[그림 II-41] 캘리포니안(좌)와 벨지안(우)

③ 모피육겸용종

모피육겸용(Fur and Meat breed)종은 모피와 고기를 이용하는 품종으로서 뉴질랜드 화이트종, 일본 백색종, 아메리칸 화이트종 등이 있다. 특히, 뉴질랜드 화이트종(New Zealand White)은 백색으로 체질이 강건하며, 모피의 질도 우수한 편이다. 성숙체중이 4.0~4.5kg으로 체구가 대단히 큰 경향이 있다. 때로는 겸용종으로도 사육된다.

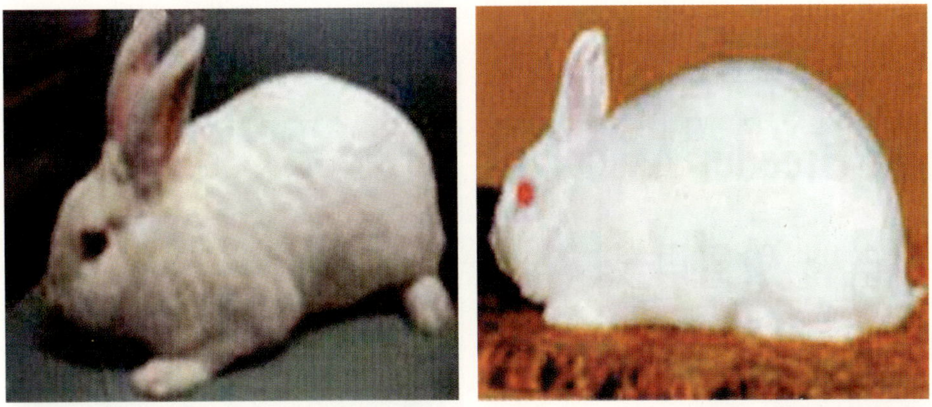

[그림 Ⅱ-42] 뉴질랜드화이트종(좌)과 일본 백색종(우)

④ 모용종

모용종(Wool breed)은 주로 긴 털을 얻기 위해 사육하는 대표적인 품종으로 앙고라(Angora)종이 있으며, 터키의 앙카라(Ankara) 지방이 원산지

[그림 Ⅱ-43] 앙고라종 토끼

로 추정된다. 앙고라종은 성숙시 평균 체중이 3.5kg정도이며, 털의 길이는 7~10cm로 연간 털 생산량은 400g정도로 1년에 3~4회 전모한다.

⑤ 애완용종

애완용(Fancy breed)종은 롭 이어(Lop Ear)종, 히말라얀(Himalayan)종, 폴리쉬(Polish)종, 요즘 어린이들에게 인기 있는 드워프종, 더치종 등이 있다. 이러한 애완종은 체구가 작고 보통 1.2~1.5kg정도 된다.

[그림 Ⅱ-44] 드워프(좌)와 더치(우)

(2) 토끼의 번식

토끼는 자극배란(刺戟排卵) 동물로서 6~8개월 정도 되면 교배하여 새끼를 얻을 수 있다. 임신기간은 보통 31일이나 품종, 계절, 산자수, 영양상태에 따라 차이가 있다. 암수비율은 수컷 1마리당 암컷 3~6마리가 좋으나, 농장 사정에 따라 조절할 수 있다. 교배 시간은 언제나 가능하나 아침이 가장 좋으며, 암놈을 수놈에게 넣어 교배시킨다. 임신하면 소리를 내며 수토끼를 피한다. 분만일이 가까워지면 깔 짚과 자신의 복부 젖꼭지 부분의 털을 입으로 뽑아 보금자리를 만들므로, 분만 1주일 전에는 분만 상자가 있는 사육장으로 옮겨주고, 깨끗이 청소한 후 깔 짚을 깔아준다. 분만일이 가까워오면 분만사(分娩舍)를 약간 어둡게 해주는 것도 좋다. 분만 시간은 30분 정도 걸린다.

토끼는 암토끼가 성성숙(性成熟)에 이르면 정기적 발정(약 7일)이 오는데, 수컷이 교미행동으로 자극을 주면 언제든지 발정과 배란이 되는 「자극배란」이 되는 가축이다.

① 번식계절

토끼의 성 성숙기는 종류, 개체, 사양관리 등에 따라 차이가 있다. 번식계절은 사육목적에 따라 다른데, 모피 생산을 목적으로 한다면 겨울 도축기(屠畜期)에 8~10개월령은 되어야 하므로 이때를 맞추어 번식시켜야 하며, 고기를 목적으로 할 때는 고기의 수요가 가을에서 겨울에 많으므로 6~7개월이 되도록 한다. 환모기와 혹한기는 피하며, 번식은 1년에 8회 정도 가능하지만 평균 3~4회가 좋다. 이는 사육자의 경영 방침이나 능력에 따라 조절할 수 있다.

② 발정

암토끼의 발정(發情)은 생후 4개월경부터 시작되며 일정한 주기로 반복하게 된다. 이 주기는 평균 7일(3~12일)이라고 하며, 발정기간은 1~2일이다. 암토끼는 발정하였을 때 수놈이 가까이 하면 암놈은 후구를 높여 교배의 자세를 나타내며, 외부 생식기가 붓고 불그스레하며, 피모는 광택이 나며 거동(擧動)은 평소보다 난폭해져 바닥을 발로 치며 돌아다닌다.

③ 교배

암토끼가 수토끼를 허용하게 되면 반드시 배란(排卵)을 하게 된다. 그러나 반드시 수태(受胎)한다고는 볼 수 없다. 수태를 하지 않았는데도 수태한 것과 같은 행동을 암토끼가 할 때, 이를 위임신(僞姙娠)이라고 한다. 교배는 가급적 발정한 암토끼를 수토끼사에 넣어 교배시키는데, 가급적 아침이 좋다. 그리고 여러 가지 세심한 관리가 요구된다.

암토끼를 교배할 때 특히 몇 가지 주의할 사항은 다음과 같다.

㉮ 암·수 모두 생식기 질병의 유무를 확인한다.

㉯ 수토끼사를 청결히 하고, 장애물을 제거한다.
㉰ 교배 후에는 즉시 분리한다.
㉱ 교배할 때는 조용히 해 준다.
㉲ 교배가 어려울 때는 2~3일 후에 다시 교배시킨다.
㉳ 앙고라종은 암·수 모두 생식기 주변의 털을 깎아준다.
㉴ 교배 후에는 교배일지를 잘 기록해 암토끼사 앞에 둔다.

<표 Ⅱ-20> 토끼의 품종별 산자수 비교

(단위: 두)

품 종	뉴질랜드화이트	친칠라	앙고라	평 균
산 자 수	6.0~7.0	5.0~6.0	4.0~5.0	5.6

(3) 새끼토끼(자토)의 관리

허약한 개체는 도태시키고 5~6두 정도 육성시키는 것이 좋다. 자토(仔兎)는 생후 3일이 지나면 솜털이 나기 시작하여 10일쯤 되면 눈을 뜨고 운동을 시작한다. 생후 2주일 정도면 암수를 구별할 수 있다. 어미토끼의 영양 상태에 따라 다르지만 생후 20일 쯤 되면 사료를 먹기 시작하며, 40일이 지나서 젖을 뗄 수가 있다.

(4) 토끼의 계절별 관리

① 봄철 관리

토끼의 번식에 적당한 계절도 봄철이므로 시기를 놓치지 말고 번식시켜야 한다. 영양분이 충분한 사료를 주어야 하며, 건조한 사료로부터 부드러운 풀사료로 전환하게 되는 시기이므로 급변하지 말고 서서히 변경하여 소화기의 질환을 방지한다. 토끼는 습기가 많거나 오염된 조사료를 매우 싫어하기 때문이다. 또한 4~5월은 밤낮의 온도 차가 심하므로 특별한 주의가 필요하다.

② 여름철 관리

우리나라의 여름은 고온다습(高溫多濕)한 장마철과 태풍(颱風)의 계절이므로 방서(防暑) 대책과 함께 태풍·폭우에 대비한 대책도 함께 세워야 한다. 토끼의 4계절 관리 중 각별한 주의가 필요한 계절이 여름이다.

여름철 사양은 식욕 증진에 힘쓰고 아침저녁 서늘할 때 사료를 준다. 변질된 사료와 비에 젖은 사료는 절대로 주지 말아야 한다. 토사 내는 습기를 배제하고 환기가 잘되게 하며, 콕시듐 및 설사병이 발생하는 일이 많으므로 특별히 청소와 소독을 잘해 주어야 한다.

[그림 Ⅱ-45] 토끼의 임신감정

③ 가을철 관리

9~10월은 털 가는 시기이므로 영양분(營養分)이 풍부한 사료를 충분히 주고 이때는 임신시키지 말아야 한다. 조사료(粗飼料)는 점차 섬유가 많아져 영양이 떨어지므로 사료배합(飼料配合)을 재검토한다. 늦가을은 기온이 떨어지므로 자리깃을 충분히 넣어 준다.

④ 겨울철 관리

방한(防寒)설비를 충분히 하여 찬바람의 침입을 막고 사내의 보온(保溫)

에 유의한다. 건초는 더운 물에 담갔다가 주며, 엔실리지 등을 주고 사료배합에 유의한다. 겨울 후반기는 교배시켜 번식을 시작하는 시기이므로 연중계획을 세워서 양토경영의 합리화를 이룰 수 있도록 번식관리(繁殖管理) 계획을 세워야 할 것이다.

(5) 토끼의 사육시설

토끼의 사육시설에는 토사와 사육케이지, 급이기와 급수기, 분만상 등이 있다. 토사는 토끼에게는 쾌적한 환경과 관리자에게는 작업에 편리하도록 설계되어야 한다. 토사의 설계는 부지 면적과 사육 규모, 지형과 사료 조달 등을 고려해야 한다. 토끼농장으로서 적합한 위치는 통풍(通風)이 잘되고, 배수(排水)가 잘 되며, 햇볕이 잘 들어오는 남향 또는 동남향이 좋다. 평지보다는 완만한 경사가 있고, 북서쪽은 겨울철 찬바람을 막을 수 있도록 막혀 있고, 교통은 편리한 곳이어야 한다.

① 토사와 사육케이지

건물의 크기는 사육규모에 따라 결정하며, 암토끼가 20마리 이상 되면 전용 토사를 만들어 이용한다. 토사는 100마리당 11m×6.6m×2.4m의 넓이가 적당하다.

[그림 II-46] 케이지 토끼사

일반적으로 토사(兎舍)는 개방형 토사와 무창형 토사가 있다. 개방형 토사는 자연을 최대한 활용하는 방식으로 건축비가 싸고, 지붕 단열만 잘 하면 여름철 내·외기 온도를 비슷하게 유지할 수 있는 장점이 있지만, 단점은 방역상 외부로부터의 미생물 침입을 막기 어렵고, 겨울철 찬바람을 막을 수 없어 생산성이 떨어진다.

무창형 토사는 천장과 벽 부분에 단열을 하고 환기팬으로 강제 환풍 한다. 토사 내의 온·습도 조절을 자동 제어할 수 있는 장치 등 시설비(施設費)가 많이 드는 단점이 있다.

토끼사는 용도에 따라 분만 상자, 사육 상자, 종토 상자, 둥우리 상자 등으로 나눌 수 있다. 토끼 사육 상자의 배치는 복열식과 단열식이 있다. 사육 상자 사이의 통로는 1m 정도는 되어야 관리하기에 불편하지 않다. 사육케이지는 크게 번식모토용과 육성토용으로 나눈다. 번식모토용 케이지는 어미토끼와 새끼가 젖을 떼기 전까지 4~6주 동안 생활하는 곳이며, 육성용 케이지는 수컷 및 후보종토와 육성토가 사육되는 곳이다.

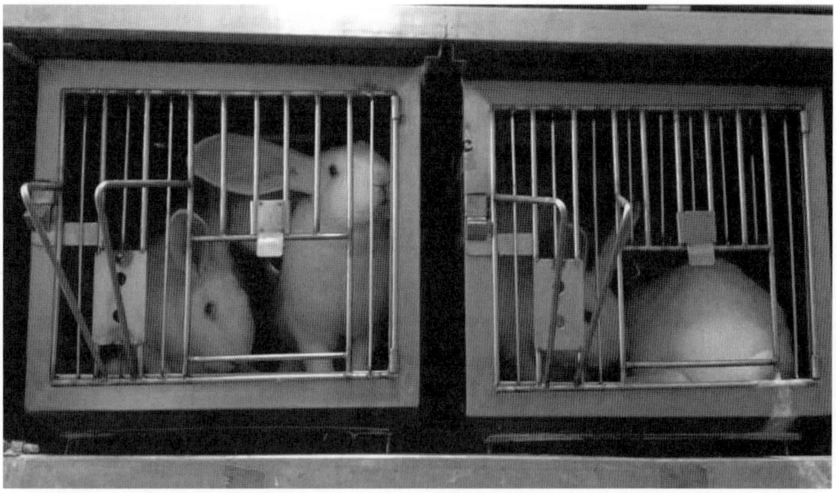

[그림 Ⅱ-47] 실험용 토사

번식모토용 케이지는 90㎝(W)×75㎝(L)×40㎝(H)가 권장된다. 어린 새끼토끼를 위한 분만상 등은 어린 토끼가 3주령이 되면 치워 어미와 함께 케이지 바닥에서 맘대로 뛰어놀 수 있는 공간이 되게 한다.

② 급이기와 급수기

급이기는 함석 또는 스테인리스 재질이 능률적이다. 급이기는 바닥에서 10㎝ 이하로 부착해서 어린 토끼와 어미토끼가 함께 먹이를 먹을 수 있도록 한다. 급수기의 니플은 18~23㎝ 높이로 케이지면과 경사가 45도로 설치하는 것이 좋다. 케이지바닥과 평행하게 설치하면 누수가 쉽고, 직각으로 설치하면 물을 빨아먹기가 어렵다.

③ 분만상

토끼는 겁이 많은 동물이므로 분만상을 설치해 줌으로서 어미토끼에게 은신할 장소와 함께 태어날 새끼에게 쾌적하고 안전한 보금자리를 제공해 준다. 규격은 23~30㎝(W) × 45~55㎝(L) × 23~30㎝(H)가 적당하다.

앞·뒤 높이를 달리하여 추운 곳에서는 뚜껑 덮는 것을 권장한다. 자리깃으로는 각종 짚(볏짚, 밀짚) 또는 포장할 때 완충제로 사용하는 종이나 나무 등을 넣어준다.

⑹ 토끼의 질병

토끼는 질병(疾病)에 약하므로 예방에 더욱 노력해야 한다. 풀사료는 가급적 콩과나 화본과 단일사료보다는 섞어서 가능한 영양분이 많은 사료를 주고 줄기는 적게 주도록 한다. 수분이 많은 청초(靑草)는 하루쯤 그늘에 말려서 주며, 토사는 항상 건조한 상태를 유지시켜 준다.

정기적으로 토끼장과 내부를 소독(消毒)하며, 병든 토끼를 발견하는 즉시 격리하고, 소독한다. 영양이 풍부한 사료의 급여와 정기적인 약제 투여로 항병력을 길러줄 때 건강한 토끼로 자란다. 건강한 토끼는 원기가 왕성하여 동작이 활발하고 예민하다. 갑자기 소리가 날 때 도망을 가며, 먹이를 줄 때 달려 나온다. 병든 토끼는 똥과 오줌을 통해서도 알 수 있다. 똥의 상태가 평상시와 달리 고르지 못하거나, 작았다 물렀다 하는 경우, 오줌이 혼탁하고 쉴 새 없이 질금질금 쌀 경우는 질병을 의심해야 한다. 소화기 계통 질병으로는 콕시듐병, 장염, 고창증이 있고, 호흡기 계통 질병으로는 스나플병, 폐렴 등이 있다. 피부 관계 질병은 사람에게도 옮길 수 있어 세심한 관리가 필요한데, 귀옴, 피부옴, 백선 등이 있다.

① 소화기계통 질병

간장 콕시듐(coccidiosis)은 자토에 많이 발생하고, 폐사율(斃死率)도 높은 중요한 질병이라 할 수 있다. 이 병에 걸리면 간장 표면에 동그란 백색반점이 나타나는 것이 특징이다. 그 증상으로는 식욕감퇴가 있고, 체중이 감소되며, 배를 만지면 느낄 정도가 된다. 치료보다는 예방에 각별한 관심을 갖고 관리해야 한다.

장 콕시듐은 원충에 의하여 장내부에 기생하는 질병이다. 그 증상으로는 똥에 붉은 색을 띠고 설사를 하며, 체중이 감소되고 먹이를 먹지 않는다. 장염(enteritis)은 식욕이 떨어지고 등을 구부리며, 활동을 중지하며 눈을 감고 귀가 처져있다. 특히 설사를 하고 점액변을 분비한다. 항생제 투여로 치료효과를 어느 정도 거둘 수 있다.

고창증(bloating)은 발효되기 쉬운 사료나 불량사료를 급여하면 걸리기 쉬우며, 두과식물의 과다한 급여로도 발생할 수 있다. 창자 내에 지나치게 가스가 차서 심한 고통을 받고 호흡이 곤란해지는 증상을 가지고 있다. 제산제나 항생제 투여로 치료효과를 볼 수 있다.

② 호흡기계통 질병

스너플병(snuffles)은 세균에 의하여 감염되어 콧물이 나오고 앞입 주변이 콧물로 더럽혀져 있다. 기침으로 변화되어 고열(高熱)로 폐사하는 경우도 발생된다. 병에 걸린 토끼를 격리하고 항생제를 주사하거나 소독시켜 청결을 유지시켜줘야 한다. 그리고 비타민(Vitamin)A 등을 급여하면 효과적이다.

폐렴(pneumonia)은 바이러스나 기생충에 의해서 감염된다. 식욕이 떨어지고 원기가 없으며, 기침이나 재채기를 한다. 그리고 체온상승으로 폐사할 때도 있다. 특히, 폐에 염증이 생기므로 설파제나 항생제 투여로 치료

효과를 어느 정도 거둘 수 있다.

(7) 토끼 분뇨의 이용

토끼가 하루에 배설하는 똥은 30g, 오줌은 100g 정도이고, 연간 구비(廐肥)로 80kg 정도이다. 다른 가축의 분뇨에 비하여 질소분이 많고 인산과 칼륨의 함유량도 많아서 효과적인 비료가 된다.

토끼의 분뇨 중에는 휘발성인 방충제가 들어 있어 농작물에 시비하면 해충(害蟲)도 도망간다고 한다.

연 습 문 제

1. 다음 토끼 중 모피용종의 대표적 품종은?

① 렉스 ② 뉴질랜드화이트 ③ 캘리포니아 ④ 앙고라

2. 앙고라종 토끼의 연간 산모량은?

① 200g ② 400g ③ 800g ④ 1,000g

3. 토끼의 성성숙 월령은 얼마인가?

① 4~6개월령 ② 6~8개월령 ③ 8~10개월령 ④ 10~12개월령

4. 다음은 토끼에 관한 설명 중 틀린 것은?

① 습기가 많은 생초급여는 삼간다.
② 농후사료보다는 조사료위주로 급여한다.
③ 연중번식이 가능하다.
④ 1년에 2회번식이 가장 이상적이다.

5. 토끼의 특성이 아닌 것은?

① 땀샘이 비교적 적어 발한기능이 약하다.
② 수분이 많은 사료는 싫어한다.
③ 반추초식가축이다.
④ 문치의 마모를 도와주도록 한다.

6. 토끼 관리 중 여름철 관리상 주의할 점은 무엇인가?

7. 토끼의 질병관리 중 중요관리를 설명하시오.

8. 토끼의 연중 번식계획을 세워 보시오.

9. 토끼의 호흡기질병을 들고, 예방법을 설명하시오.

10. 자토의 관리상 주의사항을 서술하시오.

정답 ☞ 1-① 2-② 3-② 4-④ 5-③

참 고 문 헌

1. 강경석, 김태기, 나기현, 신정남, 안종호, 이상직, 이은봉, 임윤환, 정현승. 1983. 중소가축. 학문사.
2. 곽종형, 김선균, 김용식, 이병오, 하서현. 2000. 동물관리학. 선진문화사.
3. 교육인적자원부. 2007. 고등학교 사육기술Ⅰ. 교학사.
4. 교육인적자원부. 2007. 고등학교 사육기술Ⅱ. 교학사.
5. 교육인적자원부. 2007. 고등학교 축산. 교학사.
6. 김계웅. 2007. 양돈핵심관리. (사)충남농업경영지원센터.
7. 김계웅, 고대환, 김석은, 김수기, 안종호, 이장형, 이훈택, 전우민, 정구용, 조익환, 홍기창, 황주환. 2013. 개정판 동물자원학개론. 선진문화사.
8. 김계웅, 김석은, 김학연, 장원경, 김건중, 이종완, 신연호, 장삼용. 2015. 고등학교 중소가축관리. 충청남도교육청.
9. 김동암, 김현욱, 박영일, 이무하, 임경순, 정천용, 최윤재, 하종규, 한인규, 한재용. 1994. 사정 축산학개론. 향문사.
10. 류제창, 김정주, 곽영태, 김석은, 양형조, 우영균, 이종인, 장경만, 정장용, 조성균. 2012. 개정판 축산경영학. 선진문화사.
11. 서경덕. 2009. 토끼사육백과. 선진문화사.
12. 서경덕, 이정구, 유문일, 권 관, 원송대. 1999. 성진문화사.
13. 송해범. 1997. WTO 체제를 이기는 흑염소. 대구대학교출판부.
14. 이용빈, 박영일. 1998. 중소가축학. 선진문화사.
15. 하정기. 1998. 한국염소산업 발전 심포지움 자료. 대구대학교.
16. 한성욱, 강민수, 김재홍, 박창식, 백동훈, 상병찬, 여정수, 이규승, 이봉덕, 정선부, 최광수, 한재용. 1996. 원색 가축의 품종. 선진문화사.
17. Alan Mowlem. 1992. Goat Farming. Farming Press Books.
18. Downing, E. 1976. Keeping Goats. Pelham Books, London.
19. Peter Dunn. 1982. Goatkeeper's Veterinary Book. Farming Press Ltd., Ipswich.
20. E. Grant Moody. 1986. Raising Small Animals. Farming Press Books.
21. Gail, Luftmann. 1986. Raising Milk Goat. Lois Hetherington and Williamson.
22. Gall, C. 1981. Goat Production. Academic Press Inc., London.
23. Hafez, E.S.E. 1974. Reproduction in Farm Animal. Lea and Febiger, Philadelphia.
24. John G. Matthews. 1992. All About Goats. Farming Press Books.
25. Matheron, G. 1982. Genetics and Selection of Litter Size in Rabbit. Proc. 2nd World Congress on Genetics Applied to Livestock Production. Vol. Ⅵ.
26. Ponting, K. 1980. Sheep of the world. Blandford Press Ltd., Poole, Dorset.

- 찾아보기 -

(ㄱ)

(ㄴ)

(ㄷ)

(ㄹ)

(ㅈ)

(기타)

- INDEX -

■ 저자약력 김계웅(金桂雄) ■

❑ 주요 학력 및 경력

- ❍ 건국대학교 축산대학 낙농학과 졸업(농학사)
- ❍ 건국대학교 대학원 축산학과 졸업(농학석사 및 농학박사)
- ❍ 필리핀 세이비어 농과대학 파견연구
- ❍ 독일 궤팅겐 농학대학 파견연구
- ❍ 공주대학교 산업과학대학 학장 겸 산업과학대학원장
- ❍ (사) 충남농업경영지원센터 이사장
- ❍ 공주대학교 산업과학대학 동물자원학과 교수(현재)

❑ 주요 저서 및 논문

❍ 저서: 동물자원학개론(선진문화사, 2015, 책임)
중소가축관리(충남교육청, 2014, 책임)
농업인력육성론(농상문화사, 2010, 공동)
동물산업발전론(사야출판사, 2009, 책임)
양돈핵심관리(농상문화사, 2006, 단독)
혈액과 유전(선진문화사, 1996, 책임) 등 다수.

❍ 논문: 1. 국내브랜드 돈육과 수입산 돈육의 선호도 분석(한국식생활문화, 2014)
2. 비육돈의 성별, 등지방두께 및 도체중별 육질등급 분석(한국동물자원, 2012)
3. 제주재래돼지의 성별 및 도체등급에 따른 도체특성 분석(한국동물자원, 2010)
4. 돼지의 Pou1F1 Intron 3영역 유전자에 따른 도체특성 분석(한국동물자원, 2009)
5. 우리나라 재래산양의 혈구 X-protein 및 Haemoglobin 좌위의 유전적 다형분석
(한국동물자원, 1997) 등 다수.

중 소 가 축

- 양돈 · 산양 · 면양 · 양토 -

2015년 8월 25일 초판 1쇄 발행 **값 30,000원**

저 자 **김 계 웅**

발 행 자 **양 희 돌**

경기도 고양시 일산서구 하이파크3로 17

발행처 **선 진 문 화 사**

<등록 제410-2005-000040호>

ISBN 978-89-7392-267-3 93520